Anja Förster & Peter Kreuz

Spuren statt Staub

Anja Förster & Peter Kreuz

# Spuren statt Staub

Wie Wirtschaft Sinn macht

Econ

Econ ist ein Verlag der Ullstein Buchverlage GmbH

ISBN 978-3-430-20052-3

© Ullstein Buchverlage GmbH, Berlin 2008
Alle Rechte vorbehalten.
Gesetzt aus der Joanna MT Std bei tiff.any GmbH, Berlin
Druck und Bindung: CPI-Clausen & Bosse, Leck
Printed in Germany

*Antoine de Saint-Exupéry*

# Inhaltsverzeichnis

# Vorspann

Mit unserem letzten Buch „Alles, außer gewöhnlich" hatten wir uns viel vorgenommen. Wir wollten so viele Menschen wie möglich so eindringlich wie möglich davon überzeugen, dass es sich lohnt, aus der grauen Masse herauszutreten. Die Botschaft war ganz einfach: Sei anders! Es hat funktioniert. Aber uns war klar, dass es damit nicht getan ist. Anders sein als alle anderen ist schön und gut. Ja, das ist ein Schritt vorwärts in Richtung Glück und Erfolg. Davon sind wir überzeugt. Es kann auch ein Durchbruch sein. Aber – Hand aufs Herz – es ist auch irgendwie rückwärtsgewandt. Ein Akt der Abgrenzung. Und somit im Grunde eine bloße Negation: Ich bin nicht so wie ihr alle.

Alles, außer gewöhnlich – ist nicht genug. Nach diesem ersten notwendigen Schritt aus der Mittelmäßigkeit, wenn im Blick zurück ein deutlicher Abstand zwischen einem selbst und der grauen Masse aller anderen liegt, dann richtet sich der Blick nach vorne. Die Frage ist nur: Wohin richtet sich der Blick? Wenn ich nicht so bin wie alle anderen, WIE bin ich dann? WAS tue ich stattdessen? Und WOZU?

Und auf die Ebene von Unternehmen gehoben: WIE tickt die Organisation? WAS machen wir eigentlich (hinter dem, was wir vordergründig tun)? Und WOZU der ganze Aufriss?

Unternehmen und Menschen, die diese Fragen für sich geklärt haben, verströmen für uns irgendwie so eine Aura. Ein bestimmter Geist umschwebt sie. Mittlerweile erkennen wir das sofort, wenn wir diesen Menschen begegnen: Sie arbeiten an Projekten, die ihnen wirklich am Herzen liegen, mit denen sie sich identifizieren. Für sie ist die strikte Trennung von Arbeits- und Freizeit völlig unbrauchbar. Denn es geht nicht um eine Stunde mehr oder weniger, sondern darum, wie erfüllt Menschen ihrer Arbeit nachgehen und ob sie Sinn macht. Es gibt die einen, die haben diesen Spirit. Und es gibt die anderen, die arbeiten nur.

> Es geht nicht um eine Stunde mehr oder weniger, sondern darum, wie erfüllt Menschen ihrer Arbeit nachgehen

Was hier vor Ihnen liegt und gelesen werden will, ist unser nächster Gipfel, den wir uns vorgenommen haben: Es gibt zwei Sorten Wirtschaft, zwei Sorten Arbeit, zwei Sorten Leben. Und wir wollen so viele Menschen wie möglich davon überzeugen, dass sie die Wahl haben.

8

Eins versprechen wir Ihnen: Am Ende des Buches werden wir Sie fragen: Was ist Ihre rote Bergspitze, die im letzten Abendrot aufleuchtet? Und wir sind ziemlich sicher, dass Ihnen die Zeit, die Sie benötigen, um die Seiten zu lesen, die zwischen dem Vorspann und dem Ende liegen, für Ihre Antwort genügen wird.

**Es gibt zwei Sorten Wirtschaft, zwei Sorten Arbeit, zwei Sorten Leben**

Los!

Anja Förster & Peter Kreuz

*Reinhold Messner*

9

„Hi!"

Die Männerstimme am Ende der Leitung klang ungewohnt lebendig. Und ich hatte nach drei Wochen Telefon-
marathon meinen ersten Aussetzer.

Mein Büro an der Wirtschaftsuniversität Wien sah aus wie
die Küche einer Studenten-WG: das reinste Schlachtfeld.
Überall benutzte Tassen, Gläser, Teller … Vor mir ein ange-
knabbertes Stück Kuchen. Ich lebte quasi hier. Neben dem
Telefon. Immer wieder sagte ich meinen Spruch auf. Dass
ich Peter Kreuz heiße und eine Studie über „Strategische Innovation" mache. Ob ich – bitte – einmal den Geschäftsführer, den Vorstand, den CEO, das Alphatier sprechen dürfe. Ob
es – vielleicht – möglich sei, mit ihm einen Interviewtermin
zu vereinbaren. Also fragte ich auch diesmal ganz automatisch die ungewohnt lebendig klingende Stimme bei dem
irischen Finanzdienstleister, ob der Chef erreichbar sei.

„That's me."

Wie jetzt? War da etwa Dagobert Duck in seinem Geld-
speicher sofort am Hörer? Das war mir noch nie passiert.
Normalerweise kam ich mit dem ersten Anruf ins Vor-
zimmer des Vorzimmers des Vorzimmers des Chefs. Einen
Moment, bitte. Drei Minuten Vivaldi. Dann der nächste
Ansprechpartner. Irgendwann hieß es dann, ich könne es
morgen Nachmittag wieder probieren. Frühestens. Und
der Interviewtermin? Das muss erst mit der Presseabteilung abgestimmt werden. Und mit der
Rechtsabteilung. Und mit der Imageberatung.

Nicht so bei diesem irischen Finanzdienstleister.
Wählt man die Nummer der Firma, geht tatsächlich der Chef höchstpersönlich ans Telefon! Wahnsinn! Ich beruhigte mich wieder und erzählte dem
Mann von meiner Studie über strategisch innovative
und strategisch weniger innovative Unternehmen.

„Cool." Der Typ fand gut, was ich da machte. Und
klar könnten wir uns treffen. Morgen?

# Die Entdeckung, dass es Wirtschaft mit und ohne Spirit gibt

Mann, ist das lange her! Peter als angehender Wirtschaftsprofessor in Wien: Das kommt uns heute vor wie die – angebliche – Rückführung in ein – angeblich – früheres Leben bei einem dieser Eso-Therapeuten. Trotzdem musste das einfach die erste Szene unseres Buchs werden. Weil wir nämlich genau in diesem Moment zum ersten Mal entdeckt haben, dass Wirtschaft nicht gleich Wirtschaft ist. Dass es graue Unternehmen gibt und farbige. Dass die einen sich morgens aufs Büro freuen und die anderen bestochen werden müssen, damit sie sich überhaupt aus dem Bett pellen.

Viele Jahre sind seit diesem Telefongespräch vergangen. Wir haben uns selbstständig gemacht und beraten Unternehmen aus den unterschiedlichsten Branchen. Wir haben Vorträge gehalten und danach mit den Leuten gesprochen. Wir haben Bücher geschrieben und unzählige E-Mails von Lesern erhalten. Inzwischen haben wir ein klares Bild: Es gibt tatsächlich zwei Sorten Wirtschaft. Genau zwei. Ergo gibt es auch zwei Sorten Führungskräfte. Zwei Sorten Mitarbeiter. Und zwei Sorten Kunden. Die gute Nachricht: Jeder von uns kann selbst entscheiden, zu welcher Sorte Wirtschaft er etwas beitragen möchte. Ja, Sie haben richtig gelesen. Wir sagen: Sie haben die Wahl. Die Entscheidung liegt bei jedem Einzelnen! Die schlechte Nachricht: Alles andere sind faule Ausreden – und wir akzeptieren keine davon.

Es gibt Unternehmen mit einer gemeinsamen Leidenschaft und einem verbindenden Sinn. Für die würden wir uns immer entscheiden. Diese Unternehmen haben etwas, das wir „Spirit" nennen. Da haben alle Mitarbeiter das Gefühl, an etwas Bedeutsamem teilzuhaben, etwas zu bewegen. Und das strahlen sie auch aus. Damit stecken sie andere an. Solche sinnstiftenden Unternehmen hinterlassen Spuren, statt nur Staub aufzuwirbeln. Spuren auf Märkten und in der Gesellschaft. Hier arbeiten Menschen, die etwas anders und besser machen wollen als der Durchschnitt. Menschen, die offen sind, neugierig und zugänglich. In solchen Unternehmen hört der Chef zu, bevor er selbst redet. Und die Mitarbeiter haben tatsächlich etwas zu sagen und keine Angst, den Mund aufzumachen.

 **Es geht nicht um frei schwingendes Geschwalle!**

Sie sind inspiriert, ihr Bestes zu geben.

Solche Unternehmen hinterlassen „einen Abdruck im Universum", wie Steve Jobs von Apple es einmal formuliert hat: „We're here to put a dent in the universe. Otherwise why else even be here?"

Ja, okay. Sie wenden jetzt vielleicht ein, dass der gute alte Steve sich hier zu einer pathetischen Floskel verstiegen hat. Fehlen nur noch „Weltfrieden", „Völkerverständigung" und „make the world a better place", und fertig ist das große Gedöns mit maximalem emotionalen Schwallwert. Aber halt! Wir sehen das anders. Steve Jobs hat in seinem Unternehmen tatsächlich Antworten auf zwei fundamentale Fragen gefunden: Welcher Zweck würde den Einsatz aller Mitarbeiter **verdienen**? Und andersherum: Welche lohnende Sache würde die Menschen dazu bewegen, sich über die normalen Erfordernisse hinaus anzustrengen, um ihr Unternehmen erfolgreich zu machen? Es geht nicht um frei schwingendes Geschwalle. Wir reden hier von einem **echten Beweggrund**. Von einer **Mission**.

Eine Mission also ... Ja! Eine gute Begründung für das ganze Unternehmen. Ja! Eine Frage des Glaubens. Genau! Zum Beispiel Apple: unglaublich schöne und benutzerfreundliche Produkte erschaffen. Oder Genentech, die US-Biotech-Tochter des Schweizer Roche-Konzerns: lange für unheilbar gehaltene Krankheiten endlich kurieren können. Oder Wikipedia, das von ehrenamtlichen Autoren getragene Community-Lexikon: alles Wissen dieser Welt für alle Menschen frei zugänglich machen.

Apple, Genentech, Wikipedia: Der Beweggrund muss etwas sein, an das die Mitarbeiter **glauben** können. Nicht die Kapitalgeber. Die

Mitarbeiter! Oder können Sie sich vorstellen, dass die glorreiche Idee, den Aktionären eine exorbitante Dividende und einen möglichst hohen Börsenkurs zu bescheren, nachhaltige und tief empfundene Begeisterung bei allen Mitarbeitern eines Unternehmens auslöst? Lesen Sie es von unseren Lippen ab:

**Nur ein Beweggrund. Der des Glaubens würdig ist. Bringt Menschen dauerhaft dazu. Sich selbst diesem Ziel zu verschreiben. Ihre Arbeitskraft. Ihre Fähigkeiten. Ihre Leidenschaft. Zum Wohle dieses Ziels einzusetzen. Ausrufezeichen.**

Wir fragen Sie jetzt nicht, an was Sie oder Ihre Kollegen glauben. Wir gehen lieber noch einen Schritt weiter: Einzig Unternehmen, denen es gelingt, Mitarbeitern und Kunden einen echten Beweggrund anzubieten – und nicht nur eine Geschäftsbeziehung –, haben künftig eine Chance gegen die globale Konkurrenz! Sie wollen mit Ihrem Unternehmen in der Champions-League spielen? Beantworten Sie die Glaubensfrage!

Die Absteiger dagegen, Regionalliga, Kreisklasse, das werden Unternehmen sein, die so grau sind wie der Staub, den sie die ganze Zeit aufwirbeln. Mit ihren Presseabteilungen, ihren Armeen von Rechtsanwälten, ihren riesigen Durchsetzungsbürokratien, die ihre Legitimation aus buchdicken Anweisungshandbüchern ableiten. Mit ihren stundenlangen Meetings, in denen professionelle Klarsichthüllenverschieber aufgeblasene Power-Point-Präsentationen zum Besten geben. Diese Unternehmen sind unschlagbar – was ihre Leerlaufdrehzahl angeht. Die von ihnen erzeugte meterdicke Staubschicht kann die gähnende Sinnleere und den stupiden Leistungsdruck aber nicht kaschieren. In diesen Unternehmen gilt es als Bedrohung, Neues voranzutreiben, und als eine Verletzung der herrschenden Konsenskultur, überholte Dogmen in Frage zu stellen. Das Denken ist ebenso kleinkariert wie die dazu passenden Sakkos. Hier leben wenige auf Kosten vieler. Und der Rest? Der macht nur einen Job. Der nimmt mit, was er kriegen kann. Wenn man hier die Nummer des Chefs

**Das Denken ist ebenso kleinkariert wie die dazu passenden Sakkos**

wählt, kann es Wochen dauern, bis man ihn ans Telefon bekommt. Falls er überhaupt zu sprechen ist. Kennen Sie, stimmt's? Aber warum gibt es immer noch so viele sinnentleerte Unternehmen? Weil es genug Menschen gibt, die das Spiel mitspielen. Denen der Mut fehlt, sich anders zu entscheiden. Die ihr Leben nur leben, aber nicht führen wollen. Die mit hartnäckigem Willen an ihrer eigenen Ohnmacht festhalten. Und weil es immer noch genug Menschen gibt, die noch nicht verstanden haben, dass es durchaus den Lauf der Welt verändert, ob ich bei einem miesen Discounter einkaufe, der seine Mitarbeiter und Lieferanten wie Dreck behandelt, oder bei einem Händler, der seine Leute mitgestalten lässt. Und der klare Grundsätze und Prinzipien lebt.

Whole Foods, London: Alles Bio – auch in der Werbung

Die Drogeriemarktkette dm zum Beispiel hat sich schon vor 25 Jahren auf die Fahnen geschrieben, keine Zigaretten und keinen Alkohol zu verkaufen. Und das nicht, weil hier Moralapostel anderen vorschreiben wollten, was sie zu tun oder zu lassen haben. Sondern weil es nicht zum eigenen Anspruch passt. Genauso ernst nimmt Götz Werner, Gründer und heutiger Aufsichtsratschef von dm, die Bedürfnisse seiner eigenen Leute: „Mitarbeiter müssen gar nicht so sehr motiviert werden. Das ist eine Frage des Menschenbildes. Halte ich meine Leute eher für Tiere oder wirklich für Menschen? Daraus leitet sich ab, ob ich sie nur unterhalb der Gürtellinie anspreche oder in dem, was sie sein könnten, was sie vielleicht werden wollen."

Make a difference. Einen Unterschied macht auch Whole Foods Market. Die in Amerika und Großbritannien extrem erfolgreiche Kette hat sich auf hochwertige, biologisch angebaute Lebensmittel spezialisiert. Die Mitarbeiter von Whole Foods Market bezeichnen sich selbstbewusst als „Ernährungsberater". Davon könnte sich hierzulande so manche Fleischfachverkäuferin eine Scheibe abschneiden. Aber aus artgerechter Tierhaltung bitte, die Scheibe. Und auch die Chefs könnten ins Grübeln kommen: Im Jahr 2007 belegte Whole Foods Market auf der Fortune-Bestenliste für die 100 beliebtesten Arbeitgeber einen spektakulären fünften Platz! Solche Auszeichnungen sind brillante PR und sorgen zudem dafür, dass ein Unternehmen die besten Talente anzieht.

Aber bitte verstehen Sie uns nicht falsch: Wenn wir von Unternehmen sprechen, die Spirit haben und die einen Unterschied machen, dann meinen wir damit nicht: Alles Öko, Jute statt Plastik, wir haben uns alle ganz doll lieb in unserem Kollektiv, demonstrieren gemeinsam für spezielle Froschparkplätze, und die Putzfrau verdient dasselbe wie der Chef. Wir meinen mit Spuren hinterlassen kein naives Gutmenschentum. Auch keine politisch korrekten Phrasendrescher, die ihre Pleiten und Pannen mit höherer Moral rechtfertigen. Und wir meinen erst recht nicht, dass nur eine Non-Profit-Organisation eine gute Organisation ist. Nein, das alles meinen wir nicht. Im Gegenteil.

**Unternehmen mit Spirit sind erfolgreich. Verdammt erfolgreich.**

Ein Unternehmen, das sich durch eine gemeinsame Leidenschaft und einen verbindenden Sinn auszeichnet, das Spuren hinterlässt, hat schlicht eine klare Haltung. Die allerdings wird über Erfolg oder Misserfolg in der Wirtschaft der Zukunft entscheiden. Klar, oft sahnen erst einmal Mr. Skrupellos und Mrs. Hintenrum mit schmutzigen Geschäften ab. Kurzfristig. Zeitweilig. Auf Dauer kommt damit aber niemand durch. Das Tempo im Hamsterrad lässt sich nicht endlos steigern. Und außerdem: Schnell und billig, das können 1,3 Milliarden Chinesen und 1,1 Milliarden Inder besser als wir!

Also noch einmal Klartext für alle, die meinen könnten, wir redeten hier „nur" über weiche Faktoren: Unternehmen mit Spirit sind erfolgreich. Verdammt erfolgreich. Sie verdienen Geld. Viel Geld. Aber es ist nie der Zweck, sondern immer Mittel zum Zweck. Sinnstiftende Unternehmen wollen mehr Geld, um noch mehr Wert für ihre Kunden schaffen zu können. Sie brauchen auch mehr Geld, um die besten Talente bezahlen zu können. Sie setzen ihre Ressourcen ein, um geniale neue Produkte und einzigartige Dienstleistungen zu entwickeln, die die Welt ein Stück lebenswerter machen. Diese Unternehmen machen Sinn, weil sie Sinn schaffen. Und genau deshalb machen sie auch Geld.

Peter Drucker, einer der einflussreichsten Management-Berater überhaupt, hat am Ende seines Lebens ausschließlich für Non-Profit-Organisationen gearbeitet. Für Organisationen, die primär „Leben verändern" und nicht nur „Geld machen" wollen, so erklärte er. Nichts gegen den genialen Mr. Drucker. Aber zu seiner Wolke würden wir ihm gern hinaufrufen: Drucker, alter Junge, Leben verändern und Profit machen, das schließt sich doch nicht aus! Alle und jeder und selbstredend auch Non-Profit-Organisationen müssen Profit machen, **damit** sie Leben verändern können.

Das Ziel der Ernährungsberater von Whole Foods Market lautet: „Change the way America eats". Die Drogeriekette dm bringt ihre Haltung mit einem abgewandelten Goethe-Zitat „Hier bin ich Mensch, hier kauf' ich ein" zum Ausdruck. Auch der amerikanische Kult-Motorradhersteller Harley Davidson will das Leben seiner Kunden verändern, und zwar indem er sich etwas vornimmt, was sich nur schlecht übersetzen lässt: „To make your average middle class customer feel like a powerful ‚badass'". Und die ING Direct Bank, die amerikanische Tochter der ING Group, hat keine Kreditkarten, keine Autokredite und keinen Online-Wertpapierhandel im Angebot. Ist das Bevormundung? Vielleicht. Aber die Bank erklärt dazu: „Alles, was wir tun, lässt sich auf unsere Kernidee zurückführen: Als Finanzinstitut geht es uns darum, unsere Landsleute wieder zum Sparen zu bringen. Und das funktioniert nicht, indem eine Bank alle möglichen Produkte anbietet, die nur eines zum Ziel haben: die Leute dazu zu bringen, mehr Geld auszugeben, als sie haben." Das ist eine klare Haltung!

All diese Beispiele zeigen, dass Unternehmen auf ganz unterschiedliche Weise Sinn stiften **und deshalb** gutes Geld verdienen. Der große österreichische Psychiater und Neurologe Viktor Frankl hat

16

einmal gesagt: „Sinn entsteht immer dann, wenn Menschen das, was sie tun, mit dem in Verbindung bringen, was ihnen wichtig ist." Sinn als Antrieb zur täglichen Arbeit kann weder durch Geld noch durch Angst noch durch Geld plus Angst ersetzt werden. Bonuskarotten vor den Mitarbeiternasen als Lockmittel? Befehl und Hierarchie als Druckmittel? Das greift nicht mehr. Und sollte es doch funktionieren, dann ist Ihr Unternehmen bereits erledigt, denn dann haben Sie die falschen Leute eingestellt. Was aber Unternehmen und Organisationen weltweit angeht, sagen wir: Für jede – JEDE – noch so kleine Firma, die langfristig Erfolg haben will, gilt: Der einzige Weg, um die Leistung nachhaltig zu steigern, besteht darin, ein Arbeitsumfeld zu schaffen, in dem die Menschen ihre individuellen Stärken einbringen und Sinn in ihrer Aufgabe finden können. Wir meinen damit keine luftigen, künstlich mit Sinn angereicherten Mission- oder Vision-Statements, sondern echten Sinn. Und das bedeutet: den Menschen zuhören. Aufrichtig und interessiert zuhören. Verstehen, was sie antreibt. Wissen, was sie bewegt. Wer das verstanden hat, hat sich den wichtigsten Wettbewerbsvorteil unserer Zeit erschlossen: leidenschaftliche und engagierte Mitarbeiter, die ihr volles Potenzial ausschöpfen.

**Bonuskarotten vor den Mitarbeiternasen als Lockmittel?**

Aber Achtung! Sinnstiftende Unternehmen sind nicht immer bequem. Wo es Spirit gibt, da werden auch höchste Ansprüche an jeden Einzelnen gestellt. Und das ist gut so. Denn Sinn ist das, was Menschen ihrer Natur gemäß zum Handeln antreibt. Wir glauben: Menschen ist ihre Arbeit wichtig. Und zwar nicht nur, um die Miete bezahlen oder Kredite bedienen zu können. Sie wollen, dass dabei auch Sinn entsteht und etwas zum Nutzen anderer herauskommt. Und deshalb strengen sie sich an. Jeden Tag.

„Hey, du siehst aber gut aus! Warst du im Urlaub?"
Wir hatten Tobias längere Zeit nicht gesehen. Und da waren wir sicher nicht die Einzigen. Er hatte eine Traumkarriere bei einem internationalen Konzern gemacht und saß ständig im Flugzeug. Dann gab es da noch seine Frau und seine drei kleinen Kinder. Außerdem bauten sie gerade ein Haus. Wenig Zeit also für alte Freunde.

Wir waren gerade mit dem Einkaufswagen durch die Kleinkramabteilung bei Ikea mäandert – plötzlich stand Tobias vor uns. Am Mittwochnachmittag. Er wirkte entspannt und strahlte übers ganze Gesicht.

„Nein, im Urlaub war ich lange nicht mehr", antwortete er auf unsere Frage. „Ich habe gerade gekündigt."

Pause.

Jeder von uns spielte im Kopf unterschiedliche Varianten durch, wie dieser Satz mit Tobias' blendender Ausstrahlung in Verbindung stehen könnte. Etwas viel Sarkasmus für unter der Woche, dachten wir erst. Doch bevor einer von uns einen halbwegs passenden Text herausbrachte, redete Tobias schon weiter.

„Und wisst ihr was?", fragte er mit leuchtenden Augen. „Euer Buch ‚Alles, außer gewöhnlich' war der letzte Anstoß, die Brocken endlich hinzuschmeißen. Ich hatte einfach keinen Bock mehr. Ich wollte nicht länger nur Kohle scheffeln, sondern endlich auch mal was Sinnvolles tun."

Wir fragten zaghaft nach Ehefrau, Kindern, Hypothek.

„Ja, ja, das fragen alle. Aber meine Familie steht voll hinter mir", versicherte Tobias. „Wir machen gerade einen Plan, wie wir die nächsten Jahre leben und was wir machen wollen. Mal ehrlich, wer behauptet, dass er nur wegen seiner Familie im Hamsterrad rennt, ist doch bloß zu feige, was zu ändern."

Als wir später unsere Einkäufe im Auto verstauten, hatten wir beide denselben Gedanken: Wenn wir gewusst hätten, was wir mit unseren Büchern auslösen können, dann hätten wir uns eine bessere Versicherung zugelegt …

# Warum Spirit plötzlich zählt

Menschen wie Tobias sind unsere Helden. Wissen Sie, warum? Weil uns immer wieder Sätze wie dieser zu Ohren kommen: „Förster und Kreuz, die haben gut reden, die können sich den Luxus erlauben, von ‚Alles, außer gewöhnlich' zu reden und von Sinn. Aber ein Familienvater, der für seine Kinder verantwortlich ist und eine Hypothek abbezahlen muss, kann sich solch einen Egotrip schlichtweg nicht leisten." Bullshit! Wer so denkt, hat noch überhaupt nicht begriffen, was in vielen Unternehmen los ist. Millionen haben innerlich gekündigt. Millionen machen nur noch Dienst nach Vorschrift. Sie schleppen sich wie Schlafwandler zur Arbeit, verbreiten miese Laune und jam-

mern anderen die Gehörgänge zu. Und warum das alles? Weil sie im Kern ihrer Tätigkeit keinen Sinn mehr erkennen. Weil ihre Arbeit nur Mittel zum Zweck ist.

Kein Wunder, dass Arbeit bei diesen Menschen kein gutes Image hat. Vielen gilt sie als Raub von Lebenszeit und -qualität. Aber anstatt den Mut aufzubringen, etwas zu verändern, machen sie lieber weiter wie bisher. Bloß kein unnötiges Risiko eingehen. Sind solche Leute etwa Vorbilder für ihre Kinder? Können stupide Arbeitsroboter ihren Familien den Weg in eine glückliche Zukunft zeigen? Wir meinen: nein.

Die Sinnkrise in Unternehmen ist mit Händen greifbar – und lässt sich empirisch belegen: Einer Studie des Geva-Instituts zufolge schneiden die Deutschen im Arbeitszufriedenheits-Index weltweit gesehen zwar noch relativ gut ab. Aber einen persönlichen „Handlungs- und Entscheidungsspielraum" vermissen die meisten. „Jeder

Dritte bewertet seine Freiheiten im Job neutral oder negativ." Das führt im Umkehrschluss zu immer weniger Einsatz am Arbeitsplatz. Eine Entwicklung, die stetig fortschreitet: Der Engagement-Index von Gallup Deutschland zeigt, dass der Anteil hoch engagierter Arbeitnehmer 2001 noch bei 16 Prozent lag und sich im Jahr 2007 bereits auf mickrige 12 Prozent reduzierte. Würde dieser Trend anhalten, wären wir 2013 bei etwa 8 Prozent angelangt. Und die Zahl für 2019 rechnen Sie sich jetzt bitte selbst aus. Nach Gründen für diese Entwicklung forschte unter anderem das Bundesministerium für Arbeit und Soziales und kam in einer 2006 durchgeführten Untersuchung zu einem alarmierenden Ergebnis: Nur 28 Prozent der Befragten waren der Meinung, in einer kollegialen Atmosphäre zu arbeiten und fair bezahlt zu werden – und selbst „sie leiden unter Über- oder Unterforderung und permanentem Zeitdruck." Bei den anderen 72 Prozent, so Michael Kastner, Organisationspsychologe an der Universität Dortmund, drosseln „Orientierungslosigkeit, Sinnleere und die immer gleichen Arbeitsrituale den eigenen Antrieb und führen auf Dauer zu Frust."

Die Konsequenz: Diese Leute haben nicht mehr den Elan, Dinge zu hinterfragen, vielleicht haben sie ihn auch nie besessen. Sie agieren nicht an ihrem Arbeitsplatz, sondern beschenken die Firma mit ihrer bloßen Anwesenheit. Requisiten mit Pulsschlag.

Und wer ist schuld an dieser Sinnkrise? Die vermeintlichen Übeltäter sind schnell identifiziert: Eine einschüchternd lange Liste populärer Sachbücher mit unmissverständlichen Titeln wie „Mein Chef ist ein Arschloch", „Chefs und andere Idioten. Wie man im Job überlebt ... ohne seinen Boss zu

---

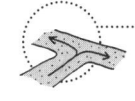

Requisiten
mit Pulsschlag

---

20

ermorden" oder einfach „Der Arschlochfaktor" verprügeln verbal das naheliegendste Opfer, den Chef, die „Niete in Nadelstreifen". Die Verkaufszahlen solcher Traktate sprechen eine eindeutige Sprache. Auch die lieben Arbeitskameraden werden gerne mal aufs Korn genommen. Nach dem Motto „Wer Kollegen hat, braucht keine Feinde mehr".

Auch in dem Bestseller „Bonjour Paresse" – deutscher Titel: „Die Entdeckung der Faulheit" – zeichnet die französische Autorin Corinne Maier ein düsteres Bild des Arbeitsalltags. Chefs beschreibt sie pauschal als dumpfbackige Idioten, das Angestelltendasein als neue Sklaverei, die Gehälterkurve als halbkriminell und Politikerreden über Wirtschaftswunder als scheinheilig. Da bleibt dem unmündigen Mitarbeiter nur eines übrig – aufs Wochenende, den nächsten Urlaub, die Pensionierung oder gar das stille Ableben vorm Computerbildschirm zu warten. Oder, und so empfiehlt es Maier frisch und frech angesichts der Perspektivlosigkeit in solch unmenschlichem Arbeitsumfeld: die Tugenden der Faulheit neu zu entdecken und jegliches Engagement bei der Arbeit einzustellen. Da können wir nur sagen: Vive la France!

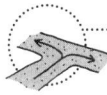

Menschen wie Tobias sind unsere Helden

Man muss diese Bücher nicht ernst nehmen, um zu erkennen, was sie signalisieren: Menschen fragen zunehmend nach dem Sinn. Sie beginnen sich zu fragen, ob es tatsächlich wert ist, den besten Teil ihres Lebens für etwas herzugeben,

Bahnhof Basel: Vorfreude aufs Büro

das sie als immergleichen Trott auf der Maloche empfinden. Arbeit ist nicht mehr automatisch etwas Gutes. Menschen arbeiten nicht mehr aufgrund einer moralischen Verpflichtung. Der alte

Kalenderspruch „Schaffen und Streben ist Gottes Gebot, Arbeit ist Leben, Nichtstun ist Tod" hat schon lange sein Verfallsdatum überschritten und taugt nur noch fürs Museum. Ein Wandel vom **Müssen** zum **Wollen** hat stattgefunden. Nicht nur Mitarbeiter, sondern auch Kunden stellen sich zunehmend die Frage nach dem Sinn. Spielzeug aus China wird mit einem Mal nicht mehr als schön bunt und billig empfunden, sondern nur noch als giftig. Und nach dem fünften Gammelfleisch-Skandal fragt sich auch der letzte Depp, wie 100 Gramm Schnitzel billiger sein können als eine Tafel Vollmilchschokolade. „Geiz ist geil" und „Der Preis ist heiß" – das war gestern. Heute merkt der Kunde: Alles hat seinen Preis. Qualität hat ihren Preis. Und ein gutes Gefühl an der Kasse hat auch seinen Preis.

Zuerst reagieren Verbraucher zwar enttäuscht. Doch im nächsten Moment spüren sie ihre Macht. Beispielsweise wenn sie merken, dass sie den Einstieg des schlecht beleumundeten Discounters Lidl bei der Biomarkt-Kette Basic verhindern können, indem sie auf die Barrikaden gehen und mit Käuferstreik drohen. Ihnen wird klar, dass jede kleine Kaufentscheidung Teil einer Summe von Entscheidungen ist, mit der sie eine Veränderung bewirken können. Als „Einkaufsrevolution" bezeichnet Autorin Tanja Busse diesen Trend, der bereits in vollem Gange ist, und die Konsummärkte des 21. Jahrhunderts komplett umkrempeln wird. Und infolgedessen auch die Art und Weise, wie wir arbeiten, wohnen, reisen, uns kleiden und ernähren, am öffentlichen Leben teilnehmen. Was genau ist anders als vorher? Der Einkauf wird an eine Sinnerfahrung gekoppelt. Wirtschaft macht Sinn, wenn nicht allein der Preis entscheidet, sondern noch andere Faktoren die Kaufentscheidung beeinflussen. Die Glaubwürdigkeit des Unternehmens zum Beispiel. Oder das Wissen, als Kunde Teil einer Gemeinschaft mit denselben Werten zu sein.

Auch die Mitarbeiter in den Unternehmen sind zunehmend enttäuscht und frustriert. Effizienz, Effizienz, Effizienz!, tönt es seit den Neunzigern durch die Werkshallen und die Büroflure. „Lean Management" wurde zur Ersatzre-

**Lean Management als Ersatzreligion für rechtshirnamputierte Technokraten**

ligion für rechtshirnamputierte Technokraten. Die Botschaft an die Mitarbeiter lautete: Helft uns nur, ein „schlankes" Unternehmen zu werden, dann wird alles gut. Bringt euer Opfer dar im Namen der Kostenersparnis, dann werdet ihr erlöset sein, Amen. Die Mitarbeiter strengten sich an. Sie brachten Opfer. Der Börsenwert wuchs. Die Sinnleere blieb.

Corporate Downsizing

Und heute? Die Organisationen sind kleiner, flacher und schlanker denn je. Größerer Druck lastet auf immer weniger Leuten. Hinzu kommt: Arbeitskraft und intellektuelles Kapital müssen wettbewerbsfähiger sein als jemals zuvor. In einem solchen Umfeld **müssten** die Menschen als das wahre Kapital der Unternehmen anerkannt und behandelt werden. Werden sie aber nicht. Klar werden die Mitarbeiter bei festlichen Anlässen bisweilen als „Asset" bezeichnet. Etwa: „Unsere Leute sind das kostbarste Asset unseres Unternehmens", ist dann zu hören. Dieses Bekenntnis entbehrt allerdings nicht einer gewissen Ironie, denn „Asset" ist der buchhalterische Ausdruck für Aktivposten, und die werden gewöhnlich über einige Jahre hinweg abgeschrieben. Das wird allerdings bei diesen Gelegenheiten nicht unbedingt erwähnt.

**Tagsüber Schwein, abends treu sorgender Familienvater, das hält auf Dauer keiner aus!**

Wen wundert es, dass sich zunehmend Verunsicherung und Zynismus in den Büros und Werkshallen breitmachen? Loyalität besteht allenfalls zu Kollegen oder einer Abteilung, nicht aber zum Gesamtunternehmen. Die Folgen? Sind gravierender, als so mancher Firmenchef meint: Die Autorin Susanne Reinker beschreibt in ihrem Buch „Rache am Chef", wie sich stiller Boykott und innere Kündigung zu einem handfesten Sabotagekrieg auswachsen können, wenn der Lohnsklave sich nicht mehr anders abzureagieren weiß. Da verschwinden plötzlich wichtige Dokumente, die Privatnummer des Chefs wird „versehentlich" an Nervensägen, weitergeben, und in ganz krassen Fällen, so weiß Reinker zu berichten, wird auch schon mal ein schwerer Aktencontainer vor die Abluftöffnung des Serverraums geschoben. Pardon! Die wollen doch nur mehr Geld!, kommentieren manche Chefs diese Racheaktionen. Blödsinn! Es geht bei dieser Vergeltung nicht um objektive Resultate – mehr Gehalt oder Anerkennung oder Machtzuwachs. Sondern um die subjektiv empfundene Balance von Input und Output. Und das gilt für Topmanager genauso wie für einfache Angestellte oder auch für Kunden. Solange Menschen keinen Sinn sehen in dem, was sie leisten, produzieren und auch kaufen, verdeckt die Enttäuschung den Blick auf neue Möglichkeiten und Wege. Wenn Menschen das sichere Gefühl haben, ihr Input – Lebenszeit, Energie, Leidenschaft – steht in einem massiven Missverhältnis zu dem, was sie am Ende an Geld, Anerkennung, Befriedigung, Selbstverwirklichung herausbekommen, ergibt sich automatisch eine Sinnkrise. Man denke nur an die Diskussionen um die als ungerecht empfundenen Managergehälter oder um horrende Abfindungen von Führungskräften, die auf der ganzen Linie versagt haben.

Die subjektiv empfundene Diskrepanz zwischen In- und Output entsteht keineswegs deshalb, weil Leute selbst nicht zu den Top-Verdienern gehören oder glauben, zu viel zu arbeiten.

Von: ▓▓▓▓▓▓▓▓▓▓▓▓
Gesendet: Sonntag, 24. Juni 2007 21:28

Guten Tag Frau Förster und Herr Kreuz,
ich habe meinen gut dotierten Job als geschäftsführender Gesellschafter ... gekündigt. Gründe gab es sicher viele. Am 16 Juni habe ich mir zum Geburtstag Ihr „Alles, außer gewöhnlich" schenken lassen.

Und das war das Aha-Erlebnis ...

Es grüßt
▓▓▓▓▓▓▓▓▓▓

Menschen sind willens und sehr wohl in der Lage, über viele Jahre enorm viel Zeit und Energie zu investieren, wenn sie die Ergebnisse ihrer Leistung als sinnvoll und persönlich erfüllend erleben. So wird Arbeit – auch jede Menge Arbeit – von vielen Menschen immer noch als Herausforderung und nie als Überforderung erlebt. Schauen Sie sich Unternehmen wie Genentech oder Google an: Da macht niemand nur einen Job von neun bis um fünf. Die Mitarbeiter legen sich richtig ins Zeug, und

24

zwar weil sie von einem wertschöpfenden und authentischen Beweg-grund geleitet werden. Sie wollen einen positiven Beitrag für ihre Kunden und die Gesellschaft leisten. Sie brennen für ihre Aufgabe.

Der bereits zitierte Wiener Psychiater und Neurologe Viktor Frankl sah eine enge Korrelation zwischen Selbstverwirklichung, Lebenssinn und Glück: „Im Dienst an einer Sache oder in der Liebe zu einer Person verwirklicht sich der Mensch selbst." Frankl fragt nicht, **warum** wir leben oder arbeiten. Er fragt: **wozu.** Haben Sie sich darüber hinaus schon mal ernsthaft gefragt, wozu Sie auf der Welt sind? Wozu Sie morgens Ihre Schuhe schnüren? Wozu Sie Ihren PC einschalten? Zu welcher höheren Sache Sie durch Ihre tägliche Arbeit etwas beitragen?

**Da macht niemand nur einen Job von neun bis um fünf**

Wie? Sie arbeiten im Finanzamt? Okay, dann müssen Sie in der Tat ein wenig um die Ecke denken. Aber im Ernst: Wenn Mitarbeiter oder Kunden die eigenen Stärken in den Dienst einer höheren Sache stellen, wenn sie eine Aufgabe oder Leistung erbringen, die sie als sinnvoll erfahren, dann finden sie Erfüllung – und sind zudem noch erfolgreich. Zufall, sagen Sie? Ganz und gar nicht. Die Wechselbeziehung zwischen sinnhafter Tätigkeit, Selbstverwirklichung und geschäftlichem Erfolg ist alles andere als Zufall. Sinn ist der Schlüssel zum Erfolg.

Auch so manche Chefs haben das erkannt und sind unter die Sinn-sucher gegangen. Sie werden vom gleichen Spirit angetrieben wie ihre Mitarbeiter. Ihnen liegen deren Wohlergehen und die Bedürfnisse des Kunden am Herzen. Meist hindert sie jedoch das Tagesgeschäft daran, sich richtig um ihre Leute zu kümmern und das eigene Feuer immer wieder zu schüren. Oft quält sie der Druck, der von „ganz oben" kommt und den sie im Unternehmen weitergeben müssen – mit der vierzehnten Restrukturierungsmaßnahme. Tagsüber Schwein, abends treu sorgender Familienvater, so einen Widerspruch hält auf Dauer keiner aus, der sich – Hand aufs Herz – im stillen Kämmerlein schon mal die Sinnfrage gestellt hat.

**Sinn ist der Schlüssel zum Erfolg**

Ausgepowert, desillusioniert, vom schlechten Gewissen geplagt und vom Gefühl, nur noch fremdbestimmt zu agieren, ziehen deshalb Fachkräfte wie unser Freund Tobias, aber auch Manager und Vorstände einen radikalen Schlussstrich. So auch der erfolgreiche Herzchirurg und Chef einer Schweizer Privatklinik Markus Studer, der 2003 seinen OP-Kittel an den Nagel hängte, sich einen roten Mercedes Actros kaufte und damit einen Jugendtraum wahr machte. Heute ist Studer fünf Tage die Woche als Brummikutscher unterwegs. In dem neuen Job kann er sein Faible für Technik mit seiner Leidenschaft fürs Reisen auf wunderbare Weise verbinden. „Als Arzt fehlte mir dazu immer die Zeit", sagt Studer der „Wirtschaftswoche" in einem Interview.

Neben dem veränderten Kundenverhalten sowie dem Frust von Führungskräften und Mitarbeitern gibt es noch einen dritten Grund, warum Sinnsuche plötzlich so aktuell ist: die Globalisierung.

Länder wie China und Indien wollen nicht mehr länger nur die Werkbänke der Industrienationen sein. Sie wollen auf ihre Art ebenso erfolgreich sein. Berechtigterweise. Zunehmend konkurrieren sie mit Ländern wie Deutschland, der Schweiz oder Österreich um Kunden und weltweite Marktanteile. Und wie reagieren wir darauf? Arbeiten wir noch härter? Drehen wir das Hamsterrad noch schneller? Senken wir die Löhne noch weiter? Viele Führungskräfte haben auf diese Fragen nicht wirklich gute Antworten.

So oder so: Die Suche nach Sinn nimmt zu. „Und zwar nicht nur bei Menschen, die sich als Spielball einer globalisierten Welt empfinden, auf die sie keinerlei Einfluss mehr zu haben glauben.", heißt es in einer aktuellen Studie der Dresdner Bank. Die „modernen Sinnsucher" seien zwischen 30 und 40 Jahre alt, „gebildet und wohl-

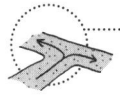

**Drehen wir das Hamsterrad noch schneller?**

habend". Wir meinen, es ist egal, ob Sie Arzt sind oder LKW-Fahrer. Wichtig ist, dass Sie herausfinden, wofür Sie brennen. Was sind Ihre individuellen Stärken, Ihre Talente, was treibt Sie an? Allein sich mal diese Fragen zu stellen, dazu gehört schon eine ganze Portion Mut. Die Wenigsten trauen sich das. Nach dem Motto „Was ich hab, hab ich!" Vielleicht müssten sie sich ja eingestehen, dass das, was sie haben, nicht das ist, was sie glücklich macht. Aber sie könnten natürlich auch darauf kommen, warum sie mit dem, was sie bisher hatten, nie gigantisch erfolgreich waren. Ein weiterer Berufsumsteiger, der Ex-Swissair-Manager und Gründer der Online-Bibliothek Getabstract Rolf Dobelli hat unsere eigene Erfahrung bestätigt. Nämlich, dass Begeisterung und Leidenschaft „ökonomische Erfolge fast automatisch nach sich ziehen." So ist es.

„Entschuldigung, hätten Sie mal einen Bierdeckel?"
Der Stehtisch wackelte wie ein Wolkenkratzer
in Tokio bei Erdbeben. Wir standen im Foyer
von Porsche in Leipzig. Im „Diamanten".
Richtig cooles Ambiente. Super Architektur. Businessvolk strömte rein und
gönnte sich noch einen Schluck Pro-
secco vor der Veranstaltung. Wir warteten
auf unseren Auftritt und mischten uns wie
immer unter die Leute. Alles war entspannt. Bloß
dieser Wackelkandidat von einem Stehtisch trieb uns zum
Wahnsinn! Wie gut, dass gerade ein Mitarbeiter von Porsche vorbeikam, den wir nach einem Bierdeckel fragen
konnten, um dem Tisch die Nervosität auszutreiben.

Der Typ guckte uns an, als hätten wir von ihm verlangt,
er solle den weißen Cayenne in der Mitte des Foyers mit
Benzin übergießen und anzünden. Er schüttelte den Kopf
und ging wortlos weg. Na gut, dachten wir. Ein wackeln-
der Tisch soll uns nun echt nicht die Laune verderben.

Nach gefühlten 30 Sekunden war der junge Mann wieder da. Er warf sich vor uns auf die Knie und begann,
den dreibeinigen Tischfuß mit einem Inbusschlüssel zu
justieren. Zwischendurch schaute er immer wieder konzentriert auf ein Glas mit Wasser, das auf dem Stehtisch
stand. Der Eichstrich diente ihm als Wasserwaage. Er war
erst zufrieden, als erstens der Tisch nicht mehr wackelte
und zweitens die Tischplatte in einer exakt horizontalen
Position war.

„Wow!", sagten wir. „Herzlichen Dank!"
Wieder schaute uns der junge Typ einen Augenblick lang
wortlos an. Dann sagte er einen einzigen Satz: „Wir bei
Porsche arbeiten nicht mit Bierdeckeln."

# Sechs Sorten Sinn

Okay, in der Wirtschaft der Zukunft dreht sich also alles um das Thema Sinn. Heißt das, Unternehmen werden jetzt zu Tempeln und Manager zu Schamanen? Wird der Vorstandschef der Postbank demnächst aussehen wie Osho? Werden sich die Schrauber bei Daimler nach der Schicht auf dem Parkplatz mit den Worten verabschieden: „Du, das war heute wieder 'ne total wichtige Erfahrung für mich"? Antwort: nein. Definitiv: nein. Auch sinnstiftende Unternehmen bleiben zuallererst Unternehmen. Ihr Tun wird von den jeweiligen Unternehmenszielen bestimmt. Und das bedeutet knallhartes Business. Tag für Tag. Für das persönliche Lebensglück ist immer noch jeder selbst verantwortlich. Niemand findet Erleuchtung bei seinem Chef.

Oder jedenfalls fast niemand ...

Schauen wir uns genauer an, wie Unternehmen Sinn stiften können. Und machen wir uns klar, dass nichts davon mit Esoterik zu tun hat. Unser Erlebnis bei Porsche in Leipzig zeigt, dass sich nur dann Sinn für jeden einzelnen Mitarbeiter ableiten kann, wenn in dem Unternehmen ein echtes Sendungsbewusstsein vorhanden ist, wenn man einen Missstand im Markt eliminieren will oder aber etwas Gutes in die Welt tragen möchte. Nur dann gelingt es, Mitarbeiter und Kunden mit diesem Virus anzustecken. Der Typ mit dem Inbusschlüssel und der improvisierten Wasserwaage war gerade mal Anfang zwanzig. Er stammte mit Sicherheit weder aus dem Marketing noch aus dem Management. Und

> **Für das persönliche Lebensglück ist immer noch jeder selbst verantwortlich**

29

er wurde erst recht nicht von der Presseabteilung gebrieft, was er tun muss, um in dieses Buch zu kommen. Er hat einfach aus sich heraus den Spirit von Porsche gelebt. Mit Pappe zwischen Estrich und Metallfuß zu laborieren wäre ein Terroranschlag auf das Perfektionsstreben im Hause gewesen. Das weiß der junge Mann und handelt entsprechend. Eine solche Einstellung kann allerdings nicht angeordnet werden. Sie kann auch nicht in Seminaren antrainiert werden. Diese innere Haltung ist ein Geschenk, das die Mitarbeiter jeden Tag zur Arbeit mitbringen – oder eben nicht.

Diese innere Haltung kommt immer nur dann zustande, wenn das Unternehmen eine Art höhere Bestimmung für sich gefunden hat. Bevor Sie jetzt denken, wir hätten komisches Zeugs geraucht, lassen Sie uns erklären: Den Begriff „höhere Bestimmung" können Sie direkt übersetzen in fundamentale Werte wie Schönheit, Wahrheit, Aufbruch zu neuen Ufern, Freiheit, Gerechtigkeit, Liebe, Mitgefühl, Dienst an der Menschheit. Das sind die moralischen Imperative, die die Menschen seit jeher zu außergewöhnlichen Leistungen angespornt haben. Wenn es Unternehmen gelingt, diese Werte in ihren eigenen Zielkanon zu übersetzen, dann ist die Antwort darauf gefunden, warum Menschen sich in dieses Unternehmen mit all ihrer Kreativität, Initiative und Leidenschaft einbringen sollten.

> **Innere Haltung ist ein Geschenk, das die Mitarbeiter jeden Tag zur Arbeit mitbringen – oder eben nicht**

Allerdings gilt dabei auch: Nicht jeder Mensch fühlt sich gleichermaßen von allen Werten angezogen. Vielmehr geht es um die Passgenauigkeit von Menschen und ihren Werten und Unternehmen, die genau diese Werte verkörpern. Und das gilt natürlich auch für die Kunden.

Diese fundamentalen Werte haben wir in sechs Möglichkeiten übersetzt, wie Unternehmen Sinn stiften können: Erstens, **Perfektion**. So wie sie beispielsweise bei Porsche verstanden wird, ist sie nichts anderes als Schönheit. Eine Insel im Meer der Ununterscheidbarkeit. Zweitens, **Innovation**. Unternehmen, die Innovation zu ihrem Leitmotiv machen, knüpfen an das menschliche Bedürfnis an, Neues zu wagen, zu neuen Ufern aufzubrechen. Berühmte Entdecker wie Christoph

Kolumbus, Roald Amundsen, James Cook, Alexander von Humboldt, Marco Polo oder Vasco de Gama sind Zeugnis dieses menschlichen Antriebs. **Demokratisierung** als dritte Möglichkeit, Sinn zu stiften, hängt mit dem menschlichen Wunsch nach Mitbestimmung und persönlicher Freiheit zusammen Denken Sie nur an Friedensnobelpreisträger wie Rigoberta Menchú oder den bereits mehrfach für diese Auszeichnung vorgeschlagenen Václav Havel. Oder denken Sie an all die anderen bekannten und unbekannten Kämpfer für Freiheit und Demokratie.

> **Mit Pappe zu laborieren wäre ein Terroranschlag auf das Perfektionsstreben gewesen**

Sie wurden mit Berufsverboten belegt, haben für ihre Überzeugungen in Gefängnissen gesessen und trotzdem weiter für ihre Sache gekämpft. **Herausforderer** zu sein ist eine weitere Möglichkeit, Sinn zu stiften. Dabei geht es um Gerechtigkeit, die angemessene Verteilung von Chancen. Unternehmen, die sich diese Haltung auf die Fahnen schreiben, schlüpfen in die Rolle des David, der den Kampf gegen Goliath aufnimmt. Noch eine Möglichkeit, Sinn zu stiften, ist das Prinzip **Verantwortung.** Hier geht es um Grundsätze wie Nachhaltigkeit und Ethik, um den Einsatz für benachteiligte Gruppierungen und den Umweltschutz. Als sechste Möglichkeit, wie Unternehmen zu Sinnstiftern werden können, stellen wir das Prinzip der **menschlichen Werte** vor. Hier geht es um Schaffens- und Entfaltungsfreiheit, Anerkennung, Fairness, sprich: Menschlichkeit.

Sinnsorte Nummer eins: das Streben nach **Perfektion.** Das ist etwas, was dem Unternehmen Richtung gibt, was jeder verinnerlicht, was alle mit auf die Reise nimmt. „Benzin im Blut. Porsche im Herzen. Rennsport ist ihre Leidenschaft, Perfektion ihr Ziel", heißt es auf der Firmenwebsite. Okay, und jetzt denken Sie mal kurz an Ihr Unternehmen. Haben Sie sich schon mal die folgenden Fragen gestellt: Warum existiert unser Unternehmen? Womit schaffen wir einen übergeordneten Sinn, der mich und meine Kollegen inspiriert, unsere Leidenschaft jeden Tag mit zur Arbeit zu bringen? Wenn darauf nur achselzuckende Antworten wie „um Geld zu verdienen" oder „um die Wünsche unserer Kunden zu erfüllen" kommen, haben Sie ein Problem. Denn das machen alle anderen auch. Und das ist lange nicht genug, um einen Abdruck im Universum zu hinterlassen.

Auch Porsche sagt: Geld verdienen ist uns sehr wichtig. Keine Frage. Ebenso die Erfüllung der Kundenwünsche. Selbstredend. Doch nur allein deswegen existieren wir nicht. Uns gibt es schon seit fast hundert Jahren. Und warum? Weil Qualitätsführerschaft unser wichtigstes Ziel ist. Wir wollen die Besten der Besten der Besten sein.

Na ja, Porsche, sagen Sie jetzt, die können sich so einen flotten Spruch auch leisten. Was ist mit Firmen, die nicht so sexy Produkte herstellen? Aber darum geht es ja gerade! Perfektion macht sexy. Nehmen Sie beispielsweise die Firma Rational, einen Hersteller von Küchenöfen für Profi-Köche. Hört sich erst mal nicht so spannend an, das Geschäft mit den heißen Öfen, oder? Ist es aber! Rational ist die glasklare Nr. 1 in Sachen Gar-Technik für Großküchen und hat einen Weltmarktanteil von 52 Prozent. Wie sie das geschafft haben? „Wir wollen immer besser werden, damit wir gut bleiben. Qualität ist unendlich. Wer nicht besser werden kann, ist klinisch tot", lautet das Credo von Unternehmenschef Günther Blaschke. Er schätzt, dass die Konkurrenz sechs bis sieben Jahre brauchen würde, um den technischen Vorsprung seines Unternehmens aufzuholen.

Sinnsorte Nummer zwei: Innovation. Wirtschaft ist nichts Statisches. Deshalb hängen Perfektion und Innovation eng zusammen. Innovation bedeutet, Dinge zu machen, die niemand vorher versucht hat oder die schlichtweg nicht denkbar waren. Zu neuen Ufern aufzubrechen, wie es Captain Kirk in seinem Logbuch schreibt: „Viele Lichtjahre von der Erde entfernt dringt die Enterprise in Galaxien vor, die nie ein Mensch zuvor gesehen hat."

Aber nicht nur für Trekkies ist Innovation eine starke Motivation. Dieser Antrieb gilt auch für die Mitarbeiter bei W.L. Gore & Associates, einem Unternehmen, das innovative Produkte aus Fluorpo-

**Entdeckergeist, der zwischen Harry Potter und Eliteforschung pendelt**

32

lymeren für Elektronik, Medizin und anspruchsvolle Funktionstextilien, bekannt unter dem Namen Gore-Tex, entwickelt.

Innovation ist hier nicht nur Mittel zum Zweck, sondern gelebte Leidenschaft bei allen Mitarbeitern, und dazu hat man eine einzigartige Arbeitsumgebung aufgebaut, in der diese gepflegt wird – eine Firmenkultur, die zu Kreativität, Initiative und Entdeckungsfreude anspornt. So kann beispielsweise jeder Mitarbeiter einen halben Tag pro Woche an Projekten seiner Wahl herumexperimentieren.

Oder nehmen wir das Maschinenbauunternehmen Voith, ein 1825 gegründetes Traditionshaus am Rande der Schwäbischen Alb. Das Wirtschaftsmagazin „brand eins" schreibt über dieses Familienunternehmen: „Es ist ein Entdeckergeist spürbar, der zwischen Harry Potter und Eliteforschung pendelt."

Voiths Produktpalette ist so breit wie lang: Von Papiermaschinen – aus denen übrigens sämtliche in China umlaufenden Geldscheine stammen – über Lokomotiven und Wasserkraftwerke bis hin zu Bremsen und Schiffsschrauben baut Voith alles, was sich irgendwie dreht und nach Öl riecht.

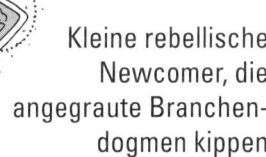

**Kleine rebellische Newcomer, die angegraute Branchendogmen kippen**

Das Hauptaugenmerk liegt dabei immer auf Produkten, von denen man anfangs noch nicht weiß, wie sie funktionieren werden. Und das nicht zuletzt dank der Devise, dass bei Voith nie eine Idee, von der man überzeugt ist, am Geld scheitert. Dazu gehört auch, dass sich das Haus einen Stab von Weißkitteln leistet, die nicht ins Tagesgeschäft eingebunden sind, sondern ausschließlich forschen. Das Wichtigste aber ist die Idee: Wer an seine Erfindung glaubt, soll sie vorantreiben, egal, wie groß die Widerstände sind. Dafür ruft der Chef auch schon mal zu korporativem Ungehorsam auf: „Alle großen Erfindungen sind Undercover-Erfindungen", sagt er.

Sinnsorte Nummer drei: die Rolle des **Herausforderers** annehmen. Hierbei richtet sich der Ungehorsam kleiner, aber mutiger Firmen-Robin-Hoods gegen die selbstzufriedenen, alteingesessenen Bewahrer des Status quo. Letztere stecken in der Wohlstandsfalle und werden von kleinen, rebellischen Newcomern überrascht, denen niemand zugetraut hätte, die ganz Großen mit frischen Ideen herauszufordern

33

und angegraute Branchendogmen zu kippen. Der ehemalige Kfz-Mechaniker und Chef von Liqui Moly, Ernst Prost, macht es vor: Als erfolgreicher Hersteller von Motorölen, Additiven und Autopflegeprodukten tritt er in seiner Branche gegen die „Shells, BPs und Exxons dieser Welt" an. „Wir ärgern die täglich ein bisschen", sagt Prost schelmisch im Gespräch mit dem Magazin „Markt und Mittelstand". Sein Erfolgsrezept: Bewusst anders sein als die Großen, unabhängig und wendig bleiben!

**Bewusst anders sein als die Großen, unabhängig und wendig bleiben!**

„David gegen Goliath", nennt der Markenexperte Jürgen Häusler die Strategie des Herausforderers aus Ulm. Anders sei Liqui Moly vor allem deshalb, weil ihr Chef es verstehe „die Positionierung in der Nische in eine Haltung umzuwandeln". So schafft Liqui Moly eine enorm hohe Bindung von Kunden und Mitarbeitern. Dabei helfen natürlich auch ein ausgefeiltes Marketing und der super Kundenservice. Und so macht das Unternehmen Großkunden wie Endverbraucher glücklich, auch wenn das seine Mitarbeiter manche Sonderschicht kostet. Aber die sind stolz darauf, in so einem Unternehmen zu arbeiten. Liqui Molys Herausforderer-Haltung manifestiert sich übrigens auch in ungewöhnlichen Sponsoring-Aktionen: Ob asiatische Motocross-Fahrer, eine junge, deutsche Kunstradturnerin oder arabische Jugendfußballer – sie alle tragen das Firmen-Logo. Liqui Moly prangte sogar auf den Trikots des TSV 1860 München und sponserte die Halbfinal- und Finalspiele der deutschen Handball-WM. Für so viele Sympathiepunkte müssten die Ölmultis mindestens UNICEF übernehmen.

**Immer schön auf der Hut sein vor dem nächsten Herausforderer!**

Ein anderer Herausforderer, der sich das David-gegen-Goliath-Prinzip zu eigen gemacht hat, ist Apothekenschreck Ralf Däinghaus, Gründer des Unternehmens Doc Morris. Däinghaus ärgert seine Kontrahenten nicht nur täglich ein bisschen. Er bringt sie stündlich auf die Palme. Und wurde durch zahlreiche Gerichtsprozesse, Verfügungen und Unterschriftenaktionen prominent wie kein zweiter Apotheker. Er umging die in Deutschland gültige Vorschrift, die Apothekern den Versandhandel von Medikamenten verbot, indem er kurzerhand nach Holland übersiedelte. Von dort belieferte er deutsche Patienten, die ihre Medikamente bei ihm im Internet bestellten – zu einem deutlich niedrigeren Preis als bei der vor Ort ansässigen Konkurrenz. Als er dann auch noch ein weiteres Verbot unterlief und aus seinen Apotheken Aktiengesellschaften oder GmbHs machte, war ihm der Hass der deutschen Pillendreher gewiss. Aber Däinghaus gewann den Marathon durch die Instanzen – mit dem Argument der Niederlassungsfreiheit. Seit 2004 ist der Versandhandel mit Medikamenten auch in Deutschland erlaubt. Darüber freuen sich besonders chronisch Kranke. Däinghaus' Antrieb: „Ich wollte immer etwas machen, was es bis dahin nicht gab." Die Sache hat nur einen Haken: Was tun, wenn man wie Däinghaus selbst irgendwann zum Goliath wird? Immer schön auf der Hut sein vor dem nächsten Herausforderer!

> **Es geht um die Passgenauigkeit von Menschen, ihren Werten und von Unternehmen, die genau diese Werte verkörpern**

Sinnsorte Nummer vier: **Demokratisierung**. Damit meinen wir, dass Leistungsangebote, die bis dato nur einer Elite zugänglich waren, für die breite Masse erreichbar werden. Zum einen schafft ein Unternehmen vollkommen neue Märkte, indem es Produkte oder Dienstleistungen bereitstellt, die zuvor durch sehr hohe Preise nur einer kleinen Kundengruppe zugänglich waren. Zum anderen ist Demokratisierung ein kluger Schachzug, weil es Mitarbeitern das Gefühl gibt,

Fielmann macht Schluss mit der Sozialprothese

35

einen Missstand aus der Welt schaffen zu können und dabei Spuren im Marktumfeld zu hinterlassen. Alle arbeiten gemeinsam an einem Ziel, dessen Bedeutung weit über den momentanen Aktienkurs der Firma hinausgeht. Eine der bedeutendsten Demokratisierungen der Vergangenheit haben wir Henry Ford zu verdanken. Er machte das Automobil zur Massenware und damit auf lange Sicht für jeden erschwinglich. Ein ähnliches Konzept verfolgte das 1919 in Weimar von Henry van de Velde und Walter Gropius gegründete Bauhaus. Neben der Idee, das Kunsthandwerk wiederzubeleben und die Unterscheidung zwischen Künstler und Handwerker aufzuheben, rief der zweite Direktor nach Gropius, der Schweizer Architekt Hannes Meyer, die Devise aus: „Volksbedarf statt Luxusbedarf". Ein Aufruf zur Demokratisierung von Architektur, Möbeldesign und Bildender Kunst.

Heute gibt es für die Demokratisierung einer ganzen Branche kaum ein besseres Beispiel als den Brillen-König Günther Fielmann. Er hat mit seiner Idee „Brillen zu kleinen Preisen für viele" eine Branche in Aufruhr versetzt – und die Herzen von Millionen Brillenträgern gewonnen. Bevor sich der Schleswig-Holsteiner 1972 selbstständig machte, sah die Situation für die Kunden mau aus: Die Brillenpreise waren bundesweit unverschämt hoch, die wenigen Kassengestelle unverschämt hässlich. Schon 1981 bot Fielmann statt der nur üblichen acht Vertragsfassungen 640 modische Metall- und Kunststoffbrillen an. Ein Sondervertrag mit der AOK machte es möglich. Acht Millionen Deutsche brauchten den Nachweis ihres geringen Einkommens nicht länger zur Schau zu stellen. Heute tragen 14 Millionen Bundesbürger eine Fielmann-Brille – und lachen über die „Sozialprothese" aus den 60ern und 70ern, die zum Glück nur noch als Relikt in der Fielmann-Werbung zu sehen ist.

> Machen wir
> uns klar, dass nichts
> davon mit Esoterik
> zu tun hat!

Sinnsorte Nummer fünf: **Verantwortung**. Als Unternehmen seine Verantwortung in der Gesellschaft wahrnehmen, das eigene Geschäft nach Grundsätzen von Nachhaltigkeit und Ethik zu leiten, sich aktiv für benachteiligte Gruppierungen und den Umweltschutz engagieren – all das fällt unter dieses Stichwort. Wichtig dabei: Dieses Engagement darf nicht nur irgendwie überzeugend **rüberkommen**. Es muss absolut überzeugend **sein**. Ein Unternehmen, das sich Verantwortungsbewusstsein nur deshalb auf die Fahnen schreibt, um eine gute Presse zu bekommen oder sein Image aufzupolieren, wirkt weder auf die eigenen Mitarbeiter noch auf die Kunden glaub-

würdig. Der Greenpeace-Aufkleber am Porsche Cayenne mag gut gemeint sein – käme aber garantiert nicht gut an!

Um herauszufinden, wie verantwortungsbewusst Unternehmen tatsächlich sind, sollten Sie einfach mal einen Blick in die Geschäftsberichte werfen. Gerade das Thema Nachhaltigkeit ist in den letzten Jahren immer mehr in den Mittelpunkt gerückt. Kein bedeutendes Unternehmen kann es sich mehr leisten, Nachhaltigkeit, Corporate Social Responsibility und Governance zu vernachlässigen. Und das nicht nur, weil Gesetzgeber, Kunden, Mitarbeiter oder potenzielle Bewerber immer kritischer werden und größtmögliche Transparenz einfordern. Das Thema „Nachhaltigkeit zieht auch in Geschäftsberichte ein, weil institutionelle Investoren vermehrt auf öko-soziale Risiken und Chancen achten", weiß Susanne Bergius, unabhängige Fachjournalistin für nachhaltiges Wirtschaften und Investieren, zu berichten. Nachhaltigkeit ist ein knallhartes wirtschaftliches Argument. Wie ernst es einer Firma mit ihren ethischen Grundsätzen ist, zeigt sich auch daran, ob sie offenlegt, inwieweit sie die in diesem Bereich angestrebten Ziele erreicht oder verfehlt hat. Was das angeht, besteht durchaus noch Nachholbedarf. In die Top-50-Liste der renommierten internationalen Studie „Tomorrow's Value", die die Transparenz großer Unternehmen zur Nachhaltigkeit bewertet, haben es keine Unternehmen aus der Schweiz und Österreich und nur drei Unternehmen aus Deutschland geschafft: KarstadtQuelle, Adidas und Henkel.

Ein Unternehmen, das seine Verantwortung gegenüber Mitarbeitern, Gesellschaft und Umwelt sehr ernst nimmt, ist Hipp. Unternehmer Claus Hipp hat mit Bio-Babykost eine der wohl ungewöhnlichsten Erfolgsgeschichten der deutschen Wirtschaft geschrieben. Dabei ist Bio kein Etikett, auf das Hipp setzt, seit es en vogue ist. Ganz im Gegenteil: Anfangs stempelte man ihn als Phantasten und Öko-Spinner ab. Fast aberwitzige 35 lange Jahre musste Hipp darauf warten, dass der Funke seiner Idee von Babynahrung in Bio-Qualität auf die Kunden übersprang. Heute ist Hipp der weltgrößte Verarbeiter von organisch-biologischen Rohstoffen. Die Bekenntnis zur eigenen Verantwortung gegenüber Gesellschaft und Umwelt ist auch in der Hipp-

**Wo Gleichheit über allem steht, ist es mit Respekt schnell vorbei**

Ethik-Charta manifestiert: „Über die Einstellung zum Umweltschutz definiert sich Hipp als ein Unternehmen, das die Lebensbedingungen der Generationen von morgen gestalten will." Das sei Imagepflege, meinen Sie? Bestimmt auch das. Aber der gläubige Katholik Hipp folgt einem klaren moralischen Imperativ, der seinem Glauben entspringt. Dass der Mensch sich die Erde untertan machen soll, wie in Genesis, Kapitel 1, steht, versteht Hipp als Handlungsanweisung: „Wir dürfen keine Schäden machen, die die kommende Generation nicht mehr beseitigen kann."

Sinnsorte Nummer sechs könnte man auch als Unterpunkt von Verantwortung verstehen. Die Rede ist von **menschlichen Werten.** Dabei stehen eine gute Mitarbeiterführung, ein größtmöglicher Grad an Schaffens- und Entfaltungsfreiheit, Anerkennung, Fairness, sprich: Menschlichkeit im Unternehmen im Vordergrund. Ein solcher Umgang erzeugt Strahlkraft nach innen und außen, da er nicht nur auf die eigenen Mitarbeiter, sondern auch auf Kunden attraktiv wirkt, die Produkte oder Dienstleistungen einkaufen, weil sie eine gute Sache unterstützen wollen. Aber Vorsicht: Mit Fairness, Freiheitsgraden, Mitbestimmungsrecht meinen wir auf keinen Fall, dass alle gleich, gleicher, am gleichsten sind. Wo Gleich-

38

heit über allem steht, ist es mit wirklichem Respekt schnell vorbei. Denn der entsteht einzig durch die Fähigkeit, eine Leistung von einer anderen klar zu unterscheiden.

Was so ein weites Feld wie menschliche Werte konkret bedeuten kann, zeigt die Weleda AG aus Schwäbisch Gmünd, ein Hersteller von Arznei- und Körperpflegemitteln aus Natursubstanzen. Stellen Sie sich vor, Sie sitzen in einem wichtigen Meeting. Die Tür geht auf, Ihre Assistentin kommt herein und sagt Ihnen, die Tagesmutter Ihrer Kinder habe angerufen und gesagt, sie sei krank und könne Ihre Süßen nicht vom Kindergarten abholen. Vor Ihnen sitzen die Kollegen, vielleicht ein Kunde, der Sie mit großen Augen anguckt, und darauf wartet, dass es weitergeht. Aber Sie fühlen sich auf einmal hin und hergerissen… Für diese und andere Fälle hat Weleda das so genannte Generationen-Netzwerk zur Entlastung von Mitarbeitern und deren Familien im Lebensalltag gegründet. Hört sich gut an?

 **Anfangs stempelte man ihn als Phantasten und Öko-Spinner ab** Ist auch gut. Denn das Netzwerk umfasst neben einer eigenen Kita einen Wäschedienst, Reinigungs- und Einkaufsservice sowie Gartenpflege, Fahr- und Winterdienste, EDV-Hilfe und ja, sogar die Betreuung von Haustieren. Das Prinzip ist so einfach wie genial. Junge, ältere und pensionierte Mitarbeiter helfen sich gegenseitig. So kann eine familienorientierte Unternehmenskultur in der Praxis aussehen!

Im nächsten Kapitel werden Sie sehen, dass das auch genauso andersherum funktioniert: Wenn es darum geht, auf welche Arten Unternehmen garantiert **keinen** Sinn stiften.

„Moment noch, Anja, ich bin gleich so weit."

Marc trommelte mit allen zehn Fingern auf der Tastatur seines Laptops, als lebte er in der Sahelzone und wollte, dass es endlich wieder regnet. Ich kannte Marc aus einem Beratungsprojekt und besuchte ihn immer mal wieder in seinem Unternehmen. Er arbeitete für so einen deutschen Maschinenbauer, weit weg von der nächsten Großstadt.

„Was machst du da eigentlich, Marc?", fragte ich.

„Flüge buchen."

„Aber … Du bist Ingenieur! Hast du keine Assistentin?"

„Ewig nicht mehr."

„Und warum nicht?"

„Lean Management."

Mit einem fiesen Geräusch lief der Drucker an und spuckte die Buchungs-bestätigung des Billigfliegers aus. Währenddessen unterschrieb Marc mehrere Belege, stopfte sie in einen Umschlag und kramte fieberhaft nach einer Briefmarke.

„So, meine Reisekostenabrechnung geht heute auch noch zu unserem Service-Center nach Kroatien", sagte Marc. „Gleich hab ich Zeit für dich."

„Du, sag mal, bist du eigentlich mit deinem Job noch zufrieden?"

„Geht so. Wenigstens werde ich hier wirklich gebraucht."

„Warum?"

„Na, weil wir einen Ingenieurmangel haben. Es gibt einfach zu wenig gute Ingenieure in der Branche."

„Und zu viele Assistentinnen auf der Straße", entgegnete ich. Marc unterbrach seine Suche nach der Briefmarke und sah mich fragend an.

# Sechs Arten, wie Unternehmen keinen Sinn machen

Was ist das Gegenteil von Sinn? Richtig: Unsinn. Oder auch: Unfug. Quatsch. Blödsinn. Stuss. Immer wieder begegnen uns Firmen mit genau dieser Angebotspalette. Die offerieren sie ihren Mitarbeitern und genauso ihren Kunden. Das sind solche Unternehmen wie das von unserem Freund Marc, in denen Ingenieure ihre Flüge buchen, ihre Reisekosten selbst abrechnen und jeden Brief selbst verschicken müssen. Weil eine Assistentin ja Geld kosten würde. Und man doch Kosten sparen muss. Was man ja – natürlich – auch tut, wenn der Ingenieur Briefmarken sucht, statt neue Produkte zu entwickeln. Wer's glaubt!

Gleichzeitig jammern die Chefs solcher Firmen dann auf den Tagungen ihrer Verbände über den Fachkräftemangel. Oder beklagen sich darüber, dass die Politik ihren Standort ruiniert hätte. Und malen anschließend ein rabenschwarzes Bild der Zukunft. Doch leider übersehen sie dabei geflissentlich, dass in ihrer Firma der Sinn durch Kostenreduktion ersetzt wurde. Immer wenn wir so etwas mitbekommen, greifen wir uns fassungslos an den Kopf. Autsch! Deshalb ist dieses Kapitel unser Aufreger-Kapitel. Ist nicht schön, muss aber sein. Also: Es gibt sechs Möglichkeiten, keinen Sinn zu machen. Augen zu – nein: Augen auf! – und durch.

Die erste Art, wie Unternehmen keinen Sinn machen, ist also: **Kostenreduktion als Selbstzweck**. Nicht, dass sparsames Wirtschaften generell etwas Schlechtes wäre. Kosten regelmäßig zu hinterfragen ist zwingend notwendig, keine Frage.

Aber auch nur **ein** Teil einer Wachstumsstrategie. Wird Kostenreduktion zum alleinigen Selbstzweck, zum Sinnsubstitut, zur Religion erhoben, wird sie auch gleichzeitig zum Sinnvernichter. Es wird dann über alle Bereiche hinweg gekürzt und gestrichen – und die Kreativität gleich mit. Die Menschen sind so damit beschäftigt, Kosten einzusparen, dass sie überhaupt nicht mehr zum Denken kommen.

Das Unternehmen reitet sich dadurch in eine prekäre Situation: Es ist plötzlich das kosteneffizienteste Unternehmen, aber auch das mit den blödesten Produkten

Hinzu kommt: Mitarbeiter, die mehr denn je für das gleiche Geld arbeiten müssen, sind frustriert und verunsichert. Ihre Risikobereitschaft sinkt ins Bodelose. Nach der dritten Kündigungswelle weiß jeder, dass seine Beschäftigung zu einer Art Duldung geworden ist. Und wenn das Unternehmen irgendwie ohne diesen Mitarbeiter auskommen kann, wird es das wohl bald tun. Es ist wenig überraschend, dass die meisten Mitarbeiter in einem solchen Umfeld weder eine gemeinsame Leidenschaft noch einen verbindenden Sinn erkennen können. Arbeiten bis zum Umfallen mit doppelt so hoher Arbeitsbelastung, unter dem dreifachen Druck bei stagnierendem

> **Das kosteneffizienteste Unternehmen, aber auch das mit den blödesten Produkten**

Gehalt – und das alles, während man auf den mobilen Eingreiftrupp wartet, der einen auf die Straße setzt – ist nicht gerade das, was sich die meisten Leute unter einem tollen Arbeitsumfeld vorstellen oder die Loyalität gegenüber der Firma steigern würde.

Die krankhafte Kostenfixierung ist bisweilen so bescheuert, dass man es kaum glauben kann. Jedem vernunftbegabten Wesen müsste doch klar sein, was das Optimum der Kostenspirale ist, der Endpunkt, auf den alles zustrebt: Kosten = null. Personalstand = null. Umsatz = null. Ruhepuls = null. Exitus.

Genau so eine Situation haben wir bei einem eigentlich gut beleumundeten Seminarveranstalter erlebt. Dort hatte man es sich zur Aufgabe gemacht, so ziemlich jeden Kostenfaktor zu minimieren: Mitarbeiter, Seminarhotel, technische Ausstattung und Getränke. Sogar die Kekse schienen von Mal zu Mal kleiner zu werden. Okay, mit

Schrumpfkeksen können wir leben. Aber was wir schlecht abkönnen, ist, wenn am Herzstück des Geschäfts gespart wird – bei der Qualität der Referenten. Und so ist es wenig überraschend, dass man dabei zusehen konnte, wie sich das Niveau der Veranstaltungen Richtung Parterre verabschiedete. Keine guten Referenten mehr, keine zahlungswilligen Kunden, die Abwärtsspirale war vorprogrammiert. Man kann sich eben nicht immer gesundschrumpfen. Manchmal schrumpft man zur Mumie!

Die zweite Art, wie Unternehmen keinen Sinn machen, ist die **Verwechslung von Innovation mit inkrementeller Verbesserung**, also Verbesserung in kleinen, kontinuierlichen Schritten.

**Weil eine Assistentin ja Geld kosten würde**

Die mögen zwar helfen, den Marktanteil und den Umsatz zu halten und Kunden zufriedenzustellen. Aber sie sind kein Ersatz für echte Innovationen. Auf lange Sicht gesehen, ist der ausschließliche Fokus auf schrittweise Verbesserungen der größte Feind jeder Innovation. In einem Zeitalter, in dem der einzige Wettbewerbsvorteil darin liegt, den Wettbewerb immer wieder auszumanövrieren, werden Sie allein mit Verbesserungen bestehender Produkt- oder Serviceangebote die Spitzenposition in Ihrer Branche weder erreichen noch halten können. Außerdem wird durch inkrementelle Verbesserungen – im Gegensatz zu echten Innovationen – die Entwicklung von Produkten und Serviceleistungen zur gewöhnlichen Massenware gesteigert. Statt in neue Produkte, Prozesse und Infrastruktur zu investieren, macht sich eine lähmende Stagnation breit. Nach dem Motto: Das haben wir schon immer so gemacht! Gähn ... Aber die Sicherheit ist trügerisch: Inkrementelle Verbesserungen bergen vielleicht ein geringeres Risiko, sind billig und schnell zu realisieren. Erfolgreich ist aber nur, wer Dinge anpackt, die Wettbewerber für zu riskant halten. Letzten Endes ist es das viel größere Risiko, kein Risiko einzugehen.

Nehmen Sie zum Beispiel zwei Schoki-Konkurrenten: den Schogetten-Hersteller Trumpf und Kraft Foods mit seiner Milka. Schogetten haben 1962 das Licht der Welt erblickt. Und seitdem, so vermuten wir, gilt das Motto: „Wir sind alle für Fortschritt, aber dabei soll alles beim Alten bleiben." Okay, das Verpackungsdesign wurde angepasst. Schön, schön. Und die Sortenvielfalt wurde erweitert. Zu Vollmilch kamen Vollmilch-Nuss, Halbbitter, Alpenmilch und dann noch revolutionäre Neuerungen wie Tiramisu und Joghurt-Erdbeer. Wow! Da braucht die 75-plus-Zielgruppe kein Doppel-Herz mehr! Dagegen Milka? Zugegeben, aus Kundensicht kann einen dieses permanente Feuerwerk an Innovationen manchmal schwindelig machen: Tafeln von 40 bis 300 Gramm mit saisonalen Produkten. Hüttenträu-

**Letzten Endes ist es das viel größere Risiko, kein Risiko einzugehen**

me à la Amaretto-Kakao, Pflaume-Zimt oder Russische Schokolade. Sogar ein komplettes Diätprogramm wird angeboten. Dazu noch I-love-Milka-Pralinen, Tafeln im Retro-Design, Milka Amavel mit Füllung aus Mousse und Pralinés. Und nicht zu vergessen: M-Joy und Milka Tender für unterwegs und die Minis oder Naps Mixe für Freunde und Gäste. Echt übertrieben. Oder nicht? Nicht wirklich! Eher genau richtig, finden wir und nennen die inkrementelle Schnarchnasigkeit der anderen das Schogetten-Syndrom. Immer ein kleines bisschen mehr, und fertig ist die Innovation. Oder eben nicht.

Die dritte Art, wie Unternehmen keinen Sinn machen, heißt **Wachstum um jeden Preis**. Auch hier gilt: Wachstum ist ein großartiges Ziel. Allerdings nur als **Resultat** einer durchdachten Strategie – und nicht als **Grundlage** einer Strategie. Größe per se sollte nie ein strategisches Ziel sein. Der Glaube, dass größer in jedem Fall auch besser ist, ist ein aberwitziger Mythos, der sich allerdings hartnäckig hält. Vielleicht liegt es auch daran, dass so mancher Manager glaubt, mit der Leitung einer großen Firma käme man zugleich in den Genuss, große Reden halten zu dürfen, Staatschefs und gekrönten Häuptern die Hände zu schütteln und bei kubanischen Zigarren und teurem Cognac die eigene Homestory in der „Bunten" lesen zu können, während die Chefs kleiner, ausgezeichneter Firmen draußen vor der Tür bleiben müssen.

44

Fredmund Malik, Direktor des Management Zentrums St. Gallen, bringt die fehlgeleitete Wachstumsgläubigkeit treffend auf den Punkt: „Wachstum darf nicht als Vorgabe an den Anfang gestellt werden, sondern es ist das Ergebnis gründlichen Durchdenkens des Geschäfts und seiner inneren Gesetzmäßigkeiten … Die Irreführung entsteht daraus, dass richtige Strategien zwar fast immer zu Wachstum und letztlich Größe führen, die Umkehrung des Satzes aber nicht gilt. Größe kann auch die Folge falscher Strategien sein."

Ein Beispiel für Wachstumsstreben um jeden Preis ist Starbucks. Als wir das letzte Mal in die USA reisten, waren wir geschockt, dass es die Kette mittlerweile in jedem Supermarkt, an jeder Bushaltestelle, ja quasi auf jeder Verkehrsinsel gibt. Die typische Atmosphäre? Verschwunden. Keine Spur mehr vom alten „Third-Place"-Feeling, dem gemütlichen Ort zwischen Zuhause und Öffentlichkeit. Nicht ohne Grund legen große Unternehmen, die ihr Geschäft mit Sinn führen, enormen Wert darauf, sich das Herz eines kleinen Unternehmens zu bewahren. Was Sinn bringt, sind vor allem die Dinge, die man nicht anfassen kann: die Talente, die Kultur, die Wendigkeit, die Empathie den Kunden gegenüber.

Die vierte Art, wie Unternehmen keinen Sinn machen, lautet **Kontrolle ersetzt Vertrauen.** So manche Führungskraft handelt nach dem Lenin'schen Prinzip „Vertrauen ist gut, Kontrolle ist besser". In diesen Chefetagen herrscht die feste Überzeugung, dass nur derjenige im globalen Wettbewerb siegen kann, der seine Mitarbeiter mit harter Hand dirigiert und sich ständig in deren Angelegenheiten einmischt, mit Vorliebe in solche, von denen er keinen Schimmer hat. Bei diesen „Controlettis" gilt das Motto: alles selber machen, alles schriftlich machen, alles kontrollieren, lieber zu viele Kopien als zu wenig. Doch hieraus entsteht ein handfestes Problem: Durch die überbordende Kontrolle wecken diese Chefs unwillkürlich Misstrauen. Ein Mitarbeiter, dem Ausgaben nach freiem

> **Alles selber machen, alles schriftlich machen, lieber zu viele Kopien als zu wenig**

Ermessen bis zu einer Höhe von 5,99 Euro großzügig gestattet werden, kann sich durchaus seinen eigenen Reim darauf machen, wie viel gesundes Urteilsvermögen und Integrität ihm zugetraut werden. Besessen von der Notwendigkeit der Kontrolle, schaffen diese Chefs eine selbsterfüllende Prophezeiung: Mitarbeiter sind schließlich fest davon überzeugt, dass die einzige Möglichkeit zur Unabhängigkeit im Unterlaufen der Kontrollen liegt.

Das bedeutet: Chefs, die nicht bereit sind, ihren Mitarbeitern Freiräume zuzugestehen, können als Gegenleistung auch kein verantwortungsbewusstes Verhalten erwarten. Natürlich ist uns klar,

**Führung ist nicht gleichbedeutend mit Befehl und Kontrolle**

dass nicht alle Menschen im selben Maße mit Freiraum und Verantwortung fertig werden. Es mag einige Leute geben, die damit schlicht überfordert sind. Trotzdem sind wir der Überzeugung, dass die Mehrheit der Menschen Freiraum, der ihnen die Möglichkeit gibt, etwas aktiv zu verändern oder zu bewirken, sehr wohl zu schätzen weiß.

Führung ist nicht gleichbedeutend mit Befehl und Kontrolle. Führung bedeutet, hohe Standards zu setzen und von Menschen zu erwarten, dass sie Verantwortung für ihre Arbeit und Entscheidungen übernehmen. Das ist allerdings kein Freibrief für das Prinzip Laissezfaire. Zu viel Freiraum kann zu eklatanten Fehlern führen. Zu wenig Freiraum hingegen ist Gift für ein Marktumfeld, das sich ständig verändert – und für die Mitarbeiter sowieso. Klar, durch ständige Kontrolle Ineffizienzen zu eliminieren und Mitarbeiter zu Höchstleistungen anzuspornen, scheint verlockend. Diese Strategie basiert aber auf dem Anachronismus, schlaue Leute an der Unternehmensspitze träfen immer die schlausten Entscheidungen. Das war vielleicht im Industriezeitalter sinnvoll. Heute hängt der Erfolg davon ab, dass Führungskräfte das intellektuelle Know-how, die Kreativität und Leidenschaft ihrer Mitarbeiter optimal nutzen. Und Kontrolle, die auf Misstrauen basiert, ist dabei der größte Feind.

Die fünfte Art, wie Unternehmen keinen Sinn machen, ist die Überzeugung, dass es bereits ein Ausweis von Führungsqualitäten sei, **Managementtrends nachzujagen**. Doch genau das stiftet keinen Sinn, sondern bewirkt das Gegenteil. Die Tatsache, dass dennoch in so mancher Chefetage darauf gesetzt wird, lässt sich nur durch die Sehnsucht nach Orientierung, leicht verdaulichen Antworten und schnellen Lösungen erklären. Dank der wunderbaren Erfindung der Ratgeberliteratur für Manager hat sich die Überzeugung vielerorts breitgemacht, dass es für jedes Problem eine Lösung in dreikomma-fünf einfachen Schritten geben würde. Für jede Herausforderung den passenden Managementtrend. Und wenn alle darauf setzen, kann es doch so verkehrt nicht sein, oder?

Na ja, wenn es nicht funktioniert, kann man dann immerhin noch sagen: Wir haben es schließlich versucht. Die Erfolgsaussichten solcher Aktionen sind in etwa so wie die von übergewichtigen Menschen, mit einer schnellen Radikal-Diät schlank zu werden. Auf gute Absichten reagiert die Badezimmerwaage nun mal nicht

Ein Beispiel gefällig? Inzwischen gibt es kaum mehr eine Präsentation von Personalleuten, ohne dass darin das Schlagwort „War for Talent" fallen würde. Richtig ist, dass der Kampf um die Besten auf dem Arbeitsmarkt voll entbrannt ist. Wenn allerdings dieser Wettbewerb um die besten Köpfe mit plumper Rekrutierungstaktik verwechselt wird, beginnen die Probleme. Dicke Boni für jeden Vertragsabschluss und noch einen Audi A6 als Dienstwagen gratis obendrauf ... Reiz und Reaktion. Leckerli und Speichelfluss. Na, Wuffi, komm her, kriegst du Fress-chen. Hundefänger wissen, wie das geht. Beim Talent-Wettbewerb geht es aber um etwas ganz anderes: um Begabung, um etwas, das jemanden unverwechselbar und nicht ersetzbar macht. Eine Organisation mit Top-Talenten ist nicht eine Ansammlung arroganter Schnösel mit Mega-IQ, die dicke Gehälter beziehen, sondern eine Gruppe von Leuten, die leidenschaftlich an einem gemeinsamen Ziel arbeiten, über einen wachen Verstand und die richtige Einstellung verfügen, auch wenn sie ansonsten völlig unterschiedlich sein mögen.

> **Na, Wuffi, komm her, kriegst du Fresschen**

Die sechste Art, wie Unternehmen keinen Sinn machen, ist **Aktionitis**. Menschen, die unter dieser Krankheit leiden, haben den alten Spruch „Es gibt nichts Gutes, außer man tut es" verwechselt mit „Hauptsache, man tut irgendetwas, egal was". Das sind die Typen, denen die Worte „Lassen Sie mich mal nachdenken" niemals über die Lippen kommen würden. Einfach undenkbar! In diesen Kreisen würde das sofort als Zeichen von Entscheidungsschwäche, mangelnder Dynamik oder gar als eine sich ankündigende Altersdemenz gewertet werden. Bei Aktionitis-Managern gilt der Triumph des blinden Aktionismus über die Substanz. Geschwindigkeit ist ihre neue Religion. Wie der Tiger im Käfig, allzeit zum Sprung bereit, warum und wohin auch immer. Hauptsache springen. Von einem dahinter liegenden Plan kann keine Rede sein. In der Konsequenz bedeutet das für die Unternehmen ein wirre Abfolge von immer neuen Initiativen: Akquisition, De-Investment, Innovationsaktivitäten, Qualitätsinitiativen. Hauptsache, irgendjemand macht irgendetwas. Meist kommt so ein chaotisches Verhalten zustande, wenn es von oben heißt: Macht, was ihr wollt, nur liefert uns gute Zahlen – und zwar dalli dalli. Auch das ist kurzfristig gedacht und bestenfalls auch kurzfristig Erfolg versprechend. Auf lange Sicht ist so etwas demotivierend für alle Beteiligten und Sinn vernichtend. Uns erinnert das immer ein bisschen an Samuel Becketts „Warten auf Godot". Gemäß dem Titel warten die Protagonisten – vergebens – darauf, dass Godot endlich eintrifft,

**Bahnbrechende Innovationen lassen sich nicht produzieren wie Überraschungseier**

und beschäftigen sich derweil mit irgendwelchen Tätigkeiten, die zwar notwendig erscheinen, aber eigentlich vollkommen sinnlos sind. So sagt denn auch Estragon zu seinem Kumpanen Wladimir: „Wir finden doch immer was, um uns einzureden, dass wir existieren, nicht wahr, Didi?" Man könnte glauben, Beckett habe hier den alltäglichen Wahnsinn in so manchem Unternehmen aufgespießt.

Um es noch einmal ganz klar zu sagen: Alle diese sechs Dinge, wirklich alle, haben im Kern auch ihr Gutes. Natürlich muss jeder Unternehmer, der nicht komplett wahnsinnig ist, die Kosten im Blick behalten. Bahnbrechende Innovationen lassen sich nicht produzieren wie Überraschungseier. Manchmal muss man auch erst mal kleine Dinge verbessern. Und ein klarer Wachstumskurs, ausreichende Kontrolle, die Integration neuer Trends und eine handlungsorientierte Grundhaltung haben ebenfalls ihre Berechtigung. Jede gute

> **Die einzigen Spuren, die man mit Unsinn hinterlässt, sind Schleifspuren. Bei Mitarbeitern und Kunden.**

Führungskraft kennt und beherzigt das alles. Kontraproduktiv wird es in dem Moment, in dem alleine diese Dinge Sinn **ersetzen** sollen. Wenn Manager, die eigentlich unter Neurosen leiden, glauben, sie könnten damit Spuren hinterlassen. Die einzigen Spuren, die man mit Unsinn hinterlässt, sind Schleifspuren. Bei Mitarbeitern und Kunden.

„Sie sind Herr Kreuz? Ganz hinten links sind noch Parkplätze frei."

Durch die heruntergelassene Seitenscheibe machte mir
die freundliche Mitarbeiterin des Igersheimer High-Tech-
Unternehmens Wittenstein Hoffnung, vor Beginn meines
Vortrags doch noch einen Parkplatz für mein Auto zu finden. Was war bloß los in diesem beschaulichen Nest? Manfred Wittenstein würde doch für seine Tagung zum Thema
Innovation nicht das ganze Kurhaus gemietet haben? Hier
musste noch etwas anderes los sein. Bei Unternehmen
mit gut 1.000 Mitarbeitern kommen zu Innovationstagen
doch maximal 100 Führungskräfte.

Nachdem ich einen der letzten Parkplätze ergattert hatte, betrat ich das Kurhaus und sondierte die Lage. Was ein
buntes Völkchen hier vertreten war! Ich machte mir den
Spaß, ein wenig nach Schubladen zu sortieren: Mausgrau-
er Einreiher mit randloser Brille, das was einfach: der Con-
troller. Indischer Wollschal und Lehrerinnentasche – die
Personalentwicklerin? Der da sah aus, als hätte er sich gerade noch die ölverschmierten Finger geschrubbt. Und
der kichernde, dauersimsende Doppelpack dort drüben in
der Ecke? Die Mädels waren nicht mal 20. Sollten die Auszubildenden etwa auch hier sein?

Dann kam auch schon Manfred Wittenstein auf mich zu,
um mich zu begrüßen. Ein Typ Unternehmer wie aus dem
Bilderbuch, einer, bei dem man bereits nach drei
Worten die Leidenschaft für sein Unternehmen und seine Mitarbeiter spürt.

„Hallo, Herr Dr. Kreuz. Schön, dass Sie da sind."

„Guten Tag, Herr Wittenstein. Sagen Sie mal,
ist heute Ihre komplette Mannschaft da?"

„Genau", antwortete er. Und fügte stolz hinzu:

„Weil Innovation bei uns ein Thema für alle
ist."

# Wie Chefs beides schaffen:
## Sinn und Profit

Die wichtigste Aufgabe von Unternehmern und Führungskräften ist es, Mitarbeitern zu ermöglichen, in ihrer Arbeit einen persönlichen Sinn zu finden. Pause. Durchatmen. Die **wichtigste**.

Das bedeutet nicht, dass Chefs ihren Mitarbeitern diesen Sinn vorkauen müssen – wie eine Vogelmutter ihren Küken das Futter. Das funktioniert nämlich nicht. Hierzu noch einmal der Wiener Neuro loge und Psychiater Viktor Frankl, dessen Bücher Pflichtlektüre für alle sind, die Sinn im Sinn haben. Frankl sagt: „Sinn kann nicht gegeben werden, sondern muss gefunden werden." Unternehmer und

Führungskräfte müssen ihren Leuten also **ermöglichen**, in ihrem Tun selbst Sinn zu finden.

Wie findet sich der Sinn? Alles beginnt mit den richtigen und wichtigen Fragen. Allerdings nicht mit Fragen wie: Warum funktioniert das so oder so? Oder: Warum ist das so? Dabei kommt nicht viel heraus. Sie verstehen dann vielleicht die Sache besser als zuvor – aber ob die Sache **sinnvoll** ist oder nicht, bleibt im Dunkeln. Fragen Sie stattdessen nach dem Wozu. **Wozu** leben wir? **Wozu** stehen wir jeden Morgen auf? **Wozu** wollen wir unseren Marktanteil erhöhen? Vom Warum zum Wozu. Vom Verständnisproblem zum Sinn und Zweck. Durch diesen feinen, aber bedeutenden Unterschied ergibt sich eine ganz neue Betrachtungsweise der Dinge. Sie rutschen geistig eine Ebene höher. Frankls Überzeugung, dass der Lebenssinn „im Dienst an einer Sache oder in der Liebe zu einer Person" liege, deckt sich mit einer Beobachtung von Peter Drucker, wonach fähige Manager nicht an Status, Prestige und Privilegien interessiert sind, sondern daran, was sie mit ihrer individuellen Stärke für das Unternehmen tun können. Auch sie stellen sich in den Dienst einer höheren Aufgabe und folgen nicht bloß ihrem eigenen Geltungsdrang.

Führungskräfte werden nicht zu Sinnstiftern, indem sie Budgets planen, Zuständigkeiten verteilen und Anordnungen geben, sondern indem sie Menschen helfen, in ihrem beruflichen Leben Sinn zu finden. Indem Führungskräfte nicht nur sich selbst, sondern auch ihren Mitarbeitern ermöglichen, im Dienste einer sinnerfüllenden Tätigkeit Leistung zu erbringen. Indem Chefs ihre Mitarbeiter nicht einfach irgendwo parken, sondern

**Indem Chefs einfach mal die Klappe halten**

ihnen erst einmal Stärken und Fähigkeiten zutrauen und sie dann gemäß dieser Stärken einsetzen. Indem sie eine Atmosphäre schaffen, in der ihre Leute kreativ und eigenverantwortlich arbeiten und sich entfalten und weiterentwickeln können. Oder einfach, indem Chefs einfach mal die Klappe halten, ihren Mitarbeitern zuhören und versuchen, herauszufinden, was sie für Ideen und Wünsche haben. Und nicht zuletzt, indem sich die Führungskräfte selbst eingestehen, wo ihre eigenen Schwächen liegen, und sich dafür Unterstützung bei ihren Mitarbeitern holen. Kurz: indem sich alle mit Respekt begegnen.

Erwartungsschwangere Zahlenspiele und bunte Produktions- und Absatzkurven erzeugen hingegen keinen Sinn – auch wenn in diesen schönen Grafiken ausnahmslos Linien vorkommen, die nach rechts oben zeigen. Sinn ergibt sich auch nicht daraus, dass man versucht, den EBIT um 2,13 Prozent zu steigern. Leider glaubt aber kein geringer Prozentsatz von Führungskräften, dass Sinn sich aus gigantischen Renditezielen und steilen Umsatz- und Gewinnsteigerungen ableiten lässt. Sinn wird nicht durch Gewinn gewonnen, sondern andersherum wird ein Schuh draus: **Gewinn ist die Folge von Sinn.** Wir sind der Überzeugung: Profit ist extrem wichtig, keine Frage, allerdings nicht um seiner selbst willen, sondern damit die besten Talente an Bord geholt werden können, damit fantastische Projekte realisiert werden, mit denen wir einen Abdruck im Universum hinterlassen. Oder wie es dm-Gründer Götz Werner in einem Interview formuliert: „Gewinn ist nie das Ziel eines Unternehmens, sondern seine Bedingung. Den brauchen Sie wie den Sauerstoff zum Atmen. Wenn man zu wenig Gewinn macht, reduziert man sein Potenzial zur Erneuerung. Und kein Unternehmer strebt wirklich danach, Arbeitsplätze zu schaffen. Wir sind keine Sozialarbeiter."

Ähnlich sieht das auch John Mackey, Mitgründer und Chef der Naturkost-Supermarktkette Whole Foods Market. Mackey ist ein im positiven Sinne Getriebener seiner Mission, mit natürlichen Nahrungsmitteln und einer exzellenten Beratung eine echte Alternative zu den herkömmlichen Lebensmittelmärkten zu bieten. „Wir wollen die Gesundheit und das Wohlbefinden aller Menschen auf dem Planeten durch hochwertigere Nahrungsmittel und eine bessere Ernährung fördern", schreibt er in seinem Blog. „Diese Mission können wir nur erfüllen, wenn wir in hohem Maße rentabel sind."

**Gewinn ist die Folge von Sinn**

Unternehmer wie Manfred Wittenstein haben das längst verstanden: „Die Mitarbeiter sind das Kapital und das Gehirn unserer Firma." Und er redet nicht nur darüber, sondern bietet seinen Leuten auch etwas: gute Aus- und Weiterbildungsmöglichkeiten und vor allem kreative Freiräume. Er will damit zu Engagement anregen und inspirieren. Wittenstein ließ rund um das Firmengelände einen Garten mit Holzbänken für Meetings, Grillecken und einem Beachvolleyball-Platz anlegen, den die Mitarbeiter gerne nutzen – auch in ihrer Freizeit. „Man muss ihnen klarmachen, wie wichtig sie für das Unternehmen sind, Erfolge feiern und sie belohnen", lautet sein Kommentar dazu. Wittenstein ist weder Weichei noch Kommunist. Er hat bloß verstanden, wie es am besten läuft. Der Umsatzanteil an Wittenstein-Innovationen, die jünger als vier Jahre alt sind, liegt bei 85 Prozent. Trotzdem oder gerade deswegen wächst das Unternehmen seit Jahren kontinuierlich – im zweistelligen Bereich. Die Voraussetzung für solche Erfolge sind Führungskräfte, die ihren Leuten aufmerksam zuhören und verstehen, was sie antreibt und bewegt. Für die Führungskraft der Zukunft ergeben sich hieraus drei Konsequenzen:

> ### 1. Führungskräfte können keine Antworten auf das Wozu für ihre Mitarbeiter finden, wenn sie selbst nie danach gefragt haben.

Viele Führungskräfte sind oberflächlich betrachtet engagiert und fühlen sich ihrem Unternehmen verbunden – doch unterhalb dieser Oberfläche brodelt und zischt es wie in einer Hexenküche. Zynismus, Mutlosigkeit, Apathie machen sich breit. Wie Roboter bewegen sich manche Manager durch den Alltag, körperlich anwesend, aber nicht mit dem Herzen dabei. Doch die jedes Jahr höher geschraubten Zielvorgaben lassen sich nur dann erreichen, wenn jeder der Beteiligten 110 Prozent Energie und Herzblut liefert. Aber wie soll das funktionieren, wenn die Chefs schon blutleere Gestalten sind, die ihr Gehalt als Schmerzensgeld betrachten? Wie sollen sie ihre Mitarbeiter davon überzeugen, dass es lohnend ist, sich für diese hoch gehängten Ziele nach der Decke zu strecken? **Wozu sind wir hier?** Die alte Trickkiste mit Motivationstrainer oder Incentivereisen **Wozu tun wir das?** hilft da längst nicht mehr. Wichtige Fragen nach dem Wozu ersetzt sie nicht. Chefs, die es verstehen, Sinnstifter zu sein, legen Wert darauf, Antworten auf diese Fragen zu finden: **Wozu sind wir hier? Wozu tun wir das?** Wozu sollten wir das Projekt anpacken, jenes Ziel verfolgen oder die Veränderung mitmachen? Wozu arbeiten wir so zusammen, wie wir es tun? Wozu wollen wir besser sein als die Konkurrenz?

> ### 2. Führungskräfte müssen zu Wanderpredigern in Sachen Sinn werden.

Es genügt nicht, Antworten auf die Wozu-Fragen einmal im Jahr im Unternehmens-Weblog unter „Dies und das" zu posten. Chefs müssen das Sinn-Thema in Gesprächen mit Mitarbeitern immer wieder auf den Tisch bringen. Aber der Sinn teilt sich nicht nur über ständige

54

Wiederholung mit. Großartige Geschichtenerzähler müsst ihr sein! Geschichten vermitteln Zusammenhänge, Orientierung und Visionen. Sie verleihen einer abstrakten Strategie Wirklichkeit und hauchen ihr Leben ein. Wenn Sie das nicht glauben, dann sollten Sie sich die großen religiösen Texte ansehen: die Bibel, die Thora, den Koran, die Bhagavad Gita oder den Tipitaka. Dort werden Weisheiten in Form von Metaphern, Fabeln und Analogien vermittelt. Und wenn Regeln aufgestellt werden, dann sind sie kurz und griffig. So findet sich beispielsweise im Alten Testament die Geschichte, wie Moses auf dem Berg Sinai die Zehn Gebote empfängt. Wie wir vermuten, hat Gott aber dort nicht zu Moses gesagt: „Hier Moses, ich hab da mal ein 50-seitiges Memorandum aufgeschrieben. Falls du Lust hast, schau doch da mal drüber." Umfangreiche Auslegungen und komplexe Regeln sind dort nicht zu finden. Vielleicht sind die Zehn Gebote auch deshalb so kurz und logisch, weil sie ohne Mitwirkung von Juristen zustande gekommen sind. Und was für die Gebote gilt, gilt auch für das Sinn-Thema: Konzentrieren Sie sich auf das große Bild und verzichten Sie darauf, alles bis ins kleinste Detail zu verhackstücken.

Und noch etwas ist wichtig im Umgang mit den Mitarbeitern: Chefs müssen das Thema Sinn authentisch durch ihr eigenes Handeln vorleben. Und das bedeutet auch, den Leuten Freiraum zuzugestehen und sie in ihrem eigenen Verantwortungsbereich selbst entscheiden zu lassen. Die Philosophie für die Mitarbeiter sollte sein, gelegentlich um Vergebung zu bitten, anstatt immer und jederzeit um Erlaubnis.

### 3. Ausreden gelten nicht.

Jeder kann sich für die eine oder andere Sorte Wirtschaft entscheiden. Viktor Frankl sagt: „Menschliches Verhalten wird nicht von den Bedingungen diktiert, die der Mensch antrifft, sondern von den Entscheidungen, die er selbst trifft." Natürlich sind Führungskräfte in ihrem Umfeld nicht völlig frei von Bedingungen, Markt, Investoren,

Mitarbeiteransprüchen und so weiter. Aber wer mit dem Finger auf ungünstige Bedingungen zeigt, sucht fast immer eine Ausrede. Pech, die Konjunktur lahmt eben... Die Globalisierung, da

Die Globalisierung, da kann man nichts machen

kann man nichts machen... Die Märkte verändern sich eben, so ist das nun mal... Gegen die Chinesen haben wir ja eh keine Chance, dumm gelaufen... Der Eurokurs ist für uns tödlich... Order von oben, tut mir leid, schulterzuck... Oh, Mann! Wir können diese Phrasen hier kaum tippen, ohne dass unser Puls zu rasen beginnt!

Ein Unternehmer, der sich keiner dieser typischen Ausreden bedient hat, obwohl er zeitweise wohl allen Grund dazu gehabt hätte, ist Loewe-Vorstandschef Rainer Hecker. Im Jahr 2002, in dem die Deutschen die neuen Flachbildschirme für sich entdecken, beginnt die Krise für den Fernseher-Hersteller Loewe. Hochwertige Bildröhrengeräte sind nicht mehr gefragt. Die im Vergleich zu den neuen Apparaten klobig aussehenden Geräte der Franken bleiben immer öfter in den Regalen stehen. Loewe gerät mehr und mehr ins Abseits. Der Umsatz bricht ein, die Verluste steigen.

So ist das eben? Pech gehabt? Mitnichten! Vorstandschef Hecker zieht in den Kampf: Frische Kredite müssen her. Er führt unendlich viele Gespräche mit den Banken, doch es hilft nichts. Es müssen Stellen abgebaut werden. Aber: Bevor Hecker Arbeitsplätze in der Fabrik streicht, muss einer von vier Vorständen gehen. Dann trifft es auch 300 der gut 1.200 Mitarbeiter. Und damit nicht genug: Hecker fordert auch von den verbliebenen Beschäftigten Opfer: einen Gehaltsverzicht von bis zu 10 Prozent. Gleichzeitig schafft er es aber auch, den Mitarbeitern Perspektiven aufzuzeigen: Mit geringeren Kosten, einem frischen Auftritt am Markt und dem klaren Fokus auf das neue Objekt der Begierde – das Design-Flachbildgerät – soll Loewe überleben.

„Am Anfang war ich dagegen. Aber als ich Heckers Konzept sah, habe ich Ja gesagt", erzählt später der Betriebsratschef Günter Oßwald. Inzwischen ist Loewe wieder auf Erfolgskurs. Und: Loewe zahlte seinen Beschäftigten zwischenzeitlich den Gehaltsverzicht des Jahres 2004 mit einer Verzinsung von 25 Prozent zurück. Hut ab!

Auch Kunden haben die Wahl. Ausreden lassen wir auch da nicht gelten. Sie können darauf verzichten, Produkte zu kaufen, die den eigenen Wertvorstellungen widersprechen: Wer Massentierhaltung ablehnt, darf eben kein Billigfleisch kaufen. Wer die Arbeitsbedingungen auf Kaffeeplantagen kritisiert, muss zu fair gehandeltem Kaffee greifen. Wer den Personalabbau eines Konzerns für zynisch hält, wendet sich als Kunde ab und verkauft die Aktien. Schwer ist es nicht, so eine Grundhaltung zu entwickeln. Es kostet nur fast immer Geld.

**Schwer ist es nicht, eine ethische Grundhaltung zu entwickeln. Es kostet nur fast immer Geld.**

Auf Dauer allerdings kann das Image eines Unternehmens mit aufrechter Haltung bei Kunden, Mitarbeitern oder potenziellen Bewerbern nur gewinnen. Fragt man Jugendliche in Igersheim, dem beschaulichen Ort, in dem die Wittenstein AG ansässig ist, für welche Sorte Wirtschaft sie sich entscheiden würden, sind sich die Schulabgänger weitgehend einig: 22 von 24 Schülern würden am liebsten sofort bei Wittenstein anfangen.

„Good morning, Sir!"

Der Kellner strahlte über das ganze Gesicht. Ich hatte das Gefühl, als sei dieser Mann heute nur für mich aufgestanden. Mit leuchtenden Augen sah er mich an.

„Coffee?"

Ja, gerne Kaffee. Die Konferenz in London war spannend. Heute begann der dritte und letzte Tag. Ich bin nicht der Typ, der morgens um halb neun schon die ganze Welt umarmen könnte. Aber diese Truppe hier am Frühstücksbuffet des Kongresshotels steckte mich mit ihrer Fröhlichkeit sofort an.

„Coffee for you, Sir!"

Der Kellner war so um die 30 und kam aus Jamaika. Oder jedenfalls war ich in dem Moment überzeugt, er käme aus Jamaika. Warum auch immer. Er reichte mir den frisch zubereiteten Kaffee, als wäre dies sein persönliches Geschenk für mich.

„Have a nice day!"

Dieser Satz weckte dann doch meinen Widerspruchsgeist! Klar würde ich einen schönen Tag haben. Ich schon. Die Konferenz machte Spaß. **Er** dagegen müsse hier den ganzen Tag Kaffee machen und zu allen nett sein. Ziemlich mies, oder?

„Oh no, Sir!"

Der Kellner aus Jamaika – oder von wo auch immer – widersprach mir heftig. Er würde einen genauso schönen Tag haben wie ich, versicherte er. Und strahlte dabei wie ein Röntgengerät. Denn er sei den ganzen Tag dafür da, dass Leute wie ich sich wohl fühlten. Das sei auch eine Berufung, sagte er stolz.

Ich lächelte zurück. Jetzt hatte ich nicht nur gute Laune, sondern war auch beeindruckt.

# Warum jeder die Wahl hat

Kommt es auf einen glamourösen Job an, ob jemand mit seiner Arbeit und seinem Leben glücklich ist? Wir meinen: Nein. Hängt es von der Bezahlung ab? Auch nicht. Vom Status und Prestige? Keinesfalls. Es gibt Kellner, die in ihrem Beruf vollkommen aufgehen. Ihre ganze Körpersprache verrät, dass es ihnen Spaß macht, für andere da zu sein und ein kleines Lächeln auf deren Gesicht zu zaubern. In unserem Buch „Alles, außer gewöhnlich" haben wir über Robert Böck geschrieben, der 47 Jahre lang als Oberkellner im Wiener Café Landtmann das Regiment führte und an

 **Das Credo: Service aus Leidenschaft!**

seinem letzten Arbeitstag in vertauschter Rollenverteilung vom Bürgermeister bedient wurde. Das war genau so jemand wie der junge Mann in dem Londoner Hotel.

Das Credo dieser Menschen lautet: Service aus Leidenschaft! Sie sehen ihren Job nicht als eine graue Tätigkeit, die in grauen Gebäuden vor sich hingraut. Sie machen einfach das, was ihnen Spaß macht. Und was sie gut können. Denn mal ehrlich: Zum Service-Profi ist nicht jeder geboren. Ob sich der Professor, der Schauspieler oder der Topmanager auf der anderen Seite des Büffets das nun vorstellen können oder nicht.

Dagegen sträuben sich uns die Nackenhaare, wenn uns – nicht nur im Servicesektor – so eine aufgesetzte Freundlichkeit begegnet. Diese Nettigkeit von Leuten, die zwar so breit lächeln, dass die Ohren Besuch bekommen, bei denen aber die Augen und die Körpersprache ganz andere Signale aussenden. Nämlich: Ein besseres Angebot, und ich bin hier weg. Oder: Ich könnte Montag mal wieder krankfeiern. Oder: Noch ein paar Überstunden mehr, und ich beschwere mich beim Betriebsrat. Für enorm viele Leute ist die Vorstellung, dass Arbeit Spaß machen könnte, einfach ein Witz. Sie machen das, was sie tun, weil sie glauben, sie hätten keine Alternative. Und das betrifft nicht nur Kellner. Neulich abends im überfüllten Flughafenbus: Eine Rotte von reisenden Managern führt Selbstbestätigungsgespräche. Unfreiwillig wurden wir Ohrenzeugen ihres Wortwechsels, der in einer Lautstärke geführt wurde, dass alle Trompeter von Jericho daneben wie Mitglieder eines harmlosen Kurorchesters klingen würden. Die Kernaussage dieser Diskussion: „Wir leben ja nicht, um zu arbeiten, sondern wir arbeiten, um zu leben." Konspiratives Nicken. Geschätztes Jahreseinkommen der Herren im mausgrauen Zwirn: 150.000 Euro aufwärts. Geschätzter Spaßfaktor: null.

Pushkar, Indien: Auch hier gibt es leidenschaftliche Kellner

Ob eine Arbeit Spaß macht oder nicht, hat nichts mit der Hierarchieebene zu tun. Es gibt keine Arbeit, die per se gut oder schlecht, sinnvoll oder sinnlos ist. Es gilt, was Viktor Frankl sagt: Es ist egal, ob man Kellnerin, Schweinezüchter oder Fahrstuhlmonteur ist. Arbeit ist attraktiv und macht Spaß, wenn sie auf der Ebene des individuellen Erlebens als sinnvoll empfunden wird, die individuellen Stärken eingebracht werden können und man sich entfalten kann. Das bedeutet aber

Wir machen
euren Dreck weg!

auch: Jeder Einzelne muss herausfinden, wo seine Stärken liegen und was für ihn persönlich sinnvoll ist. Aber genau das ist für viele gar nicht so einfach. Im Gegenteil. Die wenigsten wissen, was sie wirklich antreibt. Diese Erfahrung hat auch die Berufsfindungsexpertin Uta Glaubitz zur Genüge gemacht. Die meisten Menschen, die zu ihr kommen,

haben nie gelernt, ihre Leidenschaft zu ergründen. Haben nie nachge-
forscht, wofür sie eigentlich brennen, oder verbieten sich ganz einfach,
zu träumen. Aus Angst, dass die Träume etwas auslösen könnten. Trotzdem – oder gerade deshalb – unterstützt Glaubitz Berufstätige dabei,
ihre eigentliche Berufung zu finden. Natürlich kann auch sie niemandem aus dem Kaffeesatz lesen, worin seine Passion liegt. Aber sie kann
Menschen Wege aus der alltäglichen Gleichgültigkeit, Unlust und Re-
signation weisen – hin zur eigenen Leidenschaft. Ja, das schon.

Auch der frühere Leistungssportler, Spitzenruderer und Betriebs-
wirt Andreas Dür ist einer, der sich trotz seiner äußeren Erfolge eines
Tages an Glaubitz wandte. Seinen Job als Firmenkundenberater bei
der Deutschen Kreditbank machte er jahrelang, einfach weil er ihm
Sicherheit bot. Aber Sicherheit
allein ist eben nicht alles. Von
Glaubitz ermutigt, traut sich
Dür heute, alte Denkmuster
aufzubrechen und die richtigen Fragen zu stellen: Was
hat ihn damals im Ruder-
sport zu Höchstleistungen
getrieben? Warum hat er
das nicht als Anstrengung
empfunden? In welchen
Situationen fühlt sich Andreas Dür besonders wohl?

Berlin: Drachenbootfahren als Leidenschaft

Und wofür würde er sich entscheiden, könnte
er noch mal ganz neu anfangen?

Seine Antworten auf Glaubitz' Fragen waren der Startschuss für ein
neues Leben: Auch nach seinem Ausscheiden aus dem Leistungssport
war Dür begeisterter Ruderer geblieben. Sein Hobby: Drachenbootfahren. Wenn er nach einem langen Tag in der Bank im Boot saß und
mit einer Mannschaft aus Gleichgesinnten zu den gleichmäßigen
Trommelschlägen des Steuermanns im Rhythmus ruderte, wenn er
seine Blick über Wasser und Natur schweifen ließ, dann fühlte er sich
wohl. Dann schlug sein Herz im Einklang mit der Trommel des Dra-
chenboots. War das nicht Antwort genug? „Auf einmal war mir klar,
was ich machen will", sagt Dür gegenüber der „Wirtschaftswoche".

Er fällt eine folgenschwere Entscheidung und macht sein Hobby zum Beruf. Heute ist Dür Chef der „Dragonboats Company", organisiert professionelle Drachenbootrennen mit bis zu mehreren hundert Teilnehmern, Firmencups, Teambuilding-Events für Unternehmen oder einfach Firmenjubiläen, Sommerfeste, Agenturwochenenden, Betriebs- und Abteilungsfeiern sowie Wanderfahrten. Andreas Dür ist „Kopf und Herz von Dragonboats Berlin", wie er auf der Homepage seiner Firma schreibt.

Nur weil sich einer beim Rudern wie der sprichwörtliche Fisch im Wasser fühlt, muss das für andere noch lange nicht der richtige Weg sein. Aber das Erleben von Sinn lässt Menschen durchaus – und teilweise über viele Jahre – Jobs machen, die andere als unangenehm empfinden. Gäbe es keine Alten- und Krankenpfleger, keine Erzieher und Lehrer, die in diesen physisch wie psychisch sehr anstrengenden Jobs einen Sinn fänden, sähe es für die Ältesten wie die Jüngsten in unserer Gesellschaft ziemlich mies aus. Und glauben Sie, all die Menschen, die in der Abfallwirtschaft tätig sind, hielten ihre Arbeit aus, ohne darin auch nur ein klitzekleines bisschen Sinn zu sehen? Wir nicht. Klar, nicht jeder Müllmann wird seinen Job lieben. In einer Eisdiele zu arbeiten, das hört sich auch erst mal netter an. Aber welche Gesellschaft kann wohl länger überleben: die ohne Eisverkäufer oder die ohne Müllmänner? „Wir machen euren Dreck weg!" – auch darauf kann man stolz sein! So stolz, dass die Berlin Recycling GmbH jährlich den Kalender „Tonnenboys" herausgibt – in dem Müllmänner auf Hochglanzpapier posieren wie Models.

> **Welche Gesellschaft kann wohl länger überleben: die ohne Eisverkäufer oder die ohne Müllmänner?**

Friedrich Nietzsche schrieb in seiner „Götzendämmerung": „Hat man sein Warum des Lebens, so verträgt man sich fast mit jedem Wie." Und das bedeutet im Umkehrschluss: Wer kein Warum hat, der hadert mit seinem Leben, ist unzufrieden in seinem Job. Selbst wenn er so viel Geld verdient wie die Manager im Flughafenbus. Selbst wenn alle anderen ihn für „erfolgreich" halten. Macht, Ansehen oder Geld können Entscheidungen verstärken, aber nicht ersetzen. Abhanden kommt der Sinn bei der täglichen Arbeit meist dann, wenn Menschen ihre Fähigkeiten und Ideen trotz Mühe und vollem Einsatz nicht verwirklichen können. Wenn es beispielsweise an der Passgenauigkeit zwischen Mensch und Arbeitsplatz mangelt.

Befördert etwa der Karriere-Automatismus nach dem Peter-Prinzip Fachleute in Führungspositionen, die ihrem Naturell widersprechen, dann bekommen das nicht nur deren Untergebene leidvoll zu spüren. Die frischgebackene Führungskraft selbst wird sich auf dem neuen Gebiet entweder hilflos überfordert fühlen, sich aufreiben und zuverlässig dem nächsten Burnout entgegensteuern. Oder sich ob ihres unterforderten Sachverstands maßlos langweilen. Stattdessen träumt sie in ihrem Chefsessel von den guten, alten Zeiten, in denen sie noch an inhaltlichen Problemen tüfteln durfte. Ein Zustand, der von den beiden Schweizer Autoren Philippe Rothlin und Peter R. Werder als Boreout bezeichnet wird.

Doch auch in diesen Fällen fehlt Menschen vielfach der Mut, etwas zu verändern. Stattdessen werden Ausreden über Ausreden erfunden: Ich und an der falschen Stelle sitzen? Das kann nicht sein. Die Umstände sind schuld. Die Kollegen. Das Wetter. Der Vollmond. Inzwischen wissen Sie, was Frankl dazu sagen würde. Genau: „Menschliches Verhalten wird nicht von den Bedingungen diktiert, die der Mensch antrifft, sondern von den Entscheidungen, die er selbst trifft." Die Autorin Sabine Asgodom ist noch etwas direkter, wenn sie auf Leute trifft, die ihr sagen, dass sie ja wollen, aber der Reihenhaushypothek oder gar der lieben Kleinen wegen nicht können: „Wenn die Kinder Sie stören, Ihr Leben zu verwirklichen, dann geben Sie sie doch zur Adoption frei." Treffer, versenkt!

Nörgeln gilt nicht! Jeder hat die Wahl. Allerdings erfordert es Mut, aus dem laufenden Rad zu springen. Allein bei diesem Gedanken schrecken schon viele zurück. Sie fürchten den Ausstieg aus der Komfortzone, äußere Widerstände, den biografischen Bruch. Dabei geht es ihnen mit der inneren Kündigung keinen Deut besser: Sie führt beruflich nicht weiter und endet meist in einer psychologischen Abwärtsspirale. Dabei ist berufliche Unzufriedenheit immer auch eine Chance. Der Schriftsteller Max Frisch hat diese Chance so beschrieben: „Krise ist ein produktiver Zustand. Man muss ihr nur den Beigeschmack der Katastrophe nehmen." Nutzen kann sie, wer seiner Begeisterung konsequent folgt, wer dabei Unterstützer findet und den neuen Weg maßvoll strukturiert und umsetzt. Hauptantrieb ist nichts anderes als die eigene Leidenschaft.

Seiner Leidenschaft folgen – das können Sie beispielsweise an einer Geschichte ablesen, die uns unser Freund Kai erzählt hat. Kai ist Partner in einer großen Anwaltskanzlei in Berlin, und bei ihm hat sich ein junger Jurist beworben. Der Bewerber hatte ein erfolgreich abgeschlossenes Jurastudium und eine Doktorarbeit vorzuweisen. Seine überdurchschnittlichen Noten sprachen durchaus für seine Begabung in diesem Metier, mussten aber auch nichts heißen. Kai wusste aus Erfahrung, dass man mit guten Zeugnissen allein noch keine Mandanten überzeugen konnte. Dafür braucht es vor allem eins: Persönlichkeit. Sich ein vollständiges Bild davon zu machen war für Kai in einem knapp einstündigen Bewerbungsgespräch allerdings nicht so ganz einfach.

**Die Umstände sind schuld. Die Kollegen. Das Wetter. Der Vollmond.**

Entscheidend für Kai war schließlich, dass der junge Mann im Gespräch eine eindeutige Position bezog: Auf die Frage, ob er bereits im nächsten Monat anfangen könne, sagte er: „Wissen Sie, Ihre Firmenphilosophie gefällt mir. Ich könnte mir gut vorstellen, hier zu arbeiten. Aber …", und hier zögerte er kurz, bevor er weitersprach, „zuvor möchte ich noch einen Traum realisieren. Seit ich denken kann, möchte ich einmal mit meinem Rennrad über die Alpen fahren. Das dauert, alles in allem, zwei Monate. Ich habe lange dafür trainiert. Und ich weiß ganz genau, wenn ich erst irgendwo voll eingestiegen bin, dann komme nicht mehr dazu. Wenn Sie mich also in zwei Monaten auch noch wollen, dann komme ich gerne zu Ihnen. Ansonsten tut es mir leid, aber die Alpen können nicht länger warten." Kai entschied sich dafür, auf diesen jungen Mann zu warten, obwohl die Kanzlei händeringend Leute suchte.

Die zweimonatige Radtour sah unser Freund Kai keinesfalls als störende Lücke im Lebenslauf an. Im Gegenteil: Sie zeugte von Willensstärke und Durchsetzungsvermögen. Klar, Kai hätte auch Pech haben können, hätte sich dieser junge Mann zum Egomanen gemausert, der bei der nächsten Gelegenheit wieder nach einer Extrawurst geschrien hätte. Das Risiko, besteht immer. Aber noch größer, finden wir, ist das Risiko, einen farblosen Mr. Nobody einzustellen, der den Mund nicht aufmacht, wenn es um seine Interessen geht. Denn das ist das beste Zeichen dafür, dass er den Mund auch nicht aufmacht, wenn es darum geht, die Interessen der Kanzlei oder ihrer Kunden zu vertreten.

„Diejenigen, die kein Warum haben im Leben und sich nicht trauen, danach zu fragen, das sind auch keine Leute, die den Laden voranbringen. Die machen ihren Job ordentlich, zuverlässig und solide – aber die sind im Prinzip auch austauschbar", sagt Kai. Sprich, das sind die Ersten, die sich wieder verabschieden dürfen, sollte es der Organisation mal schlecht gehen. Was Unternehmen brauchen, sind Leute, die mehr machen als Business as usual. Leute, die Dinge in Frage stellen, die mitdenken, die sich kreative Problemlösungen ausdenken und intrinsisch motiviert sind. Was Leute wie unser junger Radfahrer brauchen, sind Arbeitgeber, die die Interessen und Bedürfnisse ihrer Mitarbeiter ernst nehmen. So sollte es laufen im Idealfall! Und wenn nicht? Jeder hat die Wahl. Oder, wie Bob Dylan sagt: „Ein Mensch ist erfolgreich, wenn er zwischen Aufstehen und Schlafengehen das tut, was ihm gefällt."

Keiner sollte sich anmaßen zu wissen, was für den anderen gut ist, was ihm gefällt. Kürzlich ging durch die Presse, dass Belgiens jahrgangsbester Abiturient – Traumnote 1,0 – gerne Busfahrer werden möchte. Ihm macht das Fahren Spaß, und er hat gerne mit Menschen zu tun, sagt er. Wer jetzt den Impuls verspürt, seine Besserwissermiene aufzusetzen und dem jungen Mann die Idee auszureden, hat immer noch nicht begriffen, dass Sinn immer an individuelles Erleben gekoppelt ist. Was das genau ist im Leben, muss jeder für sich entscheiden. Das Leben ist nicht etwas – es ist die Gelegenheit ZU etwas.

„Oh, my God!"

Der Security-Mann am Flughafen in Phoenix glotzte mich an, als ob ich gerade aus der geschlossenen Abteilung entlaufen wäre. In seiner Karriere als Kofferchecker dürfte er schon so manche Peinlichkeit ans Neonlicht der Sicherheitsschleuse gebracht haben. Aber eine Deutsche, die in den USA flaschenweise Putzmittel kauft, das sie dann im Reisegepäck über den Atlantik befördern will, hatte er noch nie erlebt.

Binnen Sekunden war der Mann von seinen Kollegen umringt. Jede Flasche meiner Seifen und Reiniger wurde geöffnet und der Inhalt sorgfältig geprüft. Nein, es war kein Sprengstoff drin. Auch keine Drogen. Auch kein geheimes, vom Pentagon entwickeltes Zeug, mit dem man die Diktatoren dieser Welt zu Demokraten umdrehen kann, indem man ihnen den Kopf shampooniert.

In meinen Flaschen mit der Aufschrift „Method" waren die Reinigungsmittel der gleichnamigen Firma. Die stylisch verpackten, pflanzenbasierten, schadstofffreien, biologisch abbaubaren, sensationell duftenden, ohne Tierversuche entwickelten Reiniger von Method. Ich weiß, dass es ziemlich bescheuert ist, seine Putzmittel in den USA einzukaufen. Aber die Method-Produkte gibt es nicht in Deutschland zu kaufen, deshalb nahm ich auch den ungläubigen Blick des Security-Manns in Kauf.

„You're crazy, Ma'am", sagte er amüsiert. „Have a nice flight!"

# Wie Kunden das Gute befördern

Nehmen wir mal an, Sie haben ein klar umrissenes Bedürfnis. Ihre verkrustete Backofentür, in die irgendwer vor langer Zeit „Sau!" geritzt hat, hat es bitter nötig, und Sie wollen, dass sie wieder im alten Glanz strahlt. Ihnen ist klar, dass ein feuchter Lappen allein hier kein befriedigendes Ergebnis bringt. Sie können für dieses Bedürfnis jetzt eine effiziente und effektive Lösung einkaufen. Sie fahren zum nächsten Discounter und kaufen ein Backofenspray. Für wenige Cent bekommen Sie 500 Milliliter von dem Zeug. Es sei denn, Sie stört, dass schon der Produktname klingt wie ein Erschießungsbefehl auf Usbekisch. Dass die Flasche nicht nur nach billigstem Plastik aussieht, sondern auch daraus besteht. Dass die Dämpfe, die beim Sprühen aus

der Flasche in Ihre Nase steigen, Ihnen schier das Hirn zum Explodieren bringen. Und dass halbe Tierpopulationen sterben mussten, damit das Produkt für Menschen wenigstens nicht auf der Stelle tödlich ist.

Es geht heute längst nicht mehr allein um rationale, effiziente Bedürfnisbefriedigung: Das war gestern und stimmt heute nur noch bedingt. Dass Produkte Bedürfnisse befriedigen, wird in Zukunft nicht mehr ihr einziger Daseinszweck sein. Wenn Kunden sich für ein Produkt entscheiden, dann muss es mehr zu bieten haben. Die amerikanische Seifen- und Reiniger-Firma Method hat das verstanden: Haushaltsreiniger sind im Prinzip ein triviales Produkt, absolut austauschbare Massenware. Da hilft auch keine noch so einfallsreiche Werbung wie: „Jetzt noch ergiebiger", „Mit noch frischerem Frischefaktor" oder der „neuen Reinheitsformel". Bei solchen Aussagen verschwindet Meister Proper heute wieder gelangweilt in seiner Flasche. Schnarch!

Dass sie sich schon etwas Klügeres einfallen lassen mussten, war den beiden Method-Gründern klar, als sie vor gut sechs Jahren ihre Putzmittelmarke aus der Taufe hoben. Eric Ryan hatte zuvor als Markenberater und Werber gearbeitet, sein Freund aus Jugendzeiten, Adam Lowry, war Chemiker. Ein Dreamteam für eine geniale Idee: Ryan und Lowry brachten eine Putzmittelmarke auf den Markt, die sich durch ihr Design von bisherigen Anbietern unterschied. Und es damit schaffte, die Aufmerksamkeit der Händler und Kunden zu erregen. Ryan schwebte ein „Öko-system wie bei Apple oder Nike" vor, hieß es in einem Firmenporträt in der Zeitschrift „brand eins". Heraus kam ein minimalistisches Design mit wenig mehr als dem Firmennamen auf der Flasche: „Method Home". Ähnlich simpel, aber genauso intelligent war die Kampagne dazu: „Menschen gegen Schmutz". Echt dirty! Chefdesigner Josh Handy, dessen Visitenkarte der Titel „Disruptor" ziert, was so viel heißt wie Störenfried, erklärt das Erfolgsrezept des Method-Designs: „Die ganze Branche hat eine Schwierigkeit, sie starrt nur auf ein Problem und seine Lösung. Ein Fleck muss weg! Dementsprechend hohl ist das Marketing." Handys Produkte dagegen erzeugen den Eindruck von Schönheit, Harmonie und Ruhe. „Was auf meinem Küchentresen oder in meinem Badezimmer steht, soll mich an ein Spa erinnern. Das ist ein Appell an die Ästhetik und geht weit über Preis und Putzwirkung hinaus." Müssen wir noch erwähnen, dass Method nur natürliche, biologisch abbaubare Substanzen und keine aus Erdöl oder tierischen Fetten gewonnen Materialien verwendet – und dies, ohne dabei aufdringlich die moralische Öko-Keule zu schwingen?

Heidelberg: Hausputz mit Stil

Die putzige Strategie geht auf. Das zeigt sich auch daran, dass es

„Menschen gegen Schmutz". Echt dirty!

die Minifirma aus Kalifornien in kürzester Zeit geschafft hat, um konkurrierende Goliaths wie Procter & Gamble, SC Johnson oder Colgate-Palmolive einen Haken zu schlagen. Indem sie „etablierte Regeln gebrochen und Verbraucher mit minimalistischem Design, ungewöhnlichen Düften, einem einzigartigen Markennamen, einfallsreichem Guerilla-Marketing und konsequenter, aber nicht aufdringlicher Öko-Orientierung" überzeugt hat. In der Tat: Method-Fans sind bereit, für den feinen Unterschied und das Plus an Sinn zu bezahlen – und schleppen das Zeug notfalls sogar über den großen Teich.

Sicher, die clevere Idee, aus einem langweiligen Putzmittel ein ästhetisches Wohlfühlprodukt zu kreieren, wurde auch durch den Umstand befördert, dass die Zeit und vor allem die Konsumenten reif sind für etwas Neues. Dinge verkaufen sich nicht mehr dadurch, dass auf ein stinknormales Produkt eine Schicht Emotion gepinselt wird, damit es besser erscheint, als es in Wirklichkeit ist. Was Kunden wollen, sind gute und ehrliche Produkte. Dahinter

Meister Proper verschwindet wieder gelangweilt in seiner Flasche. Schnarch!

steckt nicht nur ein Trend, sondern vielmehr eine globale Entwicklung, die bereits in vollem Gange ist: Während sich noch mancher Firmenchef darüber wundert, dass für seine Kunden neuerdings nicht mehr das Haltbarkeitsdatum ausschlaggebend ist für die Kaufentscheidung, sondern schon lange eine einwandfreie Grundhaltung des Unternehmens, verlangt es immer mehr Kunden nach Sinn-Plus-Produkten. Dabei geht es ihnen nicht nur um Öko, Umweltschutz und Nachhaltigkeit. Weil es sich besser mit gutem Gewissen genießt, fordern sie vom Händler ihres Vertrauens auch eine faire Behandlung der Mitarbeiter, Vertragspartner und Zulieferer. Soziale Standards her, oder wir verzichten! Da können die Verkäufer nur ratlos die Hände heben – und sich engagieren.

Okay, okay, neben den ethischen Grundsätzen geht es den aufgeklärten Kunden natürlich auch und immer mehr um eine herausragende Qualität. Sagte man früher, was billig ist, muss auch gut sein, sind Verbraucher heute viel kritischer. Nach dem Motto: Billig gekauft, heißt zweimal bezahlt. Das bestätigt auch Wolfgang Grupp, der

Chef des deutschen Bekleidungsherstellers Trigema: „Der Verbraucher ist sicherlich bereit, für mehr Leistung auch mehr Geld auszugeben. Dieses Mehr kann bestehen in einer besseren Qualität, in einer großen Flexibilität, das heißt schnelle Anpassung an den Markt oder modische Effekte. Ist dieses Mehr gegeben, spielt natürlich auch der soziale Aspekt eine Rolle. Aber allein reicht dieses Argument sicher nicht aus."

Sicher nicht. Qualität muss sein. Sowieso. Aber als Zugabe wollen die Kunden eben noch einen Mehrwert. Und das wissen wiederum auch Unternehmer für sich zu nutzen. Charmant formuliert dies Yvon Chouinard, Chef von Patagonia, einem weltweit liefernden Outdoor-Ausrüster: „Seien wir ehrlich: Für eine Mount-Everest-Expedition kann man sich heute auch im Warenhaus ausrüsten." Und natürlich geht es auch den Naturburschen von Patagonia deshalb nicht nur um eine bessere Welt, wenn sie sich für die Schaffung und Erhaltung weiterer Nationalparks einsetzen, sondern auch „um eine lohnende und attraktive Geschäftsidee: Unsere ökologischen Grundsätze haben sich für uns auch in finanzieller Hinsicht gelohnt, wir verdienen damit mehr Geld." Nicht zuletzt, weil Patagonia durch seine Haltung auch die besseren Mitarbeiter anzieht. Aber vor allem eine Käuferschicht, die bereit ist, für diesen Mehrwert zu bezahlen.

Dazu sind im Übrigen nicht nur Endverbraucher bereit: Auch im B2B-Bereich entscheiden sich immer mehr Firmen für Fairplay-Produkte. Hier müssen wir erneut das Unternehmen Trigema nennen, das in Deutschland dafür bekannt ist, seine Artikel, komme, was wolle, nicht in Billiglohnländern produzieren zu lassen. „Grupp baut damit ein Image auf, auf das viele Kunden Wert legen. Ein wichtiges Geschäftsfeld ist die Corporate Identity anderer Unternehmen. Die geben bei Grupp Arbeitskleidung mit individuellem Druck in Auftrag. Nicht selten wollen die Kunden mit dem Einkauf bei Trigema demonstrieren, dass auch sie zum Standort Deutschland stehen", hieß es dazu in der „Wirtschaftswoche". Wenn der Chef also an die gesellschaftliche Verantwortung anderer Unternehmer appelliert, dann sicher nicht ohne unternehmerisches Kalkül. Aber das ist ja auch völlig legitim.

Mit einem wachsenden Wertebewusstsein der Kunden nehmen Verbraucher gleichzeitig auch immer mehr wahr, welche Macht sie da eigentlich haben – und zeigen in Misskredit geratenen Firmen auch

70

schon mal den Stinkefinger. Eine treibende Kraft in dieser Entwicklung ist mit Sicherheit das Internet, das besonders negative Nachrichten mit enormer Geschwindigkeit verbreitet. So wurde etwa über Siemens' Verkauf seiner Handysparte an BenQ und die katastrophalen Folgen monatelang berichtet. Der dadurch heraufbeschworene Imageschaden schien sich durch die Schmiergeldaffäre nur noch zu erhärten.

Wie groß der Einfluss kritischer Käufer sein kann, bewiesen auch die Kunden der Bio-Supermarktkette Basic: Im Februar 2007 hatte die Schwarz-Gruppe, zu der neben Lidl auch Kaufland gehört, 23 Prozent der Aktien des Bio-Marktes gekauft. Anfang August folgte ein Übernahmeangebot. Und das rief die engagierte Öffentlichkeit auf die Barrikaden! Aktionäre, Verbraucherorganisationen, einzelne Kunden und Lieferanten verhinderten die Aufstockung durch Lidl, ein Unternehmen, das aus ihrer Sicht nicht zuletzt für eine schlechte Behandlung der eigenen Mitarbeiter steht. Nur neun Monate nach ihrem Einstieg musste die Schwarz-Gruppe ihre Anteile wieder verkaufen. Aber auch für Basic hatte der umstrittene Einstieg ein unangenehmes Nachspiel. „Wir hatten durch den öffentlichen Wirbel leichte Umsatzeinbußen zu verzeichnen", so Basic-Vorstandschef Josef Spanrunft. Noch viel mehr Energie musste das Unternehmen jedoch darauf verwenden, das Vertrauen seiner Kunden wiederzugewinnen.

**Weshalb deutsche Omis noch heute dafür bekannt sind ...**

So hieß es dann auch, man hoffe, dass die Beziehung zu Kunden und Lieferanten mit diesem Schritt wieder „in die ursprüngliche und vertrauensvolle Zusammenarbeit mündet". Und: Man sei stolz auf die kritische Zielgruppe des Unternehmens. Ja klar, aus Schaden wird man eben klug.

Nimmt man diese neue Autorität von König Kunde mal genauer unter die Lupe und fragt, worin sie sich von der Käufer-Generation unserer Eltern und Großeltern unterscheidet, treten in erster Linie Wesensmerkmale zu Tage, die mit unserer Geschichte zusammenhängen. Insbesondere hier in Europa wurden die letzten Generationen durch eine katastrophale Versorgungslage während und nach dem Krieg geprägt. Es musste an allen Ecken und Enden gespart werden, selbst wenn nichts da war zum Sparen. Die Möglichkeit, Qualität und

Werte gerade bei Nahrungsmitteln, aber auch bei anderen Produkten zu prüfen und in Frage zu stellen, gab es nicht. Dass schon in den 1950ern trotz eines verlorenen Krieges und aller damit zusammenhängenden katastrophalen Umstände Wirtschaftswunder-Deutschland wie Phönix aus der Asche stieg, änderte das Kaufverhalten der Kriegsgeneration nur zum Teil. Sicher, die Begeisterung der Menschen über den wiedererblühenden Wohlstand zeigte sich auch in ihrer Konsumfreude. „Danke, Ludwig Erhard, wir sind wieder wer", hörte man überall auf den Straßen und sah es auch – an Nylonstrümpfen, Zigarren, dicken Buttercremetorten und Röhrenradios. Der Gedanke an schlechtere Zeiten blieb jedoch in den Hinterköpfen der Leute haften wie ein böser Traum. Weshalb deutsche Omis noch heute dafür bekannt sind, tonnenweise Marmeladen und andere Vorräte in ihren Kellern zu horten. Aber auch die Einstellung, billig sei gleichzeitig gut, die sich noch Jahre später in dem zugegebenermaßen etwas modernisierten Slogan „Geiz ist geil" wiederfinden sollte, ist letztendlich den harten Kriegsjahren geschuldet.

In der jüngsten Vergangenheit wurde die Mitte der westlichen Gesellschaften jedoch von einem unumkehrbaren Wandel erfasst. Von einer „Konsumenten-Demokratie", spricht Peter Wippermann, Gründer des Hamburger Trendbüros. Voraussetzung für die Abstimmung

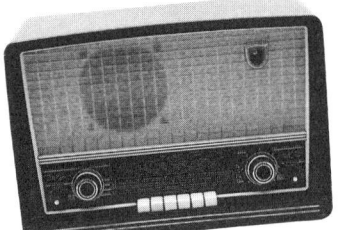

mit dem Portemonnaie sei das Überangebot von Waren: Wer die Wahl hat, entscheide einmal nach dem Preis, aber vor allem aufgrund von Information und Erfahrung. Portemonnaie und Information, das sind die Stichwörter dieser neuen Bewegung. „Wohlstand und Wissen sind bei der Moralisierung der Märkte die beiden entscheidenden Faktoren", sagt auch der Soziologe Nico Stehr im Interview mit „brand eins". Die Begüterten und Kreativen, die sich ihr Engagement auch leisten können, sind die Speerspitze der Konsumenten der Zukunft. Für sie sind Genuss und Lifestyle, Moral und Sinn nicht mehr voneinander zu trennen. Bereits ein Drittel der Bevölkerung in den USA und Deutschland gehört zu dieser wachsenden Gruppe, denen man den Trendbegriff „Lohas" verpasst hat. Die Abkürzung steht für „Lifestyle of Health and Sustainability": Schick aussehen, lecker und gesund essen und mit gutem Gewissen Hybrid-Auto fahren. In Amerika sollen sie in den Wirtschaftssegmenten Hausbau und Lifestyle, Ernährung und der Automobilbranche für ein Umsatzvolumen von mehr als 230 Milliarden Dollar sorgen. Das ist viel Geld und damit auch viel Verbraucher-Macht.

Und die wird stetig wachsen. Zeigen doch Erhebungen wie jüngst in der Zeitschrift „Horizont" veröffentlicht, dass gerade die 18- bis 29-Jährigen dazu bereit sind, sich Moral und Ethik etwas kosten zu lassen. Sie sind es, die im Vergleich ausgewählter Unternehmen die Drogeriemarktkette dm mit einer 2,6 und den Konkurrenten Schlecker nur mit 3,7 bewerten. Die Weihenstephan eine 2,6, aber Müller Milch nur eine 3,3 geben und bei denen Trigema mit einer 2,3 gegenüber H&M (3,1) wieder mal die Nase vorn hat. Die nächste Generation hat gewählt. Wir wetten, dass sie nicht nur reden, sondern auch handeln will.

Peter: ... am Ende sagt Klaus Darbo dann zu Marco: „Warten Sie, ich bringe Ihnen die Marmelade ans Auto!"

Anja: Ja, und dann trägt der Chef der österreichischen Marmeladenfabrik mit fast 100 Millionen Euro Jahresumsatz einem Studenten eine Kiste Marmeladengläser auf den Parkplatz.

Peter: Genau. Marco erzählt diese Geschichte seitdem jedes Mal, wenn wir uns sehen. Wetten, dass er sie auch heute erzählt? Es ist nur die Frage, ob zum Hauptgericht oder zum Dessert.

Anja: Dabei warst du als sein damaliger Professor einer der Ersten, die von der Marmelade was abbekommen haben.

Peter: Radarfalle hinter der nächsten Kurve!

Anja: Weiß ich doch!

Peter: An Marcos Diplomarbeit und das Interview mit Herrn Darbo kann ich mich noch gut erinnern.

Anja: Kam die geschenkte Marmelade darin vor?

Peter: Nein, aber von Klaus Darbo hat Marco geradezu geschwärmt. Ihn hat einfach beeindruckt, wie dieser Unternehmer seine Produkte liebt und wie selbstverständlich er mit anpackt und ...

Anja: ... na, die Einzelheiten hören wir ja nachher noch mal von Marco selbst ...

# Wie sich das Große im Kleinen spiegelt

Unternehmen können viele Arten von Spuren hinterlassen. Zu den wertvollsten zählen die Spuren im Gedächtnis der Menschen. Wenn sich jemand noch nach Jahren gerne erinnert, was er als Mitarbeiter, Kunde oder – so wie unser Freund Marco – als Besucher bei einer Firma erlebt hat. Die tiefsten Erinnerungsspuren hinterlässt nicht etwa eine Büroeinrichtung von Stardesigner Philippe Starck. Auch nicht die hochglänzende Pressemappe der Hamburger Kommunikationsagentur. Und erst recht nicht die Pseudogeschäftigkeit auf den Fluren, Laptop unterm Arm und das Handy am Ohr – auf diese Art demonstrierend, dass man keine Mi-

nute zu verlieren hat, weil man mordsmäßig im Geschäft ist. Nein, es ist der gelebte Spirit, der verbindende Sinn, der die tiefsten Spuren hinterlässt. Dieser „Geist in den Mauern" verknüpft all die verschiedenen Elemente einer Organisation. Er beflügelt Menschen in ihren Entscheidungen und trägt die von ihnen geschaffenen Strukturen und Prozesse mit. Und wenn der Spirit besonders stark ist, dann zeigt er sich typischerweise noch mehr in den kleinen Dingen als den ganz großen.

So wie bei Klaus Darbo, dem Chef des österreichischen Marktführers für Frühstückskonfitüre, der dem Studenten, der mit seinen Unterlagen bepackt ist, die Gläser eigenhändig zum Auto trägt. Einfach so.

Wir waren nicht dabei – aber wir vermuten: Klaus Darbo hat nicht groß darüber nachgedacht. Er hat sich nicht vor seiner Telefonanlage aufgebaut und überlegt: Hm, wer ist denn weit genug unten in der Hierarchie, dass ich ihn jetzt hierherzitieren und den Karton schleppen lassen könnte? Nein, der Chef persönlich schnappt sich die Kiste, weil es für ihn nichts Schöneres gibt, als das selbst zu tun, wozu seine ganze Organisation da ist: seine Produkte zu den Menschen zu tragen und damit Freude bereiten. Solch einen Geist kann man nicht inszenieren. Er ist einfach da. Wie der amerikanische Management-Vordenker Tom Peters einmal gesagt hat: „Diese Einstellung kann nicht vorgetäuscht werden. Sie existiert 24 Stunden am Tag, sieben Tage die Woche – oder eben nicht."

Genau solche Chefs stärken den Geist in den Mauern durch eigenes authentisches Vorleben. Es sind Chefs, die sich hundertprozentig mit ihrem Unternehmen identifizieren, mit ihm eine unauflösliche Einheit bilden. So ist es auch bei Schuhkönig Heinz-Horst Deichmann. Sein Vater hatte eine Schuster-Werkstatt, aus der der europäische Marktführer hervorging. „Ich habe den Duft von Leder parallel zur Muttermilch genossen. Ich liebe die Menschen, und ich liebe die Schuhe", so Deichmann. Und das ist glaubhaft, weil er genauso wie Klaus Darbo nie die Bodenhaftung

**„Ich habe den Duft von Leder parallel zur Muttermilch genossen."**

verloren hat. Im Gegensatz zu manchen angestellten Managern üben sie nicht nur eine Funktion aus, sondern leben, was sie sind.

Super, hören wir jetzt Manager größerer Unternehmen murren, aber diese Persönlichkeitsschiene können wir nicht leisten, das kann nur der Mittelstand. Und der Mittelstand jammert: Sorry, wir heißen zwar so, aber die Mittel für so was haben wir nicht. Aber das ist doch Jacke wie Hose! Entscheidende Details zeigen sich unabhängig von der Unternehmensgröße.

Und das bedeutet auch eine andere Definition von Führung. Wir meinen, dass es die oberste Pflicht aller Führungskräfte ist, dafür zu sorgen, dass alle Mitarbeiter stolz ihren Kindern, Ehepartnern oder anderen ihnen wichtigen Menschen von ihrer täglichen Arbeit erzählen können. Genau das ist der Spirit, der so ansteckend ist und den man förmlich mit den Händen greifen kann. Bei dem Werkspförtner etwa, der einem ein freudiges „Guten Tag" entgegenschmettert. Oder bei der Auszubildenden, die Kunden, Besuchern und jedem, der es hören will, von ihrer Ausbildung vorschwärmt. Dann wird das Ganze irgendwann zum Selbstläufer.

Was für Mitarbeiter gilt, gilt ebenso für Kunden. Der Geist in den Mauern zeigt sich in den kleinen Details, die beim Kunden eine große Wirkung hinterlassen. Nehmen wir beispielsweise einmal an, Sie hätten einen Flug von Miami nach London gebucht. Sie fliegen mit Virgin Atlantic, der Fluglinie des exzentrischen britischen Unternehmers und Milliardärs Richard Branson. Als Sie am Flughafen in Miami eintreffen, erfahren Sie, dass Ihr Flug satte vier Stunden Verspätung hat.

Es ist 19 Uhr. Sie sind genervt, gereizt und wollen endlich in den Flieger steigen, um möglichst schnell in London anzukommen. Was passiert üblicherweise in einer solchen Situation? Na klar, Sie erhalten einen Getränkegutschein im Wert von 10 Dollar, und das war's dann. Viel Spaß beim Warten!

Was macht Virgin Atlantic? Ja, es gibt dort ebenfalls Gutscheine – aber eben auch das hier kann passieren: Innerhalb einer Stunde bekommt der Fluggast ein von Branson selbst unterzeichnetes Fax aus London, in dem er sich persönlich entschuldigt, erklärt, was schiefgegangen

Richard Branson: Britischer Hippie-Kapitalist

ist und was Virgin tun wird, um die Wartezeit für die Passagiere so gering wie möglich zu halten. Fazit: Sie sind immer noch vier Stunden verspätet, aber auch **beeindruckt**. Sir Richard kümmert sich persönlich um seine Fluggäste, und es ist ihm nicht schnurzegal, dass seine Passagiere stundenlang in der miefigen Flughalle rumhängen müssen. That's spirit! Wer wird sich da schon daran stören, dass möglicherweise nicht Branson selbst, sondern – so vermuten wir einfach mal – irgendein Assistent das Fax geschrieben hat, denn 19 Uhr in Florida ist mitten der Nacht in London. Und sehr wahrscheinlich liegt Sir Richard da schon längst in seinem warmen Bettchen. Honni soit qui mal y pense – Ein Schuft, der Böses dabei denkt!

Der Geist in den Mauern, den der Kunde anhand von kleinen Details mit großer Wirkung verspürt, gilt auch für die Restaurantkette Vapiano. Der Name bedeutet so viel wie „Nur mit der Ruhe", doch seit der Eröffnung des ersten Restaurants im Jahr 2002 in Hamburg erlebt das Unternehmen alles andere als eine ruhige, sondern vielmehr eine stürmische Erfolgsgeschichte. Inzwischen gibt es über 30 Restaurants in Deutschland, Europa und den USA – Tendenz stark wachsend. Bis zu 1.200 Gäste essen und trinken an einem durchschnittlichen Tag in jeder Vapiano-Filiale – und das, obwohl die Kette keine Werbung macht. Vapiano ist ein Selbstbedienungsrestaurant mit günstigen Gerichten ab 5 Euro, aber kein McPasta. Statt Plastikdesign gibt es mediterranes Ambiente, das

Vapiano in Köln: Schnell, schön, günstig

von dem Südtiroler Stardesigner Matteo Thun gestaltet wurde. Die Erfolgsformel lautet „frisch – schnell – schön". Oder: Schnelle frische mediterrane Küche in edlem Lifestyle-Ambiente. Wer bei Vapiano isst, merkt schnell, dass sich hier das Große im Kleinen widerspiegelt.

An ganz praktischen Details wird deutlich, dass der Kunde hier nicht im Weg ist, sondern ihm alle Wege geebnet werden. Das beginnt bei der umsichtigen Idee, dass Gäste ihre Taschen in Schließfächern verstauen können, und endet bei einem Treppchen vor der Schauküche für „unsere kleinen Gäste". Denn die wollen die Koch-Show schließlich auch sehen. Und apropos Koch-Show: Hinter dem Schau-Küchen-Konzept bei Vapiano steckt der Gedanke, dass die Gäste ihr Essen immer ganz frisch auf den Teller bekommen sollen. Auch dass Kunden ihr Tablett selbst vom Tresen an die Tische tragen, ist Bestandteil des Geschäftsmodells: „Wir sparen beim Service und stecken das Geld lieber in bessere Lebensmittel und Zutaten", erklärt Gregor Gerlach, Mitgesellschafter der Vapiano AG. Fastfood und Selfservice? Ja. Lieblose Atmosphäre und ungesunder Fraß? Nein danke. Nicht zuletzt deshalb stehen auf jedem Tisch auch kleine Basilikum- und Rosmarinpflänzchen. Das Auge isst schließlich mit!

78

Der Geist in den Mauern zeigt sich auch darin, dass die Menschen, die in diesem Unternehmen arbeiten, sich für ihre Produkte interessieren und sich mit ihnen identifizieren. Man kann es auch anders formulieren: Ein Unternehmen wird nie erfolgreich sein, wenn die Mitarbeiter kein echtes Interesse an ihren Produkten haben. Es ist natürlich kein Zufall, dass ein solches Desinteresse vor allem in solchen Unternehmen anzutreffen ist, in denen Mitarbeiter dazu bewegt werden, Tätigkeiten nachzugehen, an denen ihnen nichts liegt oder in denen sie keinerlei Sinn für sich entdecken können. Das ist praktisch die Garantie dafür, dass ein Unternehmen oder ein Produkt niemals überragend sein wird.

Ein Unternehmen, das dieses Prinzip verstanden hat, ist der Schweizer Molkerei-Betrieb Emmi. In ihrem aktuellen Geschäftsbericht setzt die Emmi Gruppe nicht auf nette Fotos mit bei Agenturen gebuchten Flotte-Mutti-und-netter-Schwiegersohn-Models. Nein, auf den Fotos sind die eigenen Mitarbeiter abgebildet, die ihre Lieblings-Emmi-Produkte vorstellen. Auf den letzten Seiten sind dann die 13 Mitglieder der Geschäftsleitung zu sehen – ebenfalls mit ihren Emmi-Favoriten in der Hand. Auch das sind nur kleine Details. Aber sie fallen auf und transportieren eindeutige Botschaften. Erstens: Unsere Mitarbeiter sind uns wichtig. Zweitens: Unsere Mitarbeiter kümmern sich um unsere Produkte wie um unsere Kunden. Und drittens: Selbst unsere Geschäftsleitung ist noch so erdverbunden,

dass sie unsere Produkte genau kennt und auch nach Feierabend stolz darauf ist. Einer von ihnen ist der Finanzchef, der freudestrahlend Aktifit in die Kamera hält, ein Produkt, das die Darmflora stabilisieren und die Verdauung fördern soll. Es scheint dem Mann gut zu tun!

Nicht alle Unternehmen hinterlassen Spuren in den Köpfen und Herzen von Menschen. Leider. Es gibt Organisationen, da scheint sich der Geist aus den Mauern irgendwie verflüchtigt zu haben. Das Einzige, was Mitarbeiter in diesen Firmen hält, ist die Erdanziehung. Es sind Zombie-Unternehmen, Käfige zur Haltung von Lohnsklaven, seelenlose Aggregate, die nur Staub aufwirbeln. Bei ihnen ist der Spirit durch Zahlenwahn ersetzt worden. Oder durch Aktionitis. Wir haben es bereits gesagt: Bilanzen, Zahlen, Daten, Fakten. Alles wichtig. Aber sie dürfen nicht als alleinige Rechtfertigung für die Unternehmensstrategie dienen. Der größte Fehler von Unternehmen, die unter einem chronischen Zahlenwahn leiden, ist aber genau der, dass sie ihre Daseinsberechtigung darin sehen, Finanzkennzahlen

**Käfige zur Haltung von Lohnsklaven**

anzubeten und dem Götzen des Shareholder-Value zu huldigen. Doch diesen Unternehmen wird es niemals gelingen, Menschen dazu zu bewegen, über sich hinauszuwachsen und leidenschaftlich ein gemeinsames Ziel zu verfolgen. Denn sie haben keine Antworten auf die beiden entscheidenden Fragen:

1. Welcher Zweck würde den größten Einsatz aller unserer Mitarbeiter verdienen?
2. Welche lohnende Sache würde die Menschen dazu bewegen, ihr Talent großzügig in den Dienst unseres Unternehmens zu stellen?

Diese Unternehmen klammern sich an ihre Zahlen wie Betrunkene an eine Laterne. Und was ist mit den Mitarbeitern und Kunden? Die sind nur Mittel zum Zweck. Um den Wohlstand der Aktionäre zu erhöhen. Seien Sie ehrlich: Wie ist das bei Ihnen in der Firma? Worum geht's? Geld oder Leben?

Unternehmen, in denen ein alles durchdringender und belebender Spirit herrscht, sehen anders aus. Es sind die erfolgreichen Unternehmen der Zukunft. Und es gibt sie schon heute, sie heißen beispielsweise – Apple. Wir erwähnen das kalifornische Hightech-Unternehmen aber hier nicht einfach, weil Apple so cool wäre, sondern weil sich unter dem Dach dieses Unternehmens viele Attribute finden, die einen Geist in den Mauern ausmachen: Bei Apple spürt man Leidenschaft und einen verbindenden Sinn: Steve Jobs' Versprechen vom „dent in the universe" wird durch immer neue technische Innovationen eingelöst. Seit der Gründung im Jahr 1976 ging es Apple immer darum, phänomenale nutzerfreundliche Lösungen zu entwickeln – also schon zu einer Zeit, in der diese komplizierten Maschinen, genannt Personal Computer, nur etwas für echte Freaks waren. Um diesem Anspruch gerecht zu werden, war ein ganz anderes Denken gefragt – think different. Jobs und Wozniak haben von Anfang an nach Leuten gesucht, die das draufhatten.

Damit gelang es Apple und Jobs – beide sind nicht wirklich voneinander zu trennen –, zwei Branchen maßgeblich zu gestalten: die Computerindustrie und das Musikbusiness. Und warten wir mal ab, ob nicht die Telekommunikationsbranche als Nächstes aufgemischt wird. Das bedeutet: Organisationen wie Apple passen sich nicht einfach nur an Veränderungen im Marktumfeld an. Sie selbst schaffen Veränderungen und gestalten damit Märkte. Kann Ihr Unternehmen das auch von sich behaupten? Anstatt sich den Spielregeln des Wettbewerbs zu beugen, legt Apple eigene Regeln fest. Oder eröffnet gleich ein ganz neues Spielfeld. Dieses Denken funktioniert auch in Ihrem Unternehmen. Hundertprozentig. Ihnen das klar zu machen, darum geht es uns – nicht darum, Steve Jobs zu glorifizieren.

Dieser Geist in Apples Mauern hat unter anderem zur Folge, dass das Unternehmen sich bis heute nicht krampfhaft um Kunden bemühen muss. Die Bilder von in Schlafsäcken vor Filialen kampierenden Apple-Fans anlässlich der Markteinführung eines neuen Produkts sind legendär. Ebenso die Präsentationen neuer Produkte, die regelmäßig zum PR-Event der Extraklasse geraten. Das Ergebnis: Erfolg. Die aktuellen Zahlen von Apple sprechen für sich. Ach, übrigens: Wir bekommen kein Geld von Apple, damit wir diesen Namen nennen. Wir erwähnen Apple oder auch andere Unternehmen wie Vapiano, Emmi oder Darbo auch nicht, um sie als großartige Vorbilder zu preisen. Das Urteil darüber, ob es sich um großartige Unternehmen handelt, soll anderen überlassen werden. Wir erwähnen diese Unternehmen, weil wir zeigen wollen, dass es tatsächlich möglich ist, Spuren zu hinterlassen und Sinn zu schaffen und dabei sehr erfolgreich zu sein. Das eine schließt das andere nicht aus, ganz im Gegenteil: Sinn ist der Katalysator für Erfolg.

„Kennen Sie den Helden mit dem Hammer?"

Vier, fünf Chinesen in dunkeln Anzügen lächeln uns erwartungsvoll an, als der Übersetzer uns fragt, ob wir den „Helden mit dem Hammer" kennen. Hoffentlich noch nicht, steht in den Gesichtern geschrieben. Sie können es gar nicht erwarten, uns die Geschichte zu erzählen.

Auf unserer ersten Chinareise wiederholte sich diese Szene in fast jedem produzierenden Unternehmen, das wir besuchten. Immer kamen wir irgendwann auf das Thema Produktqualität zu sprechen. Die Chinesen schmerzte das Billigimage, das sie bei uns im Westen hatten. Um es zu widerlegen, erzählten sie vom „Helden mit dem Hammer".

Da wir freundliche Besucher waren, hörten wir uns die Geschichte von allen an, die sie uns erzählen wollten. Sie geht so:

Im Jahr 1984 wurde der junge Parteifunktionär Zhang Ruimin zum Werksleiter eines maroden Staatsunternehmens mit dem klingenden Namen „Qingdao General Refrigerator Factory" berufen. Als sich eines Tages ein Kunde über einen Defekt seines Kühlschranks beschwerte, eilte Zhang ins Lager und stellte fest, dass 76 Geräte denselben Fehler hatten. Da entschloss er sich zu einer spektakulären Aktion. Er ließ die defekten Kühlschränke auf den Werkshof bringen und alle Mitarbeiter davor antreten. Dann zerschlug er vor deren Augen mit einem riesigen Vorschlaghammer die Kühlschränke. Aua! Das tat richtig weh, denn ein Kühlschrank kostete damals zwei Jahresgehälter eines Arbeiters! Anschließend hielt Zhang eine Rede, die sich gewaschen hatte. In Zukunft sei jeder Arbeiter für die Qualität mitverantwortlich! Wums! Diese Lektion saß. Zhangs Aktion erwies sich – im besten Sinne des Wortes – als Befreiungsschlag für den Weg des chinesischen Billigherstellers zum Anbieter hochwertiger Markenware. „Der Held mit dem Hammer" war geboren.

# Wo es gemeinsamen Geist gibt, da gibt es auch Storys

Menschen lassen sich mit Argumenten überzeugen. Manchmal. Wenn man Glück hat. Aber es sind **Geschichten**, die Inspiration und Sinn liefern und von denen sich Menschen begeistern lassen. Wo es einen gemeinsamen Geist gibt, da gibt es auch gemeinsame Geschichten. Das ist ein ganz altes Menschheitsprinzip. Die Geschichten der Vorväter in den Naturvölkern, die griechischen Mythen, die Geschichten der Bibel oder überhaupt jeder Religion funktionieren ganz genauso. Mythen und Geschichten halten ganze Nationen, Familien und auch Firmen zusammen. Die richtige Metapher im richtigen Augenblick

ist wie ein Geschenk und entfaltet heilende Wirkung – oder auch die Einsicht in die Notwendigkeit zur Veränderung. Spirit lebt in Geschichten und wird durch Erzählungen wach gehalten.

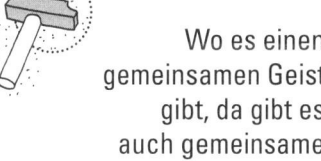

> Wo es einen gemeinsamen Geist gibt, da gibt es auch gemeinsame Geschichten

Sinnstiftende Unternehmen verstehen es, Erlebnisse und Emotionen in Geschichten zu verdichten, die für Mitarbeiter und Kunden einen echten Beweggrund bilden, sich mit dem Unternehmen und seinen Zielen zu identifizieren. Außerdem kultivieren solche Unternehmen ein „strategisches Storytelling", um einen Verhaltenskompass für ihre Mitarbeiter zu schaffen. Eine Geschichte wie die vom „Helden mit dem Hammer" sagt mehr als tausend Handbücher über Qualitätsmanagement. Heute ist der Haushaltsgeräteriese mit dem

Markennamen Haier übrigens weltweit und auch in Deutschland erfolgreich – und der Hammer hat in einer Ausstellung in der Firmenzentrale von Qingdao einen Ehrenplatz bekommen.

Wie funktionieren Geschichten im Unternehmen? Geschichten bieten Anknüpfungspunkte an unsere alltägliche Arbeitswelt. Sie kreieren Protagonisten, mit denen sich alle identifizieren können, und sind so in der Lage, selbst komplizierte Sachverhalte auf anschauliche und nachvollziehbare Weise verständlich zu machen. Geschichten bleiben länger im Gedächtnis haften als nüchterne Daten und Fakten. Wenn Sie beispielsweise Ihre Mitarbeiter dazu anhalten möchten, sparsam zu wirtschaften, wird es kaum ein Handlungsanreiz sein, die monatliche Kostenentwicklung kunstvoll auf Power-Point-Folien zu ziehen und damit vor der Nase der Mitarbeiter herumzuwedeln: „Die Zahlen sind schlecht? Na und? Dann haben die in der obersten Etage eben mal wieder versagt. Wir hier unten in der Produktion machen einfach nur unsere Jobs. Was können wir groß ändern, wenn das Management die Zahlen versaubeutelt?" Typische Reaktion. Und so läuft das meistens, wenn die Chefs etwas ändern wollen.

China: Auf der Suche nach dem Helden mit dem Hammer

Wenn Sie aber als Chef dieses Kostenbewusstsein authentisch vorleben und dafür sorgen, dass entsprechende Geschichten im Unternehmen kursieren, dann können Sie eine viel bessere Wirkung erzielen. Genau das macht Ikea-Gründer Ingvar Kamprad. Die zahllosen Geschichten über ihn drehen sich im Kern darum, dass Kamprad trotz seines immensen Reichtums sehr bescheiden geblieben ist. Nun ja, das Attribut „bescheiden" ist im Zusammenhang mit Kamprad eher eine verdammt be-

**Der Kerl ist geizig bis auf die Knochen**

84

schönigende Umschreibung. Der Kerl ist geizig bis auf die Knochen! Er lässt sich von seiner Ehefrau Margaretha die Haare schneiden, benutzt kein Taxi für den Weg zum Flughafen, sondern den Linienbus, fliegt grundsätzlich Economy und sitzt in der Bahn nach wie vor in der 2. Klasse.

In Anbetracht der Tatsache, dass der mittlerweile in der Schweiz lebende Schwede 17 Hektar Weinberge und ein Haus mit 435 Quadratmetern Wohnfläche besitzt und das US-Magazin „Forbes" sein Vermögen auf circa 23 Milliarden Euro schätzt, wirken die Geschichten recht skurril. Aber sie verfehlen ihre Wirkung nicht. Ihre Quintessenz: Hier ist ein reicher Mann, der immer auf dem Teppich geblieben ist. Nur weil er unheimlich viel Geld hat, heißt das nicht, dass er aufgehört hat, in den gleichen Dimensionen zu denken wie unsereins. Kamprads Busfahrten sind eine gelungene Metapher für die Werte, die Ikea

> Sage mir,
> was du erlebt hast,
> und ich sage dir,
> wer du bist

verkörpert. Und seinen Mitarbeitern signalisiert der Chef damit: Verschwendung ist eine Todsünde! Seid kostenbewusst, was auch immer ihr tut! Führungskräfte dieses Unternehmens werden wohl kaum auf die Idee kommen, First Class zu fliegen und in Fünf-Sterne-Hotels abzusteigen, da Kamprad dies selbst auch nie tun würde.

Das ist der Unterschied. Anstatt einfach nur eine Order auszugeben – sparsam wirtschaften! – können vorgelebte Haltungen, verdichtet in Mythen und Geschichten, echte Beweggründe in den Tiefen des Unternehmens verankern, und zwar nachhaltig. Das begründet bei allen Mitarbeitern dauerhafte Haltungen statt nur kurzfristiges Verhalten. Geschichten wirken also tiefer: Sage mir, was du erlebt hast, und ich sage dir, wer du bist. Warum soll ich bei dir arbeiten? Warum soll ich bei dir kaufen? Warum soll ich in dein Unternehmen investieren? Erzähl mir deine Geschichte!

Aber Geschichten müssen nicht immer positiv sein. Sie können Mitarbeitern, Kunden und Partnern auch absolut ungeschminkt Auskunft über die Schwächen eines Unternehmens geben. Aufsehen erregte etwa British Airways mit einer etwas makaberen Geschichte: Auf einem Flug von London nach Neu Delhi wies ein Fluggast das Bordpersonal darauf hin, dass es seiner Sitznachbarin offenbar nicht gut gehe. Was er nicht wusste: Die ältere Dame war gerade verstorben. Die Flugbegleiter brachten die Tote von ihrem Economy-Sitzplatz in die First Class, wo sie mit Anschnallgurt und Kissen fixiert wurde. „Die Leiche wurde im Sitz festgeschnallt, aber wegen Turbulenzen rutschte sie immer auf den Fußboden. Es war schrecklich", berichtete nach dem Flug ein sichtlich geschockter Geschäftsmann: Er habe geschlafen, und als er aufwachte, saß plötzlich eine Leiche neben ihm. Erst auf sein Nachfragen rückte das Personal mit der Wahrheit heraus. Auf die Frage, ob man denn wüsste, woran sie gestorben sei − „es könnte ja etwas Ansteckendes sein" −, reagierten die Flugbegleiter nur mit hilflosen Blicken. „Sie schauten sich alle gegenseitig mit offenem Mund an. Es war völlig unwirklich." Daran, wie rasend schnell sich diese Geschichte über die Medien verbreitete, sieht man, was für ein Problem solche negativen Storys für Unternehmen sind.

Wer es aber schafft, seine Mitarbeiter und Kunden mit **positiven** Geschichten zu begeistern, der hat die Chance, von der „Trademark" zur „Lovemark" zu werden. Der hat keine bloße Handelsmarke mehr und ist nicht länger austauschbar. Dessen Markenidentität steht für pure Leidenschaft. Mit dem Erfolg, dass er beim Kunden eine Loyalität jenseits der Vernunftgrenze hervorruft. Ein Beispiel hierfür ist Harley Davidson. Der Mythos vom Easy-Rider wird via Storytelling nicht nur vom Unternehmen, sondern auch von den Kunden weitergetragen: das ganz eigene Lebensgefühl, die große Freiheit auf zwei Rädern, Fahrtwind, satter Auspuffsound und Lederjacken-Feeling. Andererseits wird ihnen auch genau das vom Unternehmen durch feurige Produktbeschreibungen zurückgespielt: „Lebe, fahre, und lass die Reifen nicht kalt werden ... Jeder hat seine Dämonen. Ihr gemeinsamer Name ist **Geschwindigkeit** ... Schließen Sie Ihr Visier. Genießen Sie das Abenteuer", heißt es da etwa. Nun mögen kritische Geister einwenden, dass kein Mensch eine Harley aufgrund der feurigen Produktbeschreibungen im Prospekt kauft. Schon klar: Die haben andere Hersteller auch. Harley ist deshalb zu einem Markenmythos geworden, weil das Unternehmen ganz generell Meister in der Disziplin „Geschichten finden und erfinden" ist. Und das führt wiederum dazu, dass Harley weit weniger Geld für Werbung ausgibt als seine Konkurrenten. Ganz schön schlau.

Geschichten definieren unsere Identität: Wir sind die Geschichten, die wir erzählen wollen. Geschichten, denen wir kollektiv zustimmen, beschreiben unsere Kultur. Mehr noch: definieren unsere Kultur. Und mehr als alles andere dienen sie uns zur Erinnerung: Die Chance, dass sich jemand an Fakten erinnert, ist viel größer, wenn die Fakten in einer Geschichte verpackt werden, als wenn nur die bloßen Fakten präsentiert werden. So gab es beispielsweise beim deutschen Traditionshaus Faber-Castell eine außergewöhnliche Aktion, die eine deutlichere Botschaft sendete als tausend Pressemitteilungen: Im Beisein von Journalisten warf Unternehmenschef Anton Wolfgang Graf von Faber-Castell 300 Bleistifte vom Turm des Steiner Schlosses, also aus einer Höhe von circa 30 Metern. Es ging darum zu zeigen, wie bruchfest die Minen der Bleistifte sind. Anschließend wurden die Stifte aufgesägt, und es stellte sich heraus, dass tatsächlich keine einzige Mine zerbrochen war. Cool! Diese Geschichte erzählt man sich auch noch in dreißig Jahren ...

Geschichten besitzen nicht nur einen hohen Erinnerungswert, sondern sind auch ein höchst wirksames und einprägsames Kommunikationsmittel. Interessant erzählte Geschichten helfen den Menschen, Zusammenhänge zu verstehen, und sind der intuitive Weg, Informationen weiterzugeben. Dabei steht weniger die Sachlage im Vordergrund als vielmehr die Absicht, zu berühren, Erfahrungen weiterzugeben und die eigene Sicht der Dinge darzustellen.

Das trifft auch in ganz besonderem Maße auf den Maschinenbauer Felss aus Königsbach-Stein bei Stuttgart zu. 2007 hatte Felss vor dem Kadi ein wichtiges Patent gegen einen Konkurrenten aus dem Nachbarort verteidigt. Und das erfolgreich. Doch mit dem Sieg vor dem Richter ist das so eine Sache. Irgendetwas bleibt bei den Kunden immer hängen. „Wir standen vor der Alternative, ob wir unseren Namen mit weiteren Gerichtsverhandlungen reinzuwaschen versuchen oder einen ganz anderen Weg gehen", sagt Felss-Geschäftsführer Winfried Richter. Und weiter: „Wir fanden es cooler, einen Krimi zu schreiben, als den Streit vor

**Oder sind Sie das Publikum für die Geschichten anderer?**

Gericht fortzusetzen. Wir erzählen in diesem Buch unsere Geschichte, die Geschichte unserer Innovation und unserer Innovationsfreude." Für einen bodenständigen Maschinenbauer ist das eine sehr ausgefallene Idee, fanden wir. Das Unternehmen ließ sich auch abseits der Metallverarbeitung von seinen Mitarbeitern inspirieren und veröffentlichte den Patentstreit unter dem Buchtitel: „Das Patent". Wie auch sonst? Man denke nur an Businessromane mit Titeln wie „Der Termin" oder „Das Ziel". Oder an die Weltbestseller von John Grisham: „Der Klient", „Die Jury", „Das Urteil", „Die Firma". Mit dem Buch schaffte es das Unternehmen, seine Sicht der Dinge darzustellen, und das ist allemal eleganter, als den Streit durch weitere Gerichtstermine unendlich zu verlängern. Was jetzt in der Branche hängen bleibt, ist doch klar: Die sind aber mutig! Und: Abgefahrene Idee! Oder: Die haben sich das nicht gefallen lassen. Auch wenn es „Das Patent" vielleicht nicht auf die Bestsellerlisten schafft, den „Weg ins Bücherregal des Mitbewerbers aus dem Nachbarort hat es vielleicht schon heute gefunden", heißt es bei Felss.

Felss Unternehmensgruppe: Krimi statt Prozesslawine

Der Aufbau einer guten Geschichte folgt oft einem ganz einfachen Muster: Was war am Anfang (= das Problem)? Wer (= der Held) tat was (= die gute Tat) mit wessen Hilfe (= gute Fee)? Wo lauerten Gefahren (= das Abenteuer)? Wie ging das Ganze aus (= der Sieg, das Happy End)?

Diesem Muster folgt auch die Geschichte des Bremer Schokoladenherstellers Hachez. Das Problem, mit dem sich Hachez konfrontiert sah, ist schnell erklärt: Obwohl der Schokoladenhersteller seine Preise erhöhte, bot die US-Supermarktkette Wal-Mart, deren deutsche Filialen heute zum

88

Düsseldorfer Metro-Konzern gehören, die Bremer Qualitätsschokolade weiterhin als günstigen Lockartikel an. Hachez-Inhaber Hasso Nauck bat Wal-Mart, binnen 24 Stunden die Preise zu erhöhen. Aber es passierte nichts. Daraufhin ließ er seine Verkäufer in die Wal-Mart-Filialen ausschwärmen und sämtliche Schoko-Vorräte aufkaufen. Auf die Bitte von Wal-Mart um Nachschub reagierte Nauck mit den Worten: „Das klappt nicht so schnell, wir haben Lieferengpässe." Erst als Wal-Mart versprach, die Preiserhöhung an die Verbraucher weiterzugeben, setzte sich die Maschinerie wieder in Bewegung. „So was spricht sich herum und schreckt Nachahmer", kommentierte Nauck die Aktion später.

„Derjenige, der die beste Geschichte erzählt, gewinnt", sagt auch unser Lieblingsfernsehanwalt Danny Crane aus der amerikanischen Anwaltsserie „Boston Legal". William Shatner glänzt in dieser Fernsehserie als verwirrter Lustgreis, der am liebsten nur zwei Worte hört: Danny Crane! Der Staranwalt, dessen größte berufliche Erfolge schon lange zurückliegen, hält sich tragischerweise immer noch für den Besten der Besten – in Wahrheit wird Danny aber langsam senil und kämpft herrlich selbstironisch gegen Halbdemenz und Altersmarotten. Dass Danny mit seinem Ausspruch nicht nur für die

**Haben Sie auch eine Story Ihres Lebens?**

fiktionale amerikanische Anwaltswelt goldrichtig liegt, zeigen die unglaublichen Geschichten findiger und leidenschaftlicher Unternehmer. Sie erzählen, warum ihr Unternehmen da ist, was sie gemeinsam mit ihren Leuten bewegen und wie sie die Welt jeden Tag ein kleines Stück besser machen wollen – und lösen damit einen geradezu „viralen" Effekt aus. Das Gleiche gilt übrigens auch für uns alle. Isabel Allende hat mal gesagt: „You are the storyteller of your own life, and you can create your own legend or not." Haben Sie auch eine Story Ihres Lebens? Eine Geschichte, die Sie erzählen wollen, einen Plan, dem Sie folgen? Oder sind Sie noch immer lediglich das Publikum für die Geschichten anderer?

„Ihre Zimmernummer bitte!"

Es war 6.30 Uhr morgens im Frühstücksraum eines durchgestylten Vier-Sterne-Plus-Hotels in einer deutschen Millionenstadt.

„Anja Förster, Zimmer 244. Übrigens: GUTEN MORGEN!" Keine Reaktion. Ich war sauer. So richtig sauer. Mein Flieger ging kurz nach 8 Uhr. Deshalb hatte ich mich am Abend vorher an der Rezeption erkundigt, ab wann ich frühstücken könnte. Ab 6.30 Uhr, hatte es geheißen.

Jetzt stellte sich heraus: Ab 6.30 Uhr BETRATEN die Mitarbeiter gerade erst den Frühstücksraum. Und begannen damit, das Frühstück VORZUBEREITEN. Allerdings auch nicht alle. Vier Mitarbeiter standen nur da und quatschten. Zwei andere zogen Frischhaltefolien von Porzellanschüsseln und begannen in aller Gemütsruhe, Warmhalteplatten in Betrieb zu nehmen.

Und als ich – der Gast – es wagte, hier hereinzuschneien, hieß es nicht mal „Guten Morgen", sondern nur: „Ihre Zimmernummer bitte!"

Ich setzte mich an einen Tisch und sah mich um. Die Möbel: Designklassiker. Die Bilder an den Wänden: Originale zeitgenössischer Künstler. Die Bedienung: zählte Teller und machte Häkchen auf einer Checkliste.

„Hallo, ich hätte gern einen Milchkaffee", rief ich, nachdem ich eine gefühlte Viertelstunde ignoriert worden war. Der Tellerzähler, dessen Körpergröße und fehlende Haarpracht spontan an einen Deoroller erinnerten, drehte sich zu mir um und zog einen Flunsch bis zum Teppichboden. Kundenservice wurde in diesem Hotel ganz offensichtlich als Zeichen der Schwäche ausgelegt.

Ich stand auf und ging. Man bekommt auch am Flughafen ein Frühstück.

# Warum Bilanzen
# keinen Sinn stiften

Lufthansa Lounge:
Frühstück gibt's auch hier

Eigentlich waren wir gewarnt worden. „Erzählt positive Geschichten!", hatte unser Verlag uns eingeschärft. „Bloß nicht so ein Servicewüste-Deutschland-Gejammer. Das ist durch. Das interessiert keinen mehr. Euer Buch lebt von positiven Geschichten!" Stimmt ja auch. Aber

dann mitten in der Manuskriptarbeit so ein Erlebnis! Jetzt ist die Geschichte drin im Buch. Und hoffentlich liest sie der Hoteldirektor und erkennt seinen Laden wieder ... Aber mal im Ernst: Um das Servicewüste-Thema geht es uns hier gar nicht. Sondern um die klaffende Lücke zwischen dem Konzept, dem Marketing, dem Anspruch des Hotels und der von den Mitarbeitern im Alltag gelebten Wirklichkeit. Was nützt das edelste Design, wenn man bedient wird wie in einer Magdeburger HO-Gaststätte unter Honecker? Das Einzige, was hier noch fehlte, war der Zwangsumtausch!

Tu, was du sagst! Walk your talk! Lebe dein Konzept! Das Beispiel zeigt drastisch: Es sind die Menschen in einem Unternehmen, die dessen Spirit leben – oder eben nicht. Maschinen und Anlagen, Möbel und Kunstwerke, Computer und Fuhrparks können keinen Spirit erzeugen. Sie können die Sinndimension eines Unternehmens bestenfalls symbolisieren und hin und wieder ein wenig verstärken. Aber es sind nie die Posten in der Bilanz, die Sinn stiften – sondern immer die Menschen.

Die Frage ist bloß: Wie gelingt es Unternehmen, dass ihre Prinzipien von den Mitarbeitern auch gelebt werden? Wie sorgt man dafür, dass sich die Lücke zwischen Anspruch und Wirklichkeit schließt? Soll man alle Leute rausschmeißen und sich passendere suchen? Das kann nicht die Lösung sein. Schon weil die vermeintlich Besseren meistens nur andere Schwächen haben. Wir glauben: Wer ein Unternehmen haben will, dessen Spirit von jedem einzelnen Mitarbeiter gelebt wird, der muss eine Kultur des „Forderns und Förderns" schaffen, wie sie beispielsweise Reinhold Würth in seinem

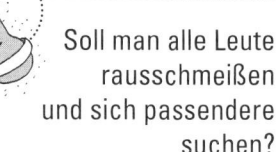

**Soll man alle Leute rausschmeißen und sich passendere suchen?**

„Schraubenladen" eingeführt hat. Und der muss mit vielen Einzelmaßnahmen dafür sorgen, dass aus den Beschäftigten ein Team und aus dem Team ein Ensemble wird. Denn in einem Ensemble ist jeder ein Individuum und lebt dennoch den gemeinsamen Geist.

Würth, der sich sein Leben lang mit großer Leidenschaft um sein „wichtigstes Kapital", die Mitarbeiter seines Unternehmens, gekümmert hat, setzte auf verschiedene Strategien, um seine Leute zu Höchstleistungen anzuspornen: Das Unternehmen bildet seine Mitarbeiter nicht nur an der firmeneigenen Würth-Akademie aus, sondern bringt ihnen auch kulturelle Aspekte näher. Nicht zufällig, denn Würth besitzt eine inzwischen rund 7.000 Werke umfassende Kunstsammlung, die Mitarbeitern und Öffentlichkeit unter anderem im firmeneigenen Museum in Künzelsau und in der 2001 eröffneten Kunsthalle Würth in Schwäbisch Hall kostenlos präsentiert wird. Gefördert wird neben Kunst-, Kultur- und Geschäftssinn auch das Verantwortungsbewusstsein der Mitarbeiter, die bei Würth keinem Kontrollzwang von oben unterliegen, sondern selbstbestimmt arbeiten und Entscheidungen treffen. „Die kompromisslose Einführung der Gleitzeit ohne Zeiterfassungsgeräte sorgte für zusätzliche Motivation." Aber natürlich veranstaltet ein Unternehmen wie Würth keine Kuschelparty: Die Devise heißt schließlich

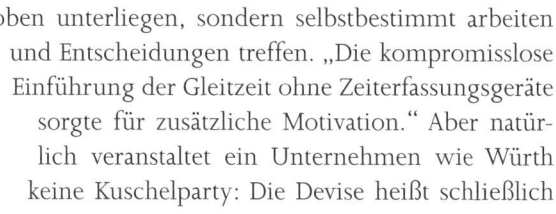

fördern und **fordern**. Wer gut ist, erhält großzügige Prämien. Aber dafür muss die Leistung auch stimmen. Und das nicht nur bei den Mitarbeitern, sondern auch – und gerade – bei den Managern, die das „Wir-von-Würth-Gefühl" vorleben.

Die einzigen Leitbilder, Werte und Philosophien, die in einem Unternehmen zählen, sind diejenigen, die sich darin zeigen, wie alle Mitarbeiter zu allen Zeiten handeln. Und wenn wir sagen **alle Mitarbeiter**, dann meinen wir **alle Mitarbeiter**. Aber insbesondere jene mit Führungsverantwortung. Wenn ein engagierter Chef, Manager oder auch ein Mitarbeiter will, dass andere ihm in dem, was er tut, folgen, dann hilft kein Druck, keine gekünstelte Autorität, sondern nur das authentische Vorbild.

Einen Schwachpunkt hat dieses Prinzip allerdings, das müssen wir zugeben: Wenn ein solches Vorbild plötzlich in den Schlagzeilen unter dem Stichwort „Steuerhinterziehung" auftaucht, ist das für die Firma natürlich eine viel größere Katastrophe als die Verfehlungen von Technokratenbossen in Firmen, die eher wie Maschinen funktionieren und wo auch die größten Zahnräder austauschbar sind. Die Verantwortung eines Vorbilds ist immens.

**Die Marke eines Unternehmens, das sind die Menschen**

Doch nur so funktioniert es: Indem andere sehen, wie jemand durch positives Handeln tatsächlich Spuren hinterlässt, wird dieser Jemand ganz automatisch Verbündete und Nachahmer finden, die sich von ihm anstecken lassen und es ihm gleichtun wollen. Und diese Nachahmer werden nicht länger wie kleine Kinder darauf warten, bis ihnen jemand Anweisungen gibt, sondern von sich aus die Botschaft weitertragen, sich verantwortlich fühlen, spontane Ideen und Lösungen für Probleme entwickeln.

Um das zu erreichen, muss man sich immer wieder eines klar machen: Die Marke eines Unternehmens sind nicht das Firmenlogo oder die Produkte, die als Aushängeschilder eines Ladens dienen. Die Marke, das sind die Menschen, die tagtäglich in diesem Unternehmen arbeiten und dort einen Großteil ihrer Lebenszeit verbringen. Viel Zeit, die sie entweder dafür nutzen können, morgens erst einmal den Gummibaum mit der Gießkanne zu versorgen und dann das Leberwurstbrot aus der Aktentasche zu holen, um in geselliger Runde gemeinsam mit den Kollegen über den fiesen Chef abzulästern. Oder viel Zeit, die die Menschen dazu nutzen können, engagiert für das Unternehmen zu arbeiten. Ihr Bestes für die Kunden zu geben und mit Eigeninitiative, Kreativität und Leidenschaft an großartigen Projekten zu arbeiten. Der Unterschied zwischen den Menschen, die ihre Arbeitszeit so schnell und schmerzlos wie möglich hinter sich bringen wollen, und denen, die sich mit Engagement und Kreativität für ihre Sache einsetzen, liegt nicht darin, dass die einen eben „faule Säcke" sind und die anderen nicht. Der Unterschied liegt

Mit Eigeninitiative,
Kreativität
und Leidenschaft
an großartigen
Projekten arbeiten

in der Denkhaltung der jeweiligen Führungsetage. Chefs, die ihre Mitarbeiter wie unmündige Vasallen behandeln, werden auch nur abhängige Befehlsempfänger in ihren Reihen haben. Und noch etwas: Höflinge und Vasallen mögen noch so hart arbeiten, aber sie tun dies **niemals** mit Leidenschaft. Und dieser Unterschied ist alles entscheidend, in einer Welt, in der Wohlstand von Kreativität abhängt.

In Unternehmen, die die Bedeutung von Talentmanagement verstanden haben, hat dieses Thema höchste Priorität. So ließ etwa Ernst Baumann, der Personalvorstand von BMW, vor einiger Zeit verlauten: „Unser Ziel ist, bei den relevanten Zielgruppen Wirtschaftswissenschaftler und Ingenieure zur Top 3 der beliebtesten Arbeitgeber zu gehören." In Deutschland haben die Autobauer aus München dieses Ziel locker erreicht und stehen seit sechs Jahren hintereinander auf Platz 1. Laut „Spiegel" errang BMW 2007 einen klaren Doppelsieg: Examensnahe Studenten der Ingenieurs- und Wirtschaftswissenschaften haben die Münchner auch diesmal wieder zum beliebtesten Arbeitgeber gekürt.

Markenmanagement ist immer auch Talentmanagement. Das ist kein Argument, von dem Sie einen Fußballtrainer erst noch überzeugen müssen. Wäre ja auch ein Witz, wenn ein Bernd Schuster, ein José Mourinho oder irgendein anderer Trainer eines Top-Fußballclubs sagen würde: Für Personal und Recruiting ist der Personalonkel zuständig, ich nicht! Das Gleiche gilt für Chefs von Weltklasse-Orchestern oder hervorragenden Ballett-Ensembles. Bei diesen Leuten wird das Thema Talent immer an erster Stelle stehen. Aber in der Wirtschaft scheint das nicht so selbstverständlich zu sein. Leider sind Mitarbeiter immer noch so ziemlich der unwichtigste Punkt auf der Agenda vieler Chefs. Da geht es beim Vorstandsmeeting zuerst einmal um die aktuellen Geschäftszahlen, dann um die Budgetabweichungen, gefolgt von den Umsatz- und Gewinnprognosen für die nächsten Monate, gewürzt mit einem kleinen Ausblick auf das, was die Konkurrenz gerade so macht. Ach ja, und wenn dann noch ein bisschen Zeit ist, beschäftigt man sich auch noch für zweieinhalb Minuten mit dem Thema Personal. Aber leider ist die Zeit viel zu kurz, denn schon ruft die nächste Sitzung ...

Das Problem: In vielen Unternehmen fehlt es an Einsicht in die strategische Rolle der Personalarbeit. Thomas Sattelberger, Personalvorstand der Telekom, hat das Dilemma einmal so beschrieben: „Personaler gelten oft noch als Ausputzer, die anderen den Rücken gegenüber Arbeitnehmervertretungen und Personalfragen freihalten, Arbeitskonflikte bewältigen und die Administration abwickeln. Aber wenn ein Unternehmen nicht die Talente bekommt, die es braucht, verpufft die beste Innovationsstrategie." Wir sagen dazu: Amen.

Nicht nur die Personaler, sondern jede einzelne Führungskraft ist für das Thema Talentmanagement verantwortlich. Was Chefs nicht konsequent vorleben, kann keine Personalabteilung allein retten. Und selbst wenn Personaler ihren Job todernst nehmen, werden sie nie viel bewegen können, solange der Chef nicht dahintersteht. Um zu überprüfen, wo sie selbst stehen, sollten sich Führungskräfte mal folgende Frage stellen: Sind wir im Bereich Personal genauso kreativ und engagiert, wie wir es im Bereich Marketing oder Produktentwicklung sind?

**Jede einzelne Führungskraft ist für das Thema Talentmanagement verantwortlich**

Wenn sich ein Unternehmer dazu entschieden hat, das Thema Personal auf seiner Prioritätenliste nach ganz oben zu setzen, weil er versteht, wie entscheidend ambitionierte, leidenschaftliche und kreative Mitarbeiter für seinen Erfolg sind, stellt sich die nächste Frage: Wie und wo findet man solche Mitarbeiter? Klar, man kann seinem Bauchgefühl folgen und einfach sagen: „If I meet anyone who's fucking good, I'll employ them, too." Das hat zumindest Promi-Koch Jamie Oliver in einem Interview mit der Tageszeitung „The Independent" behauptet. Und ja, man sollte bei jedem Bewerber durchaus auf seine innere Stimme hören. Glücklicherweise gibt es aber neben dem eigenen untrüglichen Instinkt noch andere Kriterien, nach denen man sowohl potenzielle Bewerber als auch langjährige Mitarbeiter beurteilen kann.

Vor einiger Zeit haben wir in Wien einen Vortrag von Jack Welch gehört. Er hat über seine Beurteilungskriterien von Mitarbeitern gesprochen und sie seinen Zuhörern anhand einer Matrix verdeutlicht. Die ist ganz einfach zu merken: Stellen Sie sich einen quadratischen Garten vor, der zwischen Haus und Straße liegt. Der Nachbar rechts ist dem Gärtner wichtig, der Nachbar links ist ihm piepegal. Der Mann mit dem grünen Daumen steht auf eine klare Geometrie und hat seine Pflanzen in vier Kategorien eingeteilt: Seine Stars sind die Rosen, sein ganzer Stolz. Die platziert er möglichst ganz vorne und außerdem auf der rechten Seite, um sowohl bei den Passanten als auch bei seinem Lieblingsnachbarn Eindruck zu schinden. Das ist der erste Quadrant.

Die zweite Kategorie sind seine High Potentials, seine Entwicklungsfähigen, seine Edelstauden: Rittersporn, Orientlilien, Sonnenbraut und andere. Die sind nicht so glamourös wie seine Rosen, aber er hat sie ganz besonders gerne, und je länger der Sommer dauert, desto spektakulärer setzen sie sich in Szene. Deshalb kommen auch sie ganz nach vorne zur Straße, links neben die Rosen. Das ist der zweite Quadrant.

Dann sind da die Gefährlichen. Einerseits wirken sie spektakulär, wenn sie blühen, aber andererseits stellen sie für den Garten ein großes Risiko dar: Wenn sie nicht blühen, und das kommt vor, verschandeln sie den ganzen Garten: Außerdem ziehen sie Schädlinge an. Kaiserkronen und andere unsichere Kandidaten sind das. Die kommen nach rechts Richtung guter Nachbar, damit sie, wenn es gut läuft, doch noch ein wenig Wirkung entfalten, aber nicht nach vorne, sondern nah am Haus, dann hat er sie auch besser unter Kontrolle. Das ist der dritte Quadrant.

96

Die Schmuddelecke des Gartens ist nah am Haus auf der linken Seite. Dort spart er sich die Mühe und lässt Unkraut und Zugeflogenes wachsen. Ist ja doch hoffnungslos. Hier sprießen all die Verirrten, die in einem Ziergarten eigentlich nichts verloren haben. Das ist der vierte Quadrant.

Eines Tages gibt ihm sein guter Nachbar einen Tipp: Quadrant eins und zwei sind topp. Mach sie größer, zieh sie bis zum Haus. Quadrant drei und vier brauchst du nicht. Reiß alles raus und schaffe Platz für noch mehr Rosen und Prachtstauden!

Übersetzen wir das Ganze in die Personalwelt: Jack Welch nimmt zwei Kriterien, Werte und Leistungsfähigkeit, und bildet daraus vier Gruppen. Für ihn sind die besten Mitarbeiter diejenigen, die die richtigen Werte für ihr Unternehmen verkörpern und gleichzeitig den betriebswirtschaftlichen Erfolg nicht aus den Augen verlieren. Menschen, die in beiden Dimensionen sehr gut sind, sind ganz klar die „Stars" eines Unternehmens. Die sollte jeder Chef unbedingt zu halten oder für das Unternehmen zu gewinnen versuchen. Dann gibt es noch die Mitarbeiter, die zwar die richtige Einstellung und die für das Unternehmen wichtigen Werte leben, die aber noch

**Schaffe Platz für noch mehr Rosen und Prachtstauden!**

nicht so gute Zahlen bringen – das sind die „Entwicklungsfähigen". In diese Menschen lohnt es sich zu investieren. Denn durch die richtigen Fördermaßnahmen können sie lernen, auch betriebswirtschaftlich erfolgreicher zu sein. Aber die aus der Sicht des Unternehmens richtigen und wichtigen Werte zu leben, das kann Menschen nicht per Training andressiert werden. Entweder sie haben diese Grundhaltung – oder aber nicht. Indirekt sagt Welch damit auch: Zahlen lassen sich leichter verstehen als Spirit. Auf den muss man sich nämlich einlassen **wollen**.

Richtig aufpassen müssen Führungskräfte vor allem auf die dritte Gruppe, die der „Gefährlichen". Das sind Leute, die zwar immer ihre Zahlen schreiben und die betriebswirtschaftlichen Ziele erreichen, aber in keiner Weise den Spirit des Unternehmens verkörpern. Sie stehen nicht für Werte – nur für gute Zahlen. Die Gefahr dabei: In vielen Unternehmen werden genau diese Leute ge- und befördert. Sie gewinnen an Einfluss und umgeben sich bald mit Leuten, die ebenso ticken wie sie – und ganz plötzlich spielen die so wichtigen Werte im Unternehmen keine Rolle mehr. Wir haben den Prototypen des Zahlenwahn-Unternehmens im achten Kapitel beschrieben. Hier die Reißleine zu ziehen und sich von Leuten zu trennen, die zwar in der Lage sind, für gute Zahlen zu sorgen, aber auf Firmenphilosophie und -spirit keine Rücksicht nehmen, ist klare Führungsaufgabe.

Die vierte Sorte Mitarbeiter bezeichnet Jack Welch als „Verirrte". Sie verkörpern weder die für das Unternehmen wichtigen Werte noch bringen sie gute Zahlen. Ganz klar: Die müssen aus dem Unternehmen raus – und zwar so schnell wie möglich. Solche Mitarbeiter tun zwar niemandem etwas zu Leide, aber sie tun auch nichts für das Unternehmen, Kunden oder die Kollegen. Und ihnen tut wiederum niemand einen Gefallen damit, sie aus Mitleid mitzuschleppen und ihnen mit Watte ausgepolsterten Raum zu schaffen – weil dies ganz offensichtlich nicht der richtige Platz für sie ist.

Fazit: Klare Werte nützen nichts, wenn deren Umsetzung im Unternehmensalltag keine Priorität hat. Um Werten wirkliche Bedeutung zu verleihen, müssen Unternehmen Mitarbeiter fördern, die diese Werte leben. Diejenigen, die diese Werte nicht teilen, sollten weder eingestellt noch befördert werden – gleichgültig, wie beeindruckend ihre Vita oder ihre betriebswirtschaftlichen Erfolg auch sein mögen.

Wir wollen dieses Kapitel nicht beenden, ohne Ihnen noch von einem positiven Beispiel aus dem Hotelgewerbe zu erzählen, dem Hotel Schindlerhof bei Nürnberg – ein echter Familienbetrieb im besten Wortsinn. Neben Renate und Klaus Kobjoll leitet seit 2000 auch Tochter Nicole das mittelständische Unternehmen, in dem 79 „Mitglieder eines Ensembles Forscher auf dem Gebiet der Herzlichkeit" tätig sind. Sie haben richtig gelesen, der Schindlerhof beschäftigt nicht Personal, Angestellte oder Mitarbeiter, sondern Ensemble-Mitglieder. Beim Schindlerhof redet man auch nicht von einer Unternehmenskultur, sondern von einer Spielkultur. Genauso, wie auch keine Arbeitsverträge ausge-

**Dahinter steht ein durchdachtes und gelebtes Konzept**

handelt oder Kündigungen ausgesprochen werden, sondern Spielverträge angeboten werden und vom Ende eines Engagements gesprochen wird. Und deshalb hat der Schindlerhof auch kein Personalbüro, dafür aber ein eigenes Castingbüro für seine Ensemble-Mitglieder und „Mitunternehmer-Innen", wie die Mitarbeiter auch genannt werden. Diese Begrifflichkeiten klingen zunächst einmal etwas gewöhnungsbedürftig. Keine Frage. Aber wer hinter diesen Worten eine entseelte Floskelsprache und das kreativistische Deutsch der offiziellen Schindler-

Nürnberg: Herzlicher Service vom Team des Schindlerhofs

hof-Unternehmensdarstellung vermutet, wird bei seinem Besuch in Nürnberg eines Besseren belehrt. Dahinter steht ein durchdachtes und gelebtes Konzept. Und schon beim ersten Besuch auf dem Schindlerhof, spürt das jeder Besucher.

Die Buchautoren William Taylor und Polly LaBarre schreiben in ihrem Buch „Mavericks at Work" über eine solche authentische Unternehmenssprache, die viele Unternehmen pflegen, die sich als Sinnstifter begreifen. In diesen Unternehmen gilt die Devise: Keine Schlagworte, keine Abkürzungen, keine verbalen Trümmerhalden, die im Unternehmen so gern aufgeschüttet werden. Es geht um eine lebendige, authentische und hausgemachte Sprache, in der sich die Kernwerte des Unternehmens widerspiegeln und die verdeutlicht, wie die Organisation im Wettbewerb agiert, wie die Mitarbeiter arbeiten, warum man erwartet, erfolgreich zu sein, und was es bedeutet, im Wettbewerb die Nase vorn zu haben.

Also: Die **eigene** Sprache sprechen, statt tote Buchstaben, Floskeln, Wortmüll und Abkürzungssalat zu produzieren. Und natürlich beschreibt man mit so einem firmeneigenen Vokabular auch seine Mitarbeiter und Kunden. Das macht einen riesigen Unterschied und verrät viel darüber, ob ein Unternehmen von Spirit getragen wird – oder nicht. Wenn man Begriffe wie Mannschaft verwendet, dann hat jeder gleich das Bild eines Sportteams vor Augen. Wenn man hingegen immer bloß von Beschäftigten redet oder – noch schlimmer – von einer „Belegschaft", dann sagt das auch einiges über ein Unternehmen aus. Genauso hat ein Gast gleich eine Assoziation bei Wörtern wie Mitunternehmer oder Ensemble. Letzteres erinnert ans Theater, an ein Orchester oder ans Ballett. Und das ist durchaus gewollt, denn Restaurant, Tagungsbereich und Hotel des Schindlerhofs sind die Bühne, auf der die Ensemble-Mitglieder tagtäglich ihren Auftritt haben. Und ebenso wie professionelle Schauspieler, Musiker oder Tänzer genau wissen, was sie tun. Und die Gäste? Sind die Zuschauer, deren Sinne verwöhnt werden. „Gäste wollen auf eine charmante Art und Weise verführt werden", erzählt uns Nicole Kobjoll, „am liebsten von Menschen, die von ihrer Sache begeistert sind und dafür brennen." Wie im Theater, Ballett oder Konzert eben.

Diese Einstellung verfehlt ihre Wirkungen nicht: 2007 wurde der Schindlerhof zu einem der „Best Workplaces in Europe" gewählt und 2008 erneut als einer der besten Arbeitgeber Deutschlands ausgezeichnet. Das zeigt deutlich: Hier besteht das Ensemble aus Verbündeten, die sich voll und ganz einbringen. „Wir streben keine Preisführerschaft, sondern eine Ideenführerschaft an", erklärt Nicole Kobjoll. Die Mitglieder des Schindlerhof-Ensembles haben das verstanden und reichen rund 700 Verbesserungsvorschläge pro Jahr ein – von denen 83 Prozent auch umgesetzt werden.

**„Wir streben keine Preisführerschaft, sondern eine Ideenführerschaft an."**

Auf der Homepage heißt es dazu: „Alle MitunternehmerInnen setzen ihr Wissen und ihr Können dafür ein, neue und bessere Lösungsmöglichkeiten zu finden. Auch Gutes kann verbessert werden. Veränderungen werden nur dann nicht mehr vorgenommen, wenn sie keine Verbesserungen mehr bewirken." Die Ideen reichen von Lesebrillen, die man sich für die Zeitungslektüre oder die Speisekarte im Restaurant ausleihen kann, über Sonnenbrillen und Insektenspray für die Sommerterrasse bis hin zu aktuellen Radarfallenwarnungen, die am Ausgang des Hotels aushängen. Und das sind nur einige wenige Details. Die Zufriedenheit der Gäste ist enorm hoch. Genauso wie die Produktivität der „MitunternehmerInnen". Sie ist, laut Nicole Kobjoll, im Vergleich zum üblichen Branchendurchschnitt etwa doppelt so hoch. Weil sich die Menschen ernst genommen fühlen und wissen, dass es auf sie ankommt – alleine und als ganzes Ensemble. Das Credo des Schindlerhofs ist unserem eigenen Leitmotiv dieses Buchs übrigens erstaunlich ähnlich. Es lautet: „Du kannst deine Entscheidung selbst treffen."

„Is that your family, Rohid?"

Wir waren seit fünf Tagen in Delhi und hatten am zweiten Tag dieses Fitnesscenter entdeckt. Rohid war jeden Morgen zur selben Zeit neben uns auf dem Laufband. Nach dem Duschen zog er immer schnell seinen dunklen Anzug an und machte sich auf den Weg zu seinem Schreibtisch bei einer der größten Versicherungen Indiens. Wir waren so neugierig auf das Leben einer indischen Führungsnachwuchskraft, dass uns vor lauter Smalltalk auf dem Laufband fast die Puste ausging.

„Indeed", antwortete Rohid und strahlte über das ganze Gesicht. Er hatte tatsächlich seinen jüngeren Bruder, zwei seiner Schwestern und die Mutter mit ins Fitnesscenter gebracht. Sie alle hatten sichtlich Spaß und schienen sich gut zu fühlen.

Dieser indische Familien-Spirit war uns das erste Mal beim Ausfüllen unseres Visumsantrags aufgefallen, bei dem neben allerlei Auskünften zur eigenen Person auch der Name des Vaters und dessen Geburtsdatum einzutragen sind. Im Flugzeug hatten wir dann in einem Artikel der Zeitschrift „Fast Company" gelesen, dass bei Bewerbungsgesprächen von indischen Uni-Absolventen fast immer der Vater des Bewerbers oder der Bewerberin dabei sei. Wir konnten das kaum glauben und fragten deshalb Rohid danach.

Doch, doch, das sei so, bestätigte der Jungmanager. Auf Europäer wirke das sicher ein wenig anachronistisch, fügte er augenzwinkernd hinzu. Aber so sei hier nun einmal die Tradition.

Ob es in Indien auch Tradition sei, dass Familien geschlossen ins Fitnessstudio gehen, fragten wir scherzhaft.

„Oh, no", lachte Rohid. In seiner Firma bekomme bloß jede Führungskraft kostenlos eine Jahreskarte für dieses Gym. Und zwar eine für die ganze Familie!

# Wie man es schafft, Talentmagnet zu werden statt Mitarbeiter zu rekrutieren

Nicht jeder Mitarbeiter ist ein Top-Talent. In vielen Unternehmen gibt es auch genau das Gegenteil: die Dampfplauderer, deren Selbstbewusstsein von keinerlei Sachkenntnis getrübt wird, die testosterongesteuerten Aufmerksamkeitsheischer und Möchtegern-Stars, die lediglich Atemluft verbrauchen und in Meetings die Kekse wegfuttern. Auch ist nicht jeder Jungdynamiker und arrogante Streber automatisch ein Top-Talent, auch wenn sich seine Vita noch so beein-

druckend liest. Der dreifache MBA und ein IQ über 160 bedeuten noch lange nicht, dass dieser Mensch eine Top-Leistung bringt.

Warum? Ob jemand eine Top-Leistung bringt, hat vor allem etwas mit der Passgenauigkeit von Top-Talent und Organisation zu tun – und das ist sicherlich nicht immer ganz einfach. Management-Autor Reinhard Sprenger hat mal gesagt: „Für das berufliche Lebensglück sind zwei Forderungen hilfreich. Die erste heißt: Lebe dein Talent. Und die zweite lautet: Gehe dahin, wo dein

Udaipur, Indien: Peter mit seinem Personal Trainer

Talent auch gewollt ist." Genau so ist es! Jedes Unternehmen hat andere Bedürfnisse. Jedes Unternehmen agiert auch in einem anderen Umfeld. Talent ist deshalb eine sehr situative Angelegenheit. Ein finnischer Ökostromanbieter braucht andere Talente als ein amerikanischer Automobilzulieferer. Und für einen indischen Versicherer gelten wieder andere Regeln.

Alle Top-Talente – egal in welchem Marktumfeld und in welchem kulturellen Kontext – haben jedoch auch Dinge gemeinsam. Sie haben eine Begabung, die sie unverwechselbar und unersetzbar macht. Sie sind bei dem, was sie tun, wirklich „alles, außer gewöhnlich". Und: Sie setzen sich, gemeinsam mit anderen, leidenschaftlich für ein gemeinsames Ziel ein. Diese Menschen verfügen über einen wachen Verstand und die richtige

**Nullen, Querulanten und Spesenritter**

Einstellung. Die 100.000-Euro-Frage ist: Wie finden Unternehmen solche Top-Talente? Der Casting Director vom Cirque du Soleil beantwortet diese Frage so: „Es ist nicht unsere Aufgabe, Leute einzustellen. Unsere Aufgabe ist es, Leute zu finden, an die wir glauben." Dieses Unternehmen, für das die Genrebezeichnung „Zirkus" so passend ist, wie wenn man die Rolling Stones als „Tanzkapelle" bezeichnet, ist ein Global Player der Unterhaltungsindustrie und ein Talentmagnet der Extraklasse. Und so ist es nicht weiter verwunderlich, dass es der Cirque du Soleil als seine Aufgabe ansieht, Talente zu entdecken – lange bevor ein konkreter Job ausgeschrieben wird. Man sammelt quasi Talente auf Vorrat. Na ja, die sind ja auch im Show-Geschäft, hören wir da so manchen herablassend murmeln. Aber ein Unternehmen wie der Cirque du Soleil macht auch nichts anderes, als seine Produkte anzubieten. Und wenn die nur mittelmäßig sind, muss er sein Zelt bald gar nicht erst aufstellen.

Eins ist jedenfalls klar: Mit den klassischen Bewerbungsgesprächen lassen sich recht einfach die Nullen, Querulanten und Spesenritter rausfiltern. Aber der schwierige Part beginnt, wenn es um die wirklich guten Leute geht. Wir kennen das Szenario aus unserer eigenen Erfahrung in Unternehmen nur allzu gut. Nach dem Gespräch mit dem 105. Bewerber sitzen die Führungskräfte ermattet am Konferenztisch. Sie sind unter Druck, die offene Stelle so schnell wie möglich zu besetzen. Irgendwann sagt dann einer: „Kandidat 67 war doch ganz gut. Lasst uns ihm ein Angebot machen." Das aber ist genau der Zeitpunkt, an dem der oberste Chef sagen muss: „Nein. Ganz gut ist für uns nicht gut genug." Keine Abstriche bei der Qualität der Talente zu machen, das ist der entscheidende Punkt.

Die richtigen Talente zu finden, erfordert vor allem **Disziplin**: In Perioden rasanten Wachstums besteht allerdings immer die Gefahr, dass zu schnell zu viele neue Leute eingestellt und dann Abstriche bei der Qualität als notwendiges Übel in Kauf genommen werden. Ein Schuss, der gewaltig nach hinten losgehen kann. Ein Unternehmen, das Talentmanagement ernst nimmt, darf keine Kompromisse bei der Qualität der Neueinstellungen machen. Noch mal zur Klarstellung: Top-Qualität bedeutet nicht, dass es sich zwangsläufig um Kandidaten handeln muss, die einen Lebenslauf vorlegen, der so linear verläuft wie Euklids Definition einer Geraden.

Was benötigen Unternehmen also, um die für sie passenden Top-Talente zu finden? Vor allem drei Dinge. Erstens müssen sie „Talentmagnete" werden, also Top-Leute anziehen. Warum Talentmagnet? Stars ziehen Stars an, Verlierer ziehen Verlierer an. Aber viel entscheidender ist: Ein Unternehmen, das sich damit zufrieden gibt, seine Büros und Werkshallen mit durchschnittlichen Befehlsempfängern zu füllen, die sich gemütlich im wohligen Mief der Mittelmäßigkeit einrichten, während sie auf die nächste Anweisung warten, wird keine überdurchschnittlichen Ergebnisse erzielen. Wie auch? Mittelmäßige Ideen und mittelmäßige Leistungen führen zu mittelmäßigen Ergebnissen. Der Stratege für

Human Resources, John Sullivan, hat mal gesagt: „Organisationen, die damit zufrieden sind, ihre Reihen mit unauffälligen Erfüllungsgehilfen zu füllen, werden mit ziemlich großer Wahrscheinlichkeit keine Ergebnisse erreichen, die auf irgendeine Art und Weise auffallen." Aber Vorsicht, denn Sullivan hat auch gesagt: „Top-Talente arbeiten nicht für Idioten. Wenn Sie die Qualität Ihres Talentpools erhöhen, müssen Sie auch die Qualität Ihrer Führungsriege erhöhen."

Das führt schnurgerade zu einer präzisen Aussage: Sie machen aus Ihrem Unternehmen nicht das beste Ihrer Branche, indem Sie die besten Leute einstellen. Das schaffen Sie nicht! Sie machen vielmehr aus Ihrem Unternehmen das beste Ihrer Branche, indem Sie so gut werden, dass die besten Leute unbedingt bei Ihnen arbeiten wollen.

Zweitens müssen Unternehmen erkennen, was genau die Passgenauigkeit zwischen den Talenten und der eigenen Organisation ausmacht, wie die Rahmenbedingungen aussehen müssen, damit diese ihre optimale Leistung bringen können. Das bedeutet nicht nur: mehr Kohle. Der indische Versicherer mit der Fitnessclub-Jahreskarte für die ganze Familie hat dies erkannt. In seinem kulturellen Umfeld ist es wichtig, dass die Familie mit einbezogen wird und ihren Sprössling in guten Händen weiß. Hat der Jungmanager keinen Stress zu Hause, kann er sich voll auf seine Aufgaben konzentrieren.

Drittens müssen Unternehmen eine Kultur schaffen, in der die besten Leute sich realistisch einschätzen, stolz auf ihre Leistung sind und trotzdem eine angenehme Bescheidenheit pflegen. Bescheidenheit ist allerdings ein Begriff, den man in so manchen Unternehmen erst einmal langsam buchstabieren muss. Dort scheint es ein Gesetz zu geben, dass die Chefs irgendwann beginnen, ihre eigenen PR-Sprüche zu glauben, und zu ihrer eigenen Parodie werden. Das gesunde Selbstbewusstsein, das so wichtig war für den Weg an die Spitze, wacht eines Morgens als aufgeblasenes Ego auf. Und tragischerweise sind die Chefs selbst die Letzten, die es bemerken. Wenn Ihnen morgens im Ankleidespiegel Superman entgegenblickt, ist es zu spät.

> **Wenn Ihnen morgens im Ankleidespiegel Superman entgegenblickt, ist es zu spät**

Deshalb ist es so erwähnenswert, dass das IT-Unternehmen IBM das Attribut „Bescheidenheit" als wichtiges Charaktermerkmal bei den eigenen Leuten sehen will! Dabei geht es aber nicht darum, sich künstlich klein zu machen. Im Rahmen seines Talentförderprogramms „Extreme Blue" hat IBM für eine solche Haltung den Begriff „humbition" – humility plus ambition, Bescheidenheit plus Ehrgeiz – geprägt. Die richtige Mischung aus beiden Eigenschaften macht den Unterschied!

Aus einer beachtlichen Bewerbergruppe exzellenter Studenten der Fachrichtungen Computertechnologie, Wirtschafts- und Ingenieurwissenschaften filtert IBM Talente für ein dreimonatiges Praktikum. Die Studenten arbeiten in kleinen Teams an herausfordernden Aufgaben und erhalten so die Chance, sich bei IBM zu bewähren. Und IBM wird zum Talentmagneten für die ganz „Humbitionierten".

Welche immens wichtige Bedeutung Talente haben, wissen auch die Berliner Philharmoniker. Die Musiker sind so gut, dass zu Recht von einem Solistenorchester gesprochen wird. Das hohe Niveau hat unter anderem etwas mit dem strengen Auswahlverfahren zu tun: Wer es schafft, in Deutschlands Eliteband aufgenommen zu werden, darf sich mit Fug und Recht für auserwählt halten. Für eine freie Violinistenstelle gab es beispielsweise rund 150 Top-Bewerber. 52 wurden zum Vorspielen eingeladen, 13 zum Hauptprobespiel vor dem gesamten Orchester. Der eine, der übrig bleibt, ist damit aber mitnichten schon Philharmoniker. Das passiert erst, wenn sich das Orchester nach zweijähriger Probezeit mit einer Zweidrittelmehrheit dafür entscheidet. Und nun übertragen Sie das mal auf Ihr Unternehmen: Wenn Sie die Stelle eines Buchhalters ausschreiben, bewerben sich dafür tatsächlich die 150 weltbesten Buchhalter? Oder zumindest die 50 besten aus Deutschland? Aus Österreich? Aus der Schweiz? Nein? Warum nicht?

Was für Trainer, Dirigenten und ganze Orchester selbstverständlich ist, ist offensichtlich für die Wirtschaft noch lange nicht einleuchtend. Die Ursache dieser Denkhaltung liegt in dem Menschenbild, das noch aus dem Industriezeitalter stammt. Zu jener Zeit bestanden die meisten Jobs im Abarbeiten von Routinen und fest vorgegebenen Abläufen. Um Produkte in großer Stückzahl herzustellen, brauchte niemand Top-Talente, sondern Menschen, die funktionierten, unauffällig waren und sich bei Bedarf schnell ersetzen ließen. Diese Logik ist in einer Welt, in der Wohlstand von Kreativität abhängt, völlig überholt.

Leider gibt es aber immer noch Chefs, die das nicht kapiert haben. Sie setzen nicht auf Top-Talente, sondern auf Fachidioten. Und genau

> **Setzen Sie nicht auf Top-Talente, sondern auf Fachidioten**

hierin liegt das Problem: Einzigartige, neue, clevere Ideen können nicht von Menschen hervorgebracht werden, die ihr Leben lang nur funktioniert und auf ihr Fachwissen gesetzt haben. In Zeiten weltweiter Vernetzung per Internet ist fast jeder in der Lage, sich Wissen zu organisieren. Einen Vielwisser zu engagieren ist wie Sand zum Strand mitbringen. Viel wichtiger ist es, aus diesem Wissen etwas Neues zu machen. Deshalb brauchen Unternehmen Menschen, die neue, wertschöpfende Lösungen für Kunden entwickeln.

Deshalb haben wir heute einen Verkäufermarkt für Top-Talente, anstatt – wie noch im Industriezeitalter – einen Käufermarkt, sagen Jonas Ridderstråle und Kjell Nordström in ihrem Buch „Funky Business". Top-Talente könnten es sich also leisten, sich nach dem richtigen Chef umzusehen, so die schwedischen Managementautoren: „Damals hieß es: Warum sollte ich den anstellen? Heute heißt es: Warum sollte ich da mitmachen?" Auf lange Sicht, so auch Business-Philosoph Charles Handy, bedeutet dieser Wandel, dass die Hauptaufgabe einer Firma nicht mehr darin besteht, Leute anzustellen. Die wesentliche Aufgabe liegt künftig in der Organisation von Talenten: Unternehmen sind keine Arbeitsplatzanbieter mehr, sondern Organisatoren, die Chancen anstatt Jobs bieten. Ein Organisator greift eine Idee auf, identifiziert die erforderlichen Ressourcen, mit denen man diese Idee umsetzen kann, und zieht diese Ressourcen dann heran.

> Unternehmen sind keine Arbeitsplatzanbieter, sondern Organisatoren, die Chancen bieten

Und warum bekommt so ein glänzender Organisator die besten Kräfte? Weil Top-Talente nicht allein des Gehalts, der attraktiven Dienstwagenregelung oder der Boni wegen arbeiten. Klar, sie tun es auch nicht für die Ehre allein, aber vor allem sind sie an einem Umfeld interessiert, wie es Handy beschreibt. Wenn sie können, werden sie sich ihren Arbeitgeber danach aussuchen. Und sich selbst und ihm genau diese Sinnfrage stellen: Warum sollte ich bei dir mitmachen?

Auch die so genannten Zoogler, so heißen die Mitarbeiter der europäischen Google-Niederlassung in Zürich, werden sich diese Sinnfrage gestellt und genug überzeugende Antworten darauf erhalten haben. Auf die Frage „Warum würden Top-Talente für Google arbeiten wollen?", reagiert das Unternehmen mit konkreten Angeboten: Klar spielen die kostenfreie Kantine und die überdurchschnittlichen Gehälter eine Rolle. Doch das ist es nicht allein. Google ist vor allem deshalb ein attraktives Unternehmen, weil die Mitarbeiter dort an fantastischen Projekten mitarbeiten dürfen. Zudem lockt die Mitarbeiter ein größtmögliches Maß an Freiheit und Flexibilität.

Ein weiterer entscheidender Grund für talentierte Menschen bei Google einzusteigen: weil sie dort Kollegen haben, die als die Besten der Besten gelten. Klasse zieht Klasse an, während Mittelmaß... Sie wissen schon. Google holt mit seinen Stars wiederum andere Top-Talente ins Unternehmen. In Jobanzeigen werden die Namen der Top-Wissenschaftler oder -Ingenieure platziert. Da heißt es etwa: Haben Sie Lust, mit Marissa Mayer zu arbeiten? Auch sonst geht Goo-

**Haben Sie Lust, mit Marissa Meyer zu arbeiten?**

gle ungewöhnliche Wege, zum Beispiel, indem spezielle Suchanzeigen geschaltet werden, die so zugeschnitten sind, dass sie von den „richtigen" Leuten gesehen werden. Wieder mal: Passgenauigkeit!

Und weil Google genau weiß, dass der heutige Arbeitsmarkt ein Verkäufermarkt ist, ist das Unternehmen nach Zürich gekommen.

„Wir gehen dahin, wo die besten Absolventen sind", sagt Nelson Mattos, Google-Vizepräsident und Entwicklungschef in Europa. In Zürich sind das die Studenten von der renommierten Eidgenössischen Technischen Hochschule (ETH). Außerdem ist aus medienwirksamen Schlachten bekannt, dass Google stets versucht, seinen Kontrahenten Microsoft und Yahoo die talentiertesten Programmierer vor der Nase wegzuschnappen. Ein weiteres Zeichen dafür, dass dieses Unternehmen die Bedeutung von Top-Talenten verstanden hat.

„Na ja, Google, die sind eben speziell. Aber übertragen Sie das mal auf ein normales Unternehmen", bekommen wir in Diskussionen mit Führungskräften oft zu hören. Wenn wir so einen Schwachsinn hören, flippen wir aus. Na ja, nicht so richtig, denn wir sind beide höfliche Menschen. Aber innerlich gehen wir die Wände hoch. Ausreden sind das. Und Ausreden lassen wir nicht gelten. Ein Gegenbeispiel gefällig?

Der Back- und Tiefkühlprimus Dr. Oetker ist ein Unternehmen, das es bestens verstanden hat, seine vermeintlichen Schwächen – „Bielefelder Provinz und Hausmütterchenprodukte" – in Stärken umzudeuten, um damit Top-Kräfte zu gewinnen. „Wir betonen bewusst die Stärken eines Familienunternehmens wie Loyalität, Sicherheit, Kollegialität", sagt Dirk Schlautmann, Chef der Personalentwicklung. Er verspricht statt astronomischem Jahresgehalt und Schlüssel zur Vorstandstoilette ein Arbeitsumfeld, in dem die persönliche Entwicklung der Leute eine wichtige Rolle spielt und ihnen früh Verantwortung

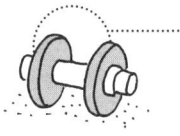

Schaffe,
net schwätze!

übergeben wird. Und auch sonst liegt der Backprofi mit seiner Nachwuchsförderung goldrichtig, denn eine familiäre Atmosphäre und Zukunftsperspektiven werden von Berufseinsteigern in Deutschland zunehmend geschätzt. Deshalb gehört Dr. Oetker in einer Studie des Berliner Beratungsinstituts Trendence, in der Wirtschaftswissenschaftler nach ihrem Traumarbeitgeber gefragt wurden, auch klar zu den Aufsteigern. Etwa 2.000 Bewerber wetteifern jährlich um 15 Trainee-Stellen. Gelinggarantie, würde Dr. Oetker selbst dazu sagen.

Dass man sogar als kleiner Maschinen- und Anlagenbauer in einem 3.000-Seelen-Dorf wie Ottenbach bei Göppingen gute Leute bekommen kann, zeigt die M&A Dieterle GmbH. Wie jedes andere Unternehmen auch, braucht der Maschinenbauer Mitarbeiter, die mit Initiative, Kreativität und Verantwortung ihrer Arbeit nachgehen. Anstatt über die Herausforderung zu lamentieren, wie man denn bitteschön solche Talente in das Provinznest Ottenbach locken solle, handelte Firmenchef Dietmar Dieterle nach dem urschwäbischen Grundsatz „Schaffe, net schwätze!" Seine Lösung: Bei Dieterle backt man sich eben seine Mitarbeiter selbst. Er garantiert jedem Jugendlichen aus

Ottenbach einen Ausbildungsplatz. Jedem. Dazu bietet er den Otten-
bacher Kindern nicht nur an, bei ihm einen Beruf zu lernen, sondern,
falls erforderlich, auch gleich noch Deutsch, Mathe oder Physik. Es
unterrichten Werksmeister oder Kollegen aus dem Büro – während
ihrer Arbeitszeit. „Mitarbeiterfluktuation, Wachstum und Umsatz?
Alles bestens in Ottenbach", heißt es im Wirtschaftsmagazin „brand
eins" über den Mittelständler.

Wenn Sie jetzt immer noch nicht davon überzeugt sind, dass Ihr
Unternehmen Talente dringend braucht, dann sollten Sie sich die folgenden Zahlen genau ansehen. Sehr genau. Bis 2015 wird die Zahl
der Arbeitskräfte zwischen 30 und 45 Jahren um mindestens ein Viertel abnehmen. Schon 2010 werden 58 Prozent aller Arbeitskräfte über
40 Jahre alt sein. Immer mehr Arbeitgeber werden sich um immer
weniger Arbeitnehmer bewerben, der Wissensgesellschaft droht der
Rohstoff auszugehen. In einer weltweiten Umfrage von McKinsey
erklärten 28 Prozent der Top-Manager, ihre größte Herausforderung
in den nächsten fünf Jahren sei es, genügend gute Führungskräfte
zu finden und zu binden. Wir versprechen Ihnen eins: Wenn Sie für
Ihren Laden keine eigene Strategie für das Thema Talente finden, dann
machen Sie besser gleich das Licht aus. Das ist billiger.

„Das gibt's doch nicht! Peter, sieh dir das an!"

Ich saß abends zu Hause am Rechner und wollte uns für die TED-Konferenz im kalifornischen Monterrey anmelden. Hinter diesen drei Buchstaben verbirgt sich „Technology, Entertainment, Design", und die Konferenz ist so etwas wie die Oscar-Nacht unter den zukunftsweisenden Tagungen. TED-Organisator ist der britische Verleger Chris Anderson, dessen Vision es ist, aus dieser jährlichen Zusammenkunft eine globale Gemeinschaft zu entwickeln, deren Projekte die Welt verändern. Leute aus Wirtschaft und Wissenschaft, Technologie und Design, Kultur und Religion treffen sich dazu jedes Frühjahr in dem idyllischen Küstenort und diskutieren vier Tage lang über ihre neuesten und besten Ideen. Wir wollten unbedingt dabei sein!

„Gerade habe ich das Onlineformular ausgefüllt, um uns anzumelden, da kommt diese Meldung zurück."

„Eine Fehlermeldung? Serverprobleme ausgerechnet bei der TED? Das glaube ich nicht!"

„Nein, keine Fehlermeldung. Schlimmer! Hör es dir an: **Due to unprecedented demand, we have had to close registration.**"

„Wie bitte? Die nehmen jetzt schon keine Anmeldungen mehr entgegen? Und das, obwohl sie gerade erst die Teilnahmegebühr von 1.600 auf 6.000 Dollar pro Nase erhöht haben?"

„Sieht ganz so aus."

„Tja, dann können wir denen wohl nur noch zu ihrem Erfolg gratulieren."

# Wie man es schafft, Kundenmagnet zu werden statt Kunden zu werben

Wer im Deutschland der 1970er Jahre genug Geld hatte, sich einen Benz zu gönnen, den erwartete erst mal kein Zuckerschlecken. Beim zuständigen Vertragshändler wurde er von streng gescheitelten Männern im blauen Nadelstreifen gemustert, ob er überhaupt würdig war, eine der Karossen mit Stern zu bewegen. Nach der Unterschrift unter den Kaufvertrag wurde er dann über die Lieferzeit in Kenntnis gesetzt. Die konnte bei Mercedes – je nach Modell – schon mal locker zwei

bis drei Jahre betragen. Und trotzdem waren Heinz und Elfriede am Ende stolz wie Oskar, wenn sie zum ersten Mal in ihrem saharagelben Chromschlitten über die Adenauerallee oder den Kurt-Schumacher-Platz cruisten. Ach, waren das noch schöne Zeiten. Für Heinz. Für Elfriede. Und ganz besonders für Daimler. Aus und vorbei. So schön wird's nie wieder. Der einstige Verkäufermarkt, auf dem die Automobilhersteller die Konditionen und entsprechenden Wartezeiten diktierten, hat sich unversehens in einen Käufermarkt verwandelt. Schwupps, schon bläst der Wind von vorn. Und die Kunden? Die haben heute die Auswahl zwischen

The 2008 TED Conference is rounding the corner and the price has raised $1600 to a staggering $6000... I am currently studying in school and have been able to scrounge up roughly $500 (leaving me to somehow arrange $5500)... If you feel that this is a worthy cause that you might want to donate to, then my future is ever so indebted to you.

*Spendenaufruf einer amerikanischen Studentin im Internet*

so vielen Alternativen, dass ihnen schwindlig wird: BMW, Audi, Porsche, Lexus, Jaguar, Infiniti, Land Rover und so weiter und so fort.

In solchen hart umkämpften Märkten haben Sie nur eine Chance: Produkte anzubieten, die sich

**Wir sind umzingelt von langweiligen Angeboten, die irgendwie „ganz okay" sind**

klar abgrenzen und unverwechselbar sind. Aber sehen Sie sich doch mal um! Wir sind umzingelt von langweiligen Angeboten, die irgendwie „ganz okay" sind. Aber „ganz okay", das ist das schlimmste Schimpfwort überhaupt. Die Ganz-okay-Angebote, das sind die LadaKia-SubaruOpelFords, die zuverlässig und sicher sind, deren Spritverbrauch der Norm entspricht, die ein gutes Preis-Leistungs-Verhältnis haben ... also im Prinzip alles richtig machen. Aber die Welt ist voll davon. Ganz-okay-Autos, Ganz-okay-Drucker, Ganz-okay-Girokonten, Ganz-okay-Toaster. Und das wiederum ist überhaupt nicht okay. Das ist nur öde.

Peter und der Mercedes: Papas ganzer Stolz

Sie brauchen keine Ganz-okay-Produkte. Sie brauchen Produkte, die der langjährige Montblanc-Chef Norbert Platt einmal so beschrieben hat: „Die Kunden sollen weinen, wenn sie unsere Produkte verlieren." Uns kommen dagegen die Tränen, wenn wir überall Produkte und Menschen sehen, die in Ordnung sind, aber darüber hinaus eben nichts Besonderes.

Viele Unternehmen haben das Problem erkannt und setzen nun auf die Lösung mit dem **Zusatznutzen**: Wellensittichfutter, auf dessen Verpackung die kostenlose Nummer des Tierarzt-Telefons prangt. Supermärkte wie die schweizerische COOP, die mit ihrem Zusatzangebot, dem „Online-Coach", zum Ernährungsberater, Fitnesstrainer und Freizeitgestalter mutiert. Heimwerkermärkte, die ihren Kunden kostenlose Schulungen anbieten. Zahnärzte, die fast rund um die Uhr geöffnet haben. Das ist ziemlich clever, denn es geht hier nicht um besser oder schlechter, teurer oder billiger, sondern um klar abgegrenzt, eben anders.

Dennoch bleibt die Tatsache bestehen, dass die Produkte und Services sich immer ähnlicher werden. Hat sich der eine Zahnarzt überlegt, dass er ab sofort bis um 22.00 Uhr bohrt und plombiert, so wird sich in Windeseile ein Wettbewerber finden, der seine Öffnungszeiten ebenfalls verlängert. Und was für Zahnklempner gilt, das gilt auch für Servicetelefonnummern auf Produktverpackungen, kostenlose Heimwerkerschulungen oder Online-Coachings für übergewichtige Kunden. Die Kopisten lauern überall.

Wenn sich alles immer ähnlicher wird, dann führt das unausweichlich zu einer weiteren Entwicklung: Die **Persönlichkeit** des Unternehmens, seine **Identität** und sein **Spirit** werden zu bedeutsamen Faktoren bei der Wahl zwischen einem Anbieter und dessen Produkten und einem anderen. Der dänische Marketingexperte Jesper Kunde hat mal gesagt: „Sie können sich heute nicht mehr allein vom Strom der Gezeiten tragen

**Eine sinnstiftende Identität gibt's nicht von der Stange**

lassen, dabei lediglich die Konkurrenz beobachten und die Kunden nach ihren Wünschen fragen. **Was wollen Sie selbst? Was wollen Sie der Welt in Zukunft erzählen? Was hat Ihr Unternehmen, das die Welt bereichern wird?** Sie müssen daran glauben. So sehr, dass Sie **einzigartig** sind in dem, was Sie tun."

Es geht um viel mehr als ein neues knallbuntes Logo oder eine aufregende Marketingkampagne. Es geht um eine inspirierende und sinnstiftende Identität. Das Problem ist nur, dass sich eine solche Identität nicht von der Stange kaufen lässt. Und Ihr freundlicher Imageberater kann Ihnen hier auch nicht wirklich weiterhelfen. Eine sinnstiftende Identität müssen Sie selbst entwickeln und leben – und ganz einfach ist das nicht. Aber die Belohnung, die im Erfolgsfall winkt – denken Sie nur an Harley, Apple, Porsche oder Virgin –, kann viiiiiiiiiiieeeee-eeeeele Euros an Marktkapitalisierung wert sein.

Die Marktkapitalisierung zeigt sich übrigens auch in der Abstimmung der Füße – und zwar der Füße der Kunden: Harry-Potter-Fans, die sich nachts vor Buchhandlungen die Beine in den Bauch stehen, um ab 0.00 Uhr den neuesten Band mit den Abenteuern des Zauberlehrlings zu ergattern. Apple-Jünger, die stundenlang vor den Läden der Deutschen Telekom ausharren, um als Erste das iPhone in ihren Händen zu halten. Aus Südwestdeutschland zugezogene Stammkundinnen der Drogeriemarktkette dm, die allen ihren Bekannten begeisterte SMS schicken, als die erste Filiale in Berlin eröffnet wird.

Eine solche Begeisterung, ein solches Engagement – und ja, manchmal auch eine solche Leidensfähigkeit – von Kunden ist nur dadurch erklärbar, dass ihnen das Unternehmen, das Produkt, die Gemeinschaft der anderen Kunden auf der Sinnebene etwas Einzigartiges verspricht.

Wir haben bereits von dem amerikanischen Reinigungsmittel- und Seifenhersteller Method erzählt: In einem Markt, der nur aus austauschbarer Massenware besteht, fallen das ansprechend minimalistische Design und die ungewöhnlichen Düfte auf. Method wird als anders, als einzigartig wahrgenommen. Für seine Kunden ist Method deshalb mehr als eine Marke. Es ist eine Bewegung, die ihre Nutzer zu einer Gemeinschaft Gleichgesinnter macht: Sarah Homeijer leitet aus ihrer Wohnung in Brooklyn die „Method-Advokaten". Das sind an die 5.000 Fürsprecher, die freiwillig Online-Bewertungen ausfüllen, um auf der Firmenwebsite ihre schönste Putzerfahrung kundzutun. Dafür bekommen sie mehrmals im Jahr durchgestylte Päckchen mit den neuesten Produkten zugeschickt, um sie zu testen und weiterzureichen. Bitte bedenken Sie: Wir sprechen hier nicht über eine Organisation wie Amnesty International oder Ärzte ohne Grenzen, wir sprechen über Putzmittel.

> Wir sprechen nicht über Amnesty International oder Ärzte ohne Grenzen, wir sprechen über Putzmittel

Sinnorientierte Kundengemeinschaften, die von der Einzigartigkeit ihrer Lieblingsprodukte überzeugt sind, wirken ansteckend. So ansteckend, dass uns auch die 6.000 Dollar Eintrittsgebühr für die TED-Konferenz im kalifornischen Monterrey nicht schrecken konnte. Aber wie sich schnell herausstellte, unterlagen wir einem naiven Irr-

116

tum. Wir glaubten nämlich, dass wir uns dank dieser Spendierfreude automatisch einen Platz im Konferenzsaal gesichert hätten. Doch die Veranstaltung ist ein „Invitations-only"-Event. Und wer bereit ist, den Eintrittspreis zu zahlen, bekommt keinen roten Teppich ausgerollt, sondern findet sich erst mal auf einer Bewerberliste wieder. Und wer sich – wie wir – ein paar Tage zu spät bewirbt, erhält nur noch eine einsilbige Absage. Aber ganz ehrlich, diese Absage hat uns nicht entmutigt. Ganz im Gegenteil, wir sagen: Dann bewerben uns im nächsten Jahr einfach rechtzeitig…

Kundenmagneten geben ihren Kunden nicht das Gefühl, lediglich eine geschäftliche Transaktion abzuwickeln. Klar, es fließt auch Geld. Aber entscheidend ist etwas anderes: Die Kunden kaufen nicht eine bestimmte Marke, sondern schließen sich ihr an. Und dieser Unterschied ist wesentlich. Denken Sie an Marken wie Red Bull, IKEA oder Mini. Deren Kunden bekennen sich nicht nur zu der jeweiligen Marke, sondern sie manifestieren damit immer auch eine Lebenseinstellung. Dazu muss die Marke nicht mal besonders sexy sein. Die Drogeriekette dm ist das beste Beispiel. Die meisten Deos, Reiniger oder Lippenstifte gibt es auch nebenan bei Schlecker. Aber bei dm fühlen sich die – überwiegend weiblichen – Kunden in einer Gemeinschaft von Gleichgesinnten mit denselben Werten. Sie wollen das gute Gefühl, ihr Geld bei einem Händler zu lassen, der seine Angestellten nicht ausbeutet und einen möglichst großen Anteil an Bioprodukten in den Regalen hat. In letzter Konsequenz wird so die Marke der Organisation zur Marke des Kunden. Während die Billiganbieter Werbeflächen auf Taxis anmieten, drückt ein Aufkleber von Apple auf dem knallroten Mini einfach das Lebensgefühl seines Besitzers aus.

Ein Unternehmen, das zum Kundenmagneten werden will, muss noch einen weiteren wichtigen Aspekt berücksichtigen, und der lautet: Kunden müssen Vorrang haben vor Aktionären und Arbeitnehmern und selbstverständlich auch vor Managern. Nichts ist so wichtig wie diese Erkenntnis. Ja, ja, wir können schon Ihre Reaktion hören: Das ist doch wohl total selbstverständlich.

Aber ist es das wirklich? In so manchem Unternehmen wird der steigende Shareholder Value nicht als Konsequenz der Kundenzufriedenheit gesehen, sondern mit dem alleinigen Grund dafür verwechselt, warum das Unternehmen überhaupt existiert. In dem Moment, in dem das passiert, steht aber nur noch der kurzfristige finanzielle Erfolg im Mittelpunkt, denn es liegt in der Natur der Sache, dass der Shareholder oder Investor nur auf Zeit operiert. Er ist an seinen „Shares" nur so lange interessiert, wie sie eine dicke Rendite abwerfen. Das entscheidende Problem hierbei: Unternehmerische Tätigkeit ist auf Dauer angelegt. Wenn es aber trotzdem heißt, die kurzfristigen Erfolge müssen her, und zwar pronto, dann gibt es immer noch eine todsichere Methode mit Gelinggarantie für das Unternehmen: Runter mit den Kosten. Doch leider ist das – wie wir bereits geschildert haben – auf Dauer weder zielführend noch erfolgversprechend. Die Zukunft gehört Unternehmen, in denen Sinn herrscht und Mitarbeiter das Gefühl haben, an etwas Bedeutsamem teilzuhaben, etwas zu bewegen und Spuren zu hinterlassen. Spuren auf Märkten und in der Gesellschaft. Und Kunden, die sich genau von dieser Haltung angezogen fühlen. Womit wir wieder bei den Unternehmenszielen wären, die auf Dauer angelegt sind.

Ein Unternehmer, der ganz bewusst nicht auf temporäre Erfolge, sondern auf eine treue und stabile Kundenbeziehung baut, ist zum Beispiel Claus Hipp. „Hipp ist ein Unternehmen", verkündet der Chef in der Ethik-Charta des Unternehmens, „ das nicht kurzsichtig auf die

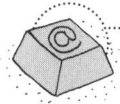

**100 Treuepunkte
für den Chef**

Erzielung von kurzfristigen Gewinnen aus ist, sondern langfristig so erfolgreich wie möglich sein will. Dazu aber ist eine langfristig vertrauensvolle, auf beiderseitigen Vorteil achtende Zusammenarbeit mit den Kunden eine notwendige Voraussetzung. – Folge: Von Hipp-Mitarbeitern, die mit Kunden in Kontakt stehen, wird erwartet, dass sie mit Ausrichtung auf den langfristigen Erfolg ihres Unternehmens alles Mögliche zum Aufbau einer vertrauensvollen Beziehung zwischen Hipp und den Kunden tun. Ihr diesbezüglicher Erfolg ist in der Mitarbeiterbeurteilung präzise zu erfassen." So ein Chef hat mindestens 100 Treuepunkte verdient, finden wir.

Ein weiteres Merkmal, das Unternehmen kennzeichnet, die Kundenmagneten sind, ist, dass bei ihnen die Kunden im Mittelpunkt stehen und nicht die Wettbewerber. Mike McCue, neben Marc Andreessen das zweite Großhirn bei Netscape, hat dazu mal gesagt: „Denken Sie selbst im Angesicht massiven Wettbewerbs nicht an den Wettbewerb. Denken Sie buchstäblich nicht daran! Immer, wenn Sie in einer Besprechung sind und versucht sein sollten, einen Mitbewerber zu erwähnen, dann ersetzen Sie den Mitbewerber einfach durch eine Rückmeldung eines Kunden. Denken Sie einfach nur an den Kunden!" Ja, ja und nochmals ja! So ist es. Abgesehen davon denkt, fühlt und handelt ein Unternehmen, das immer nur über die Konkurrenz nachdenkt, auch ganz schnell wie die Konkurrenz. Und das macht es alles andere als einzigartig.

Organisationen, die echte Kundenmagneten sind, haben auch begriffen, dass die Kunden noch vor den eigenen Mitarbeitern kommen: Hal Rosenbluth und Diane McFerrin Peters haben zu diesem Gedanken ein schönes Buch geschrieben, mit dem ironischen Titel „The Customer Comes Second: Put Your People First and Watch 'em Kick Butt." Wie bitte? Nun, darin ist von Unternehmen zu lesen, die ihre Mitarbeiter an die erste Stelle stellen und die Kunden an die zweite. Wenn man sich aber genau anschaut, wie diese Unternehmen ticken, stellt man schnell fest: Sie tun alles, damit ihre Leute hervorragend ausgebildet werden, die besten Ressourcen und Werkzeuge, die größten Entscheidungsfreiräume und die beste IT-Unterstützung haben, damit – aufgepasst! – sie in der Lage sind, das Beste für ihre Kunden zu tun. Also, wer kommt da jetzt wirklich an erster Stelle?

> „Wir stellen keine Leute ein, wenn wir nicht sicher sind, dass sie zum Unternehmen passen."

Aber: Um Kundenmagnet zu werden, braucht ein Unternehmen natürlich auch die richtigen Mitarbeiter, die genau verstehen, warum der Kunde wichtiger ist als alles andere, und die sich ihm mit Hingabe widmen. Die Fluggesellschaft Southwest hat genau dies erkannt und sucht ihre neuen Mitarbeiter nach eben diesen Kriterien aus. „Wir stellen keine Leute ein", heißt es bei Southwest, „wenn wir nicht sicher sind, dass sie zum Unternehmen passen. Egal, ob Flugbegleiter, Reservierungsagenten oder Computerprogrammierer. Dieser Punkt ist nicht verhandelbar. Genau deshalb haben die Kunden immer noch das typische Southwest-Erlebnis bei uns, obwohl wir in den letzten Jahren so stark gewachsen sind."

Kundenmagnet zu sein bedeutet allerdings nicht, immer und überall jedermanns Liebling zu sein. Nein, ein Kundenmagnet bezieht Stellung, auch auf die Gefahr hin, dass mit dieser Haltung bestimmte Kunden vor den Kopf gestoßen werden. Kundenmagneten sind immer auch starke Marken, die polarisieren. Karl-Heinz Rummenigge bestätigte diese Strategie einmal für den Erfolgsverein Bayern München: „Wir sind überhaupt nicht an den 50 Prozent interessiert, die uns nicht mögen, für diese Leute tun wir absolut nichts. Uns interessieren exklusiv nur die 50 Prozent, die uns positiv gesinnt sind. Wir wollen niemanden bekehren,

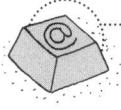

**Rundgelutschte Gummibärchen haben kein Profil**

denn wir halten es für das Fruchtbarste, wenn der FC Bayern kreuz und quer, pro und contra diskutiert wird." Und genau das gelingt den Bayern immer und immer wieder. „Zieht den Bayern die Lederhosen aus!" – das geht Rummenigge runter wie Öl. Denn er hat verstanden: Das Polarisieren ist Bestandteil der Marke FC Bayern München. Tatsächlich zieht der langjährige sportliche Erfolg Millionen Menschen an und stößt ebenso viele ab. Der FC Bayern polarisiert – und das ist gut fürs Geschäft.

Was für erfolgreiche Fußballclubs gilt, gilt auch für jedes andere Unternehmen – und übrigens auch für Individuen: Eine starke Marke zu sein, die Kunden zu Fans macht, bedeutet immer auch, den Mut zu haben, ein klares eigenes Profil zu entwickeln. Und das führt zwangsläufig dazu, dass wir ein Risiko eingehen. Das Risiko, dass es dort draußen Menschen gibt, die uns nicht leiden können. Aber nur wenn wir gewillt sind, dieses Risiko einzugehen und eine klare Position zu beziehen, gibt es die Chance, dass wir überdurchschnittliche Ergebnisse erzielen. Wer vor diesem Risiko zurückschreckt, kann sich immer noch den Wahlspruch „Rundgelutschte Gummibärchen haben kein Profil" über seinen Schreibtisch hängen.

Und noch etwas: Kundenmagnet zu sein bedeutet vor allem auch, intensiven Kundenkontakt zu pflegen. Auch so ein Argument aus der Klamottenkiste der Selbstverständlichkeiten, wird jetzt der ein oder andere kritische Geist einwenden. Ja, vielleicht. Aber sehen Sie sich doch mal um! Wie sieht es denn in vielen Unternehmen tatsächlich aus? Aus Vorstandszimmern und Konferenzsälen wabern Nullsätze wie „Wir sind bemüht, nah an unseren Kunden dran zu sein" oder „Unsere Kunden stehen an erster Stelle". Na, danke. Diese Prosa ist so platt wie ein Fahrradschlauch, der Bekanntschaft mit einer Glasscherbe geschlossen hat: In vielen Großunternehmen liegt der Prozentsatz der Mitarbeiter, die tatsächlich regelmäßigen Kundenkontakt haben, nur bei 5 bis 10 Prozent.

Dass es auch anders sein kann, zeigt das Beispiel Grohmann Engineering, dem Weltmarktführer für Montagemaschinen der Mikroelektronik. Klaus Grohmann, Gründer und Unternehmenschef, hat in seinem Laden kurzerhand die Verkäufer abgeschafft. Seine Begründung: „Wir haben bewusst keine Verkäufer. Unsere Manager haben die volle Verantwortung für ihre Projekte: Sie verkaufen, sie erstellen Angebote, entwickeln die Lösung und führen das Projekt durch. Diese Projektleiter haben für ihre Projekte alle Kompetenzen eines Geschäftsführers. Für jedes Projekt wird ein Team benannt, und dieses Team handelt wie ein kleines Unternehmen. Jeder soll sich eine ganzheitliche Sicht des Projektes zu Eigen machen. Dieses Vorgehen garantiert eine unglaubliche Kundennähe."

Und weil die Geschäftsbeziehungen, die so gepflegt werden, unbezahlbar sind, werden in großen Unternehmen zunehmend Programme eingeführt, die vor allem die Kundenorientierung des Managements verbessern sollen. So soll etwa bei der Deutschen Telekom jeder Manager fünf Tage im Jahr beim Kunden verbringen. Die Ernsthaftigkeit dieses Programms wurde dadurch unterstrichen, dass die Zahlung der Jahresboni von der Erfüllung dieser Aufgabe abhängt. Auch Aral hat vor einigen Jahren die Manager zu einigen Tagen Dienst an der Tankstelle abkommandiert. Solche Initiativen können sehr sinnvoll sein. Zum einen sollen Manager, deren Alltag weit weg vom Kundengeschäft abläuft, ein besseres Gefühl dafür bekommen, was an der Schnittstelle zu eben diesen Kunden los ist. Zudem beeinflussen Kundenbesuche das eigene Verhalten viel stärker als abstrakte Daten oder Marktforschung. Zum anderen sendet die Präsenz des Top-Managements an der „Front" positive Signale an die Mitarbeiter. Durch seinen Einsatz zeigt ein Manager, dass er das Engagement freundlicher und kundenorientierter Mitarbeiter wahrnimmt und honoriert.

Ein letzter wichtiger Punkt für Kundenmagneten und alle, die es werden wollen, ist der konkrete Nutzen der Produkte. Dazu ein Blick nach Liechtenstein, jenem Fürstentum in den schweizerischen Alpen, das neben seinen rund 35.000 Einwohnern nur einige Hasen, Marder, Füchse und Dachse sowie etwa 100.000 Briefkästen, auf denen nicht einmal richtige Namen stehen, beherbergt (Achtung: Ironie!). Darüber hinaus ist Liechtenstein auch der Sitz des Werkzeugherstellers Hilti, dessen Markenzeichen die roten Koffer sind, die auf keiner Baustelle fehlen dürfen. Vorab: Auch Hilti zeichnet sich durch eine große Kundennähe aus, was eine unmittelbare Voraussetzung für einen größtmöglichen Kundennutzen ist. Denn nur indem die Entwickler von Hilti den Anwendern genau auf die Finger schauen, können sie Probleme identifizieren und innovative Lösungen finden. Lösungen, von denen sich die Kunden oft gar nicht vorstellen kön-

**Die Lösung heißt – erraten! – Polygon-Meißel**

nen, dass so etwas möglich ist. Es geht also nicht nur darum, den Kunden das zu geben, was diese wollen, sondern etwas, wovon sie niemals auch nur geträumt hätten, es überhaupt zu wollen. Aber der entscheidende Punkt dabei: Wenn die Kunden diese Lösung dann bekommen, erkennen sie es als das, was sie eigentlich schon immer wollten. So wie im Fall des Polygon-Meißels: Vor einiger Zeit schickte Hilti einen Arbeitswissenschaftler auf die Baustelle, der mit einer überraschenden Erkenntnis zurückkam: „Wusstet ihr eigentlich", fragte er die Entwickler, „dass die da draußen ständig mit stumpfen Meißeln arbeiten?" Meißel von Bohrhämmern werden ständig stark beansprucht. Sie reißen Betonwände ein und Kacheln ab, sie fressen sich sogar durch Asphalt. Deshalb muss man sie regelmäßig schleifen. Aber dazu hat nun mal keiner Lust oder Zeit auf der Baustelle. Also wird mit stumpfen Meißeln gehämmert. Das dauert länger und beansprucht wiederum die Maschine stärker. Die Haltung der Bauarbeiter: Egal, geht schon irgendwie!

„Nee, geht gar nicht", sagten die Hilti-Jungs, denn diese „Egal-geht-schon-irgendwie-Einstellung", wie es in der Branche so schön heißt, steht der Firmenphilosophie von Hilti diametral gegenüber. Deshalb schauten die Entwickler erst mal nicht schlecht, als der Arbeitswissenschaftler mit seinem Bericht fertig war. Und machten sich dann daran, eine Lösung zu finden. Sie heißt – erraten! – Polygon-Meißel. Der Meißel mit der ausgeklügelten geometrischen Form schärft sich immer wieder selbst, wenn er sich durch harte Schichten frisst. Genial! Und der Beweis für die oben aufgestellte These: Nur durch große Kundennähe erreicht man einen überragenden Kundennutzen.

„Mensch, wenn ich bloß 'ne Hilti hätte!"

Apropos Hilti und Kundenmagnet: Neulich half uns Vater Kreuz bei einem Heimwerkerjob. Als ihm die dritte Bohrspitze seines wirklich nicht schlechten Bohrers in unserer Betondecke verreckte, rief er frustriert: „Mensch, wenn ich bloß 'ne Hilti hätte!"

„Nehm Se doch erst mal'n Stücksken Kuchen, Frau Förster!"

Die Wangen der Mittfünfzigerin glühten, und sie strahlte über das ganze Gesicht, als sie mir die Platte mit ihrer selbstgebackenen Obsttorte entgegenstreckte. Ich war zu Gast im tiefsten Ruhrpott und stand in einem Festzelt. Man hätte meinen können, gleich gäbe es Applaus für den Schützenkönig. Aber das hier war eine Firmenveranstaltung, auf der ich einen Vortrag halten sollte. Und die patente Hausfrau, die mir da mit einheimischem Zungenschlag eine kleine Stärkung nach der langen Autofahrt anbot, war niemand Geringeres als die Gattin des Chefs.

„Vielen Dank! Der sieht ja lecker aus."

Ich ließ mir den Kuchen schmecken und sah mich um. Hier trafen also gerade die besten Kunden der Firma ein. Es sah aus, als wären alle eine große Familie. Während seine Frau den selbstgebackenen Kuchen verteilte, stand der Chef am Eingang des Zeltes und begrüßte jeden Gast mit Handschlag. Kleiner Scherz noch, fröhliches Lachen, dann suchten sich die Gäste ihre Plätze. Das Unternehmerehepaar verhielt sich genauso, als ob es zu Hause Gäste zum Grillen gehabt hätte. Und die Mitarbeiter hatten Spaß wie auf einem Betriebsfest.

Wie es hier wohl aussähe, wenn man auf die Idee gekommen wäre, eine Düsseldorfer Eventagentur mit der Planung der Veranstaltung zu betrauen?, dachte ich für einen Augenblick. Freudlose Begrüßung durch den Marketingleiter, ein öliger Moderator, Schampus und Häppchen ... Eine schreckliche Vision. Da kam zum Glück die Frau des Chefs zurück zu mir und beendete meine Horrorvorstellung.

„Noch'n Tässken Kaffee, Frau Förster?"

# Warum stimmige Botschaften
# von innen kommen

Echt. Wahrhaftig. Unverformt. Menschen finden Menschen authentisch, die so wirken, als seien sie sie selbst. Jeder Mensch ist natürlich immer er selbst, auch wenn er versucht, einen anderen vorzugaukeln. Zum Beispiel der stille Denker, der auf der Rednerbühne den Showmaster zu geben versucht. Oder der von den Umsätzen schwer enttäuschte Vertriebsleiter, der auf Kuschelkurs mit seinen Außendienstleuten geht. Oder der gierige Verkäufer, der beim Kunden den Kumpeltypen spielt. Das gehört alles zum Repertoire dieser Menschen. Dann allerdings sind sie nicht mehr authentisch. Irgendwie

geht dann für sie selbst und auch für aufmerksame andere ein spürbarer Riss durch ihre Persönlichkeit. Authentizität jedoch bedeutet, dass das Innen und Außen übereinstimmen. Dass die Menschen in sich stimmig sind.

Aber wie sieht es im grellen Neonlicht der Geschäftswelt damit aus? Gibt es da so etwas wie Authentizität und Glaubwürdigkeit? Rainer Niermeyer, Personalberater bei Kienbaum, meinte dazu in einem Interview mit der „FAZ": „Nur für unverbesserliche Gutmenschen und brave oder realitätsferne Kommunikationstrainer der Stuhlkreis-Gilde gelten Glaubwürdigkeit und Authentizität als wesentliche Erfolgskompetenzen." Ach so?! Wir wissen nicht, was Herrn Niermeyer im Leben widerfahren ist, um ihn zu dieser Aussage zu stimulieren. Wir jedenfalls sind

**Echt. Wahrhaftig.**
**Unverformt.**

davon überzeugt, dass Glaubwürdigkeit und Authentizität zu den wichtigsten Erfolgsfaktoren für die Wirtschaft von heute und morgen zählen.

Wer meint, was er sagt, und entsprechend handelt, und hält, was er verspricht, hat es immer leichter, Menschen für sich zu gewinnen, Gesprächspartner zu überzeugen. Allerdings ist „meinen, was man sagt" ist nicht zu verwechseln mit „alles sagen, was man meint". Letzteres ist nicht immer klug ... Aber zumindest sollte das, was wir sagen, das sein, was wir selbst glauben, damit Innen und Außen stimmig bleiben. Und unser Handeln sollte es ebenfalls sein. Und das aus gutem Grund: Immer mehr Menschen sind auf der Suche nach Glaubwürdigkeit. Alle haben die Nase voll, an selbiger herumgeführt zu werden. Niemand lässt sich mehr durch glatte Fassaden und Masken begeistern. Die meisten Menschen haben ein beinahe untrügliches Gespür für diese Entsprechung von Denken, Reden und Handeln. Ihre Sensoren schlagen Alarm, wenn sie Menschen erleben, die versuchen, mehr und anders zu sein, als ihre Möglichkeiten hergeben.

Klar, die Welt ist eine Bühne, und das Leben besteht aus Rollen. Aber die unglückliche Neigung, Rollen zu **spielen**, anstatt sie zu **leben**, ist nicht nur bei Individuen anzutreffen, sondern hat auch ganze Unternehmen erfasst. Das sind die Unternehmen, die sich unbedingt ein Image geben möchten, das jedoch weder zu den kredenzten Produkten noch zum Marktauftritt passt. Für diese Imagekosmetik gilt: Irgendwann kommt die Stunde der Wahrheit. Mal kommt sie früher, mal später – aber sie kommt. So beispielsweise auch für Ferdinand Piëch, der seinem vierrädrigen Lieblingskind Phaeton zwölf Zylindertöpfe und eine guccimäßige Ausstattung mit auf den Weg geben konnte – aber am Ende blieb ein Volkswagen dennoch ein Volkswagen. Und wurde nicht einfach deshalb zum begehrten Luxusobjekt, weil der Vorstandschef aus dem Porsche-Clan sich das so gewünscht hatte. Mitarbeiter und Kunden haben einen hochsensiblen Bullshit-Detektor. Sie spüren, wenn ihnen Theater vorgespielt wird.

Bei dem westfälischen Mittelständler, bei dem zum Firmenjubiläum selbstgebackener Kuchen kredenzt wurde, haben wir dagegen Authentizität und Glaubwürdigkeit erlebt. Hier passt der Firmenauftritt zum Kundenprofil: Kunden, die sich wohlfühlen in einer bodenständigen, herzlichen Festzeltatmosphäre, in der es so zugeht wie an einer Kaffeetafel in Gelsenkirchen. Das Erstaunliche: Das Unternehmen hat darüber mit Sicherheit nicht groß nachgedacht, sondern das Betriebsjubiläum ganz selbstverständlich auf die Bedürfnisse der Kunden abgestimmt. Motto: Passt doch! Aber stellen Sie sich bloß mal vor, eine Zürcher Investmentbank – Bahnhofstraße mittig, um die Ecke und dann der dritte Glaskasten links – käme auf die Idee, ihre besten Kunden in ein Bierzelt einzuladen. Und die Gattin des Vorstandsvorsitzenden würde die vom Hausmädchen gebackenen Leckerli als eigene Kreation ausgeben. Das wäre … voll daneben! Understatement ist in diesen Zeiten ja auch für Banker kein Fehler, aber es sollte stilistisch zum Unternehmen passen.

Noch ein Stücksken Kuchen?

Gelebte Authentizität und Glaubwürdigkeit, die zum Unternehmen passt, sind extrem wichtige Bestandteile einer sinnstiftenden Unternehmenskultur: in guten wie in schlechten Zeiten. Wir können nur dann klare Entscheidungen treffen und sie durchsetzen und auch mit unpopulären Meinungen erfolgreich auftreten, wenn wir für das, woran wir glauben, wirklich geradestehen, uns selbst genau kennen und uns in unserer Haut wohlfühlen. Authentizität sorgt für Akzeptanz und Respekt – und sie erreicht uns auf der emotionalen Ebene, sie lässt etwas in unserem Innern schwingen. Und genau das ist der Punkt: Wir können Menschen nur dann für ein gemeinsames Ziel begeistern und sie dazu bewegen, sich über die normalen Erfordernisse hinaus anzustrengen, wenn unsere Botschaft etwas in ihrem Innern berührt.

Das Markenbild von Unternehmen, die Spirit haben, setzt immer beim authentischen Selbst an. Jede Kommunikationsstrategie, jeder Markenauftritt muss von innen nach außen entwickelt werden. Erst wenn eine Markenidentität vom ganzen Unternehmen verinnerlicht und mitgetragen wird, dann strahlt sie auch glaubwürdig nach außen. Unternehmen, die das begriffen haben, setzen diese Erkenntnis sehr konsequent um. Sie sind immun gegen die Avancen von Image-beratern mit violett getönten Brillengläsern im Porsche-Design-Rahmen, die den umgekehrten Weg einschlagen und ihnen weismachen wollen, dass das Design das Bewusstsein bestimmt. Aber ein derart intaktes Immunsystem setzt voraus, dass die eigenen Leute über den Geist des Unternehmens Bescheid wissen. Und das kommt nicht über Nacht. „Du kannst nicht morgens aufstehen und sagen: Heute werde ich mal kulturprägend", meint Ulrich Hemel, Theologe und ehe-maliger Vorstandsvorsitzender der Paul Hartmann AG, ein Hersteller von Medizin- und Pflegeproduk-ten. Hemel war an der Gründung zahlreicher Hartmann-Töchter im Ausland beteiligt und hat die Er-

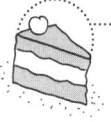

**Heute werde ich
mal kulturprägend**

fahrung gemacht, dass man einem gewachsenen Unternehmen nicht so mir nichts, dir nichts ein neues Image verpassen kann. Eine Iden-tität zu entwickeln braucht Zeit, Disziplin und einen langen Atem. „Es sind unendlich viele kleine Schritte notwendig, bis so etwas wie ein gemeinsamer Geist entsteht", sagt Ulrich Hemel.

Authentizität erzeugt einen Spirit, der einfach, ehrlich und direkt ist. Authentische Unternehmen müssen ihre Markenbotschaft nicht umständlich erklären – jeder erfasst sie blitzschnell. Und das ist auch überlebensnotwendig, denn es funktioniert nur, wenn der „einfache Soldat" daran glaubt und sich im Vertrauen auf dieses Markenver-sprechen ins Gefecht stürzt. Das passiert nur, wenn Glaubwürdigkeit vorhanden ist: Nehmen 99,9 Prozent der Mitarbeiter das Markenver-sprechen ernst? Sind sie selbst davon begeistert? Vermitteln sie es lei-denschaftlich? Und die Kunden? Glauben sie es? Brennen auch sie für ihr Lieblingsprodukt? Firma, Produkt, Auftritt, Kunden – passt dies alles zusammen? Falls nein, läuft etwas gewaltig schief!

Die Markenidentität eines Unternehmens kommt immer dann au-thentisch rüber, wenn der Kern dieser Marke etwas darstellt, das den Menschen wichtig ist. „Überlassen Sie es niemals der Konkurrenz, Sie zu definieren. Definieren Sie sich durch etwas, was Ihnen wirklich am Herzen liegt", so der leidenschaftliche Appell des amerikanischen Naturpflegeproduktherstellers Tom Chappel. Das ist leichter gesagt als getan und funktioniert nur dann, wenn alle im Unternehmen wissen, was diese Herzensangelegenheit ausmacht. Trotzdem: Für Mitarbeiter wie für Kunden ist es ein enormer Unterschied, ob ein Unternehmen einfach nur um jeden Preis wachsen will oder ob das Wachstum die Konsequenz und die Belohnung der Kunden dafür ist, dass das Unternehmen etwas tut, was für Mitarbeiter und Kunden wirklich wichtig ist.

So könnte ein Unternehmen beispielsweise den fundamentalen Wert **Gerechtigkeit** damit übersetzen, dass es als Herausforderer einen Markt aufmischen will, auf dem selbstzufriedene und satte Anbieter es sich in ihrer Nische bequem gemacht haben – zum Nachteil der Kunden. Liqui Moly oder Doc Morris sind Beispiele für solche Herausforderer. Oder ein Unternehmen kann das Prinzip **Verantwortung** mit Leben füllen, indem Prinzipien wie Nachhaltigkeit und ethisches Handeln zur obersten Maxime werden. Babykost-Hersteller Hipp setzt genau auf diese Werte. Oder wenn ein Unternehmer wie Götz Werner sagt, es sei „Ziel der Unternehmenskultur, dem Leben einen Sinn zu geben" – der für ihn eine maximale Eigenverantwortung bedeutet –, ist das ein interessantes Beispiel dafür, wie die Grundwerte **Freiheit und Verantwortung** zum Beweggrund eines Unternehmens werden können. Ein Modell, das aber nur funktioniert, wenn die Mitarbeiter bei dm und auch die Kunden es als glaubwürdig wahrnehmen – das interne und externe Markenbild müssen zusammenpassen.

**Das interne und externe Markenbild müssen zusammenpassen**

Das ist harte Arbeit und bedeutet, immer wieder an dieser Kongruenz des Markenbildes zu arbeiten – aber die Belohnung dafür ist immens: Unternehmen, denen es gelingt, einen echten Beweggrund entstehen zu lassen und nicht nur eine Geschäftsbeziehung – das sind die erfolgreichen Unternehmen der Zukunft. Leider, leider definieren sich viel zu wenige Unternehmen durch das, was ihnen am Herzen liegt, sondern bloß durch das, was sie gerade tun. Eine der rühmlichen Ausnahmen ist das britische Unternehmen Virgin, das neben seiner Fluggesellschaft auch im Pauschaltourismus, im Musikeinzelhandel, Bankwesen und Rundfunk tätig ist – ein riesiger Gemischwarenladen, der durch einen gemeinsamen Spirit zusammengehalten wird. Gordon McCallum, Leiter Geschäftsentwicklung bei Virgin, sagt zu diesem enormen Spektrum: „Es gibt keine Festschreibung darüber, in welchem Geschäftsfeld Virgin sein sollte und in welchem nicht." Entscheidend sei, dass Virgin nur in Branchen einsteige, von denen das Unternehmen absolut überzeugt sei. Genauer: Bei denen es überzeugt sei, dass es erstens durch seinen Einstieg bestehende Regeln in Frage stelle, zweitens die Kunden besser bedienen könne als die Konkurrenz, drittens unterhaltsamer sei und dann viertens und zum krönenden Abschluss selbstgefälligen Pfründebesitzern ein Bein stellen könne. McCallum weiter: „Unsere Kultur wird nicht durch das Warum?, sondern durch das Warum nicht? bestimmt."

> „Unsere Kultur wird nicht durch das Warum?, sondern durch das Warum nicht? bestimmt."

Aber Vorsicht: Ein dehnbares Geschäftskonzept ist kein Plädoyer für eine schlecht durchdachte Diversifikation. Und gerade bei einer so großen Bandbreite an Angeboten sollte jeder besser eine klare Markenidentität anstreben. Und diese kann nur in Übereinstimmung mit der Unternehmens-DNA, den Kernwerten der Firma, entwickelt werden und nicht am Reißbrett. Virgin-Chef Richard Branson weiß das. Er hat verstanden, dass eine

Nur Fassade, nix dahinter

Markenidentität ohne Mitarbeiter genauso wenig funktioniert wie ohne begeisterte Kunden oder eine positiv gestimmte Öffentlichkeit. Und deshalb misst er beiden Faktoren dieselbe Bedeutung bei. Auch er selbst tut so viel wie möglich dafür: „250 Tage im Jahr bin ich nur damit beschäftigt, in der Weltgeschich-

130

te herumzureisen, um aus Virgin die Marke zu machen, die am meisten respektiert wird auf unserem Globus. Virgin soll nicht zwangsläufig die größte, aber die beste Marke sein."

Wie viel Arbeit es ist, eine nachweisbare Identität, Werte und ein aufrichtig gelebtes Leitbild zu kultivieren, gerade wenn ein Unternehmen immer größer wird, zeigt sich bei dem Versandhändler Otto, der sich 2004 zur Otto Group neu zusammensetzte. Die im Leitbild fixierte Verpflichtung zu einer „umweltgerechten und sozialverträglichen Handelstätigkeit, die weder zerstörende Eingriffe in den Haushalt der Natur noch menschenunwürdige Arbeitsbedingungen akzeptiert", ist eine Herzensangelegenheit des Aufsichtsratsvorsitzenden und ehemaligen Vorstandsvorsitzenden Michael Otto. Lässt sich diese bei mittlerweile 83 Handelsunternehmen in 21 Ländern Europas, Asiens und Nordamerikas aufrechterhalten? Bei Otto versucht man genau das: Eine der identitätsstiftenden Maßnahmen bestand darin, 30 Top-Manager aus Japan, China, den USA, England, Frankreich und Deutschland an einen runden Tisch zu setzen. Alle Beteiligten wurden gebeten, eine Geschichte zu erzählen, die von der Leidenschaft für das eigene Unternehmen handelt. Herausgekommen ist am Ende ein Film von, mit, über und für die Mitarbeiter der Otto Group, der deren Passion lebendiger beschreibt als geschwurbelte Leitsätze, Power-Newsletter oder Hochglanzbroschüren.

Anordnen kann man einen authentischen Beweggrund indes nicht. Genauso wenig wie Vertrauen. Oder Respekt. Auf Kommando geht da gar nichts. Gerade deshalb sei es so wichtig, sagt Terri Brown, Marketing-Chefin der Unternehmensberatung Actuate, in die eigenen Mitarbeiter zu investieren. Nicht im Hauruck-Verfahren, sondern langfristig und ernsthaft: „Das Vertrauen der Kunden gewinnt man nicht mit hübschen Bildern und viel heißer Luft." Ressourcen, die ein Unternehmen in Werbung und Marketing investiere, seien Ressourcen, die es bloß in ein Versprechen investiere. Ein Versprechen, das, Hand aufs Herz, selten genug eingelöst wird. Ressourcen dagegen, die in die eigenen Mitarbeiter investiert werden, verwandeln sich in eine Energie, die eben dieses Versprechen mit Leben füllt. Und

Nix! Ach so.
Na dann.

letztendlich, so Brown, besäßen weder die Marketingabteilung noch die Werbeagentur, nicht die PR-Abteilung oder die Kommunikationsberater die Marke eines Unternehmens. Sie sind nur die Vermittler, Leute, die sich überlegen, was so eine Marke alles kommunizieren kann. Tatsächlich besitzen die Mitarbeiter – und Kunden – die Marke. Sie definieren, wie und was sie wirklich ausmacht. Und zwar nicht durch schöne Worte, Bilder oder Versprechen – sondern durch Taten. Eine Marke innerhalb einer Firma zu verankern ist ein dauerhafter Prozess, der wirkliches Engagement erfordert. Das dafür erforderliche Vertrauen schafft man nicht durch knackige Slogans mit der berauschenden Wirkung verbaler Ecstasypillen, sondern durch Offenheit und einen bewussten Informationsaustausch zwischen der Chefebene und allen Mitarbeitern. Aber Achtung: Wer transparent lebt, lebt auch gefährlich, denn die eigenen

> „Im Rahmen der Delegation von Kompetenz und Verantwortung müssen in Abstimmung die Entscheidungen durch die Verantwortlichen gefällt werden."

Mitarbeiter sind die besten Lügendetektoren. Wenn ein Unternehmen behauptet, es herrsche eine aufmerksame und empathische Atmosphäre, die Leute aber keine Chance haben, mal drei Worte mit dem Chef zu wechseln, dann wird das Ganze schnell zur Farce. Wenn der Big Boss nicht einhält, was er bei der letzten Weihnachtsfeier vor einer staunenden Menge mit staatstragenden Worten und Rührungstränen in den Augen präsentiert hat, kann das die Markenidentität ernsthaft beschädigen. Das kritischste Publikum eines Unternehmens sind seine eigenen Mitarbeiter. Gleichzeitig hat das kritischste Publikum auch immer den besten Kommunikationskanal „nach draußen".

Apropos Kommunikation: Woran erkennen Mitarbeiter, ob sie es mit einer starken Markenidentität, mit einem authentischen Spirit im Unternehmen zu tun haben? Klar, in erster Linie daran, dass sie sich – wie bei Whole Foods Market, Schindlerhof oder dm etwa – voll einbringen können, sich fair behandelt und ernst genommen fühlen. Oft kann man ein solches Klima aber auch an vermeintlichen Kleinigkeiten wie der firmeninternen Sprache erkennen – oder auch nicht. Denn mitunter kapieren die eigenen Mitarbeiter die Sprache ihrer hauseignen Markenspezialisten nicht. Man denke da beispielsweise an Unternehmensleitbilder, in denen sich Sätze finden, deren Entzifferung praktische Kenntnisse auf dem Gebiet der Dechiffrierung voraussetzt: „Im Rahmen der Delegation von Kompetenz und Verantwortung müssen in Abstimmung die Entscheidungen durch die Verantwortlichen gefällt werden." Ja, klar. Und sonst? Solche Sätze stehen ganz offensichtlich in reziproker Relation zum Intelligenzquotienten des Erzeugers – soll heißen: wurden von Ölsardinen im Zustand geistiger Umnachtung verfasst. Anders können wir uns die Entstehung derartiger sprachlicher Nebelkerzen nicht erklären. Der Journalist und Schreibtrainer Markus Reiter hat es sich zur Aufgabe gemacht, gegen solche hohlen Worte zu Felde zu ziehen. Er macht Managern in Workshops klar, dass sie mit solchen Satzungetümen Mitarbeiter und Kunden vergraulen. Und lässt

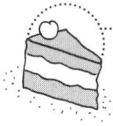

**Heiße Luft
ist heiße Luft
ist heiße Luft
ist heiße Luft …**

seine Seminarteilnehmer ihr eigenes Businesskauderwelsch übersetzen. Das hat eine sehr heilsame Wirkung. Herauskommen würde in obigem Fall übrigens: „Die Verantwortlichen sollen entscheiden, aber nur, wenn sie verantwortlich sind. Und lieber nicht allein, sondern ‚in Abstimmung‘ – mit wem auch immer." Also so viel wie: Heiße Luft ist heiße Luft ist heiße Luft ist heiße Luft …

Ein Unternehmen, das sich sprachliche Klarheit im Hinblick auf Mitarbeiter und Kunden auf die Fahnen geschrieben hat, ist E.ON Westfalen Weser. Bei dem Energieversorger gibt es aus genau diesem Grund keine Hotline mehr. Auch über Prozessoptimierung und Workflow wird nicht gesprochen, und niemand, auch nicht der Vorstand, benutzt noch das Wort Organizer oder Timer. Durch die Aktion „Unsere Sprache" wurden die Mitarbeiter des Unternehmens dazu gebracht, nur noch in einem klaren und verständlichen Deutsch zu kommunizieren. Aus einem ganz einfachen Grund: Der Stromanbieter wollte von seinen Kunden verstanden werden. Wir denken, ein positiver Nebeneffekt könnte sein, dass die Mitarbeiter ihre Arbeit selbst auch wieder besser verstehen. „Wir kümmern uns um unsere Kunden" ist jedenfalls ein sehr einfacher Leitsatz, der immer passt, finden wir. Machen Sie mal den Test und fragen Sie sich: Was hat eigentlich der Kunde von dem, was wir hier gerade machen? Nix! Ach so. Na dann.

„Hey, Anja! Bist du etwa eigens aus München gekommen?"

Ja, an diesem Tag war ich kurz vor 6 Uhr früh in München aufgestanden. Ich hatte einen anstrengenden Projekttag bei einem Kunden hinter mich gebracht, war kurz vor knapp zum Flughafen gedüst und hatte die letzte Linienmaschine nach Düsseldorf bekommen. Jetzt war es kurz nach 10 Uhr abends am Rhein und ich tauchte bei dieser Party auf. Aber das war nicht irgendeine Party. Es waren „meine Leute", die hier feierten. Und deshalb wollte ich unbedingt dabei sein.

„Mensch, Anja, das ist ja super, dass du es noch geschafft hast!"

Ich war bei Accenture. Und wir schrieben die wilden Neunziger. Wir machten extrem stressige Projekte für große Industriekunden. Die Deadlines waren eigentlich nur mit einem 48-Stunden-Tag einzuhalten. Unser Motto lautete: Work hard, play hard.

Musste das heißen, mit dem Inlandsflug zu einer Party zu kommen? Ökofanatiker hätten mich gesteinigt. Zum Glück kannte ich nicht allzu viele davon. Was mir heute selbst reichlich daneben vorkommt, war für mich damals völlig selbstverständlich. Man hatte die Deadlines zu schaffen. Und man wollte bei den Partys dabei sein.

Die Party fand an diesem Abend in einer alten Fabrik statt, abgeranzter Industriecharme, mit Heizstrahlern kurzfristig benutzbar gemacht. Aber auf das Styling kam es eigentlich gar nicht an. Sondern darauf, Kollegen zu treffen, die gleichzeitig Freunde waren. Unser Motto: „Unsuccessful companies have meetings – successful companies have parties." Ja, so war das damals.

# Wir sind nicht dazu gemacht, allein zu sein

Ein sinnstiftendes Unternehmen ist immer mehr als eine bloße Organisation. Es ist eine Gemeinschaft. Damit wir uns hier nicht missverstehen: Gemeinschaft bedeutet nicht, dass jedes Unternehmen zum Musikantenstadl mutieren muss, wo Mitarbeiter auf Betriebsfeiern wie Teletubbies auf Ritalin dauerschunkeln. Harmoniezwang auf Kommando funktioniert nicht. Genauso wenig wie hochmoralische Appelle nach dem Muster „Es lebe die internationale Solidarität" oder auch nur ein klägliches „Wir sitzen doch alle in einem Boot". Wir sprechen hier von einer Gemeinschaft, die alle Mitarbeiter

einbezieht und deren Erfolg im Wesentlichen auf einem echten Zusammengehörigkeitsgefühl basiert. Auf einem Umgang, der von Vertrauen, Respekt und Verlässlichkeit getragen ist. Menschen, die sich als eine Gemeinschaft erleben, gehen auch zusammen durch Krisen. Und sie feiern zusammen! Dabei ist es egal, ob man sich beim Chef zu Hause im Garten zum Grillen trifft oder eine Party in einer alten Fabrik mit abgeranztem Industriecharme feiert. Für beide Varianten gilt: Wo hart gearbeitet wird, da wird auch hart gefeiert! Ein echtes Gemeinschaftsgefühl muss auf natürliche Weise entstehen, nur dann ist es auch stark und authentisch. Die Kraft der Vielen zu nutzen bedeutet im Endeffekt eine messbar höhere Wertschöpfung. Und definiert sich auch genau von diesem Ziel her. Erst wer das menschliche Grundbedürfnis nach Zugehörigkeit ernst nimmt, kann überhaupt Höchstleistungen erwarten. So sagt es auch der irische Managementvordenker Charles Handy: „Wir sind nicht dazu gemacht, alleine zu

sein. Wir brauchen ein Gefühl der Zuge-  hörigkeit –
gleich, ob zu einer Sache oder zu einem Menschen.
Nur dort, wo ein wechselseitiges Bekenntnis vorhanden ist,
sind die Menschen bereit, eigene Interessen zugunsten anderer zurückzustellen." Genau darum geht es: sich gemeinsame Ziele auf die Fahne zu schreiben. Und das
Bedürfnis, selbst im Mittelpunkt stehen zu wollen, dafür auch mal in die Warteschleife zu schicken.

Gemeinschaft hat im Wirtschaftsleben immer zwei Dimensionen. Die **erste Dimension** spielt sich innerhalb der Mauern des
Unternehmens ab, die **zweite Dimension** davor. Dazu mehr in wenigen Minuten ...

Die Menschen in einer solchen gemeinschaftsorientierten Organisation sind nicht nur bloße Produktionsfaktoren, sondern sie setzen
sich mit ihren Mitstreitern für eine gemeinsame Sache, ein höheres
Ziel ein. Sie sind nicht nur Gehaltsempfänger, die im Gegenzug ihre
Arbeitsleistung zur Verfügung stellen. Ihr Einsatz und Engagement
werden dadurch ausgelöst, dass sie die Ziele des Unternehmens
teilen. Ob es bei einem Unternehmen Gemeinschaft in der ersten
Dimension gibt, spüren typischerweise schon Studenten bei einem
sechswöchigen Praktikum. Nachdem unsere Freundin Katarina als
Wirtschaftsstudentin ein Praktikum bei Procter & Gamble gemacht
hatte, kam für sie nach dem Examen kein anderes Unternehmen mehr
in Frage. Der Geist der Gemeinschaft hatte sie angesteckt. Katarina
ging tatsächlich zu P&G und arbeitet heute immer noch dort. Auch
andere Unternehmen wie beispielsweise BMW oder Porsche haben
diesen Effekt erkannt und sprechen potenzielle Top-Leute schon ge-
zielt während des Studiums an.

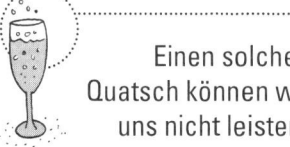

Die meisten Hochschulabsolven-
ten, die Porsche einstellt, sind
ehemalige Praktikanten. „Wer
sich während seines Praktikums
bewährt, wird bis zum Studien-
abschluss in unsere Förderpro-

**Einen solchen
Quatsch können wir
uns nicht leisten!**

gramme eingebunden, aus denen wir jährlich rund 85 Prozent
unserer Stellen für Nachwuchskräfte besetzen", heißt es bei dem
Autobauer. Ein Erfolgsrezept!

Auch in der Sportwagenschmiede Ferrari herrscht ein starkes Zusammengehörigkeitsgefühl. Und das liegt nicht nur an den faszinierenden Autos mit acht Airbags pro Sitz und einer ausbruchssicheren Fahrgastzelle, die dafür sorgt, dass Ferrari-Fahrer keinem Crash aus dem Weg gehen müssen. Aber Spaß beiseite. Ein Gefühl der Zusammengehörigkeit kann sich nicht aus Produkten ableiten – und seien sie noch so schnittig und PS-stark. Eine stabile Gemeinschaft kann nur dann entstehen, wenn die Menschen die Chance haben, ihre Begabungen zu nutzen, ihre Kreativität für einen Zweck einzusetzen, mit dem sie sich identifizieren können und wollen. Das ist ein riesiger Unterschied zu den Unternehmen, die ihre Mitarbeiter dafür bezahlen, irgendeine Arbeit zu verrichten, die ihnen aufgetragen wird.

Bei Ferrari üben die Mitarbeiter eine Tätigkeit aus, von der sie ihren Familien und Freunden erzählen, auf die sie stolz sind. Geld erhalten sie natürlich auch dafür – aber das Gehalt ist die Gegenleistung, nicht der Schlüsselreiz. Schon die großzügige, lichtdurchflutete Architektur von Gründungssitz, Werk und Rennstall in Maranello stellt das Individuum in den Mittelpunkt – und so ist es auch gewollt. Das unterstützt auch die „Formel Wellness", ein kostenloses Fitnesstraining für die eigenen Leute samt medizinischer Betreuung. Aber das Herzstück dieser Unternehmenskultur ist der „Creativity Club". Regelmäßig lädt das Unternehmen prominente Gäste ein, die – nein, nicht von in Versace gewandeten Pressereferenten das Werk gezeigt bekommen, sondern den Mitarbeitern im lockeren Gespräch zu neuen Impulsen zu verhelfen. Maler, Bildhauer, Jazzmusiker – sie alle erzählen von ihrer Arbeit, um

**Das Gehalt ist die Gegenleistung, nicht der Schlüsselreiz**

die Ferraristi auf frische Ideen zu bringen. Außerdem schaffen diese Gespräche auch eine Nähe unter den Kollegen und stärken das Wir-Gefühl. „Hier herrscht ein echter Teamgeist", sagt der Formel-1-Ingenieur Dieter Gundel. Kein Wunder, meinen wir.

Okay, sagen jetzt vielleicht einige. Ferrari, madre santa del dio! Schöne Welt, aber fernab der Realität. Und: Gemeinschaft ist vielleicht ein ganz flottes Schlagwort zur Rekrutierung von Mitarbeitern, aber eigentlich ist das doch alles Gefühlsduselei! Ach ja? Dann schauen wir uns doch mal an, was in Läden los ist, in denen es überhaupt kein Gemeinschaftsgefühl und keinen Hauch von Teamgeist gibt! In denen niemand stolz darauf ist, dazuzugehören. Da herrscht eine äußerst schwache Moral. Warum auch sollten sich die Mitarbeiter für das Unternehmen einsetzen? Eigeninitiative, Kreativität, hohes Energielevel sind in solchen Unternehmen nur molwanische Fremdworte – von Innovationsoffensive ganz zu schweigen. Der mangelnde Elan ist in diesen Büros, Läden und Werkshallen geradezu mit beiden Händen greifbar. Begeisterung für ein gemeinsam erreichtes Ziel ist nicht existent. Und das sind nur erste Warnsignale. Ganz offen treten die Auswirkungen einer solchen Unkultur in hohen Krankenständen, vor allem durch stressbedingte Krankheiten, und hohen Kündigungsraten zu Tage. Und das macht sich wiederum deutlich im betriebswirtschaftlichen Ergebnis bemerkbar. Und spätestens dann sollte es alle interessieren.

Ein weiteres verbreitetes Übel, das dem Gemeinschaftsgefühl innerhalb einer Firma konsequent entgegenwirkt, ist der ausgeprägte Hang zu Informations-Silos sowie Politik- und Grabenkämpfen zwischen den Abteilungen, der in so manchem Unternehmen kunstvolle Blüten treibt. Die Folge: Die individuellen Beiträge der Mitarbeiter

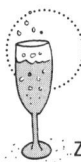

„Eitelkeiten und Machtspielchen zwischen Abteilungen sind nicht erlaubt."

sind begrenzt und penibel nach Abteilungen getrennt: Streng unter Verschluss gehaltene Informationen, konspirative Besenkammer-Meetings und ein mafiöses Traue-niemanden-Gehabe sind die Konsequenz. Zu Recht weist der Entwicklungsleiter bei Sennheiser, Wolfgang Niehoff, darauf hin, worum es eigentlich gehen sollte: „Eitelkeiten und Machtspielchen zwischen Abteilungen sind nicht erlaubt. Wir müssen mit Sony oder Philips konkurrieren. Da können wir uns einen solchen Quatsch nicht leisten."

Leider haben das noch immer nicht alle Unternehmen verstanden. Oft betrachten „die von der Herstellung die anderen vom Vertrieb" als Erzfeinde im eigenen Haus, und umgekehrt. Gerade in stark arbeitsteiligen Großunternehmen oder Firmen mit ausgelagerten Einheiten bekämpfen sich Abteilungen gegenseitig, statt sich zu unterstützen, für die Anregungen der Kollegen offen zu sein und voneinander zu profitieren. Lassen Sie uns an dieser Stelle eines klarstellen: Wir haben nichts gegen Abteilungen und arbeitsteiliges Arbeiten. Diese Strukturen eignen sich sehr gut dazu, die Aktivitäten vieler Menschen mit sehr unterschiedlichen Funktionen zu koordinieren. Aber sie sind nicht gut geeignet, den Arbeitseinsatz zu mobilisieren, also Menschen dazu zu bewegen, über sich hinauszuwachsen und leidenschaftlich ein gemeinsames Ziel zu verfolgen.

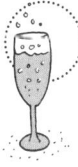

**Die großen Ziele erreicht niemand alleine – zumindest nicht auf Dauer**

Echtes Engagement und höheres Verantwortungsbewusstsein können nur entstehen, wenn ein Gemeinschaftsgefühl vorhanden ist, das auf einem vertrauens- und respektvollen Umgang miteinander basiert. Das alles mit einem Ziel: Gemeinsam so viel wie möglich zu erreichen. Denn die großen Ziele erreicht niemand alleine – zumindest nicht auf Dauer.

Woran erkennt man Gemeinsinn-Unternehmen? Als unsere Freundin Katarina uns von ihrem Arbeitgeber vorschwärmte, stellten wir fest, dass es bei Procter & Gamble vier Merkmale sind, die das starke Gemeinschaftsgefühl innerhalb des Unternehmens ausmachen und die sich auf jedes andere Unternehmen übertragen lassen. Das erste Merkmal lautet **Langfristigkeit,** und dafür ist das Unternehmen nicht nur bei seinen eigenen Leuten bekannt. Die 24-jährige Rachelle Brown, die in Cincinnati Marketing für das P&G-Haarshampoo Pantene macht, weiß zu berichten: „Als ich meiner Großmutter erzählte, dass ich zu P&G gehe, war sie stolz und meinte, das sei eine Firma, in der man bis zur Rente bleiben sollte." Entgegen der heute oft üblichen Durchlauferhitzer-Personalpolitik werden die 138.000 Mitarbeiter bei P&G tatsächlich auf lange Sicht eingestellt, eingeplant und aufgebaut – 15.000 davon übrigens in Deutschland. Mit der Strategie, Insider auf Top-Positionen zu befördern, hat der Markenmulti gute Erfahrungen gemacht. „Build from within", nennt P&G-Personalvorstand Dick Antoine das Prinzip, Führungskräfte fast ausnahmslos aus den eigenen Reihen zu rekrutieren. Legendär ist bis heute die Laufbahn von Richard Deupree, der 1905 als Laufbursche bei Procter begann und 1930 Unternehmenschef wurde. Legendär und ein klares Zeichen für ein Gemeinsinn-Unternehmen.

Das zweite Merkmal ist die **stark leistungsorientierte Kultur.** Ganz recht. Wer gefördert wird, kann und will auch viel leisten. Und neben Köpfchen und Leistungswillen erwartet P&G vor allem eines von seinen Leuten: „Ownership", so etwas wie Mit-Eigentümer-Mentalität. Jeder Mitarbeiter soll sich so für seinen Bereich einsetzen, als wäre es sein ganz eigenes Unternehmen. Wenn Menschen das Gefühl haben, wirklich zu einer Organisation dazuzugehören und einen Beitrag zum Gesamtergebnis zu leisten, führt das im Umkehrschluss auch zu mehr Engagement und einem höheren Verantwortungsbewusstsein. Deshalb verkauft ein Procterianer auch nicht einfach nur Windeln. Er will ganz genau wissen, welche Windel ein Baby kaufen würde, wenn es schon selbst einen Ein-

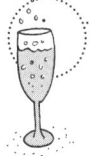

**Wer gefördert wird, kann und will auch viel leisten**

kaufswagen schieben und ein Portemonnaie öffnen könnte. Er will die komfortabelste Windel aller Zeiten entwickeln und davon mehr verkaufen als alle anderen – eben weil es die beste ist. Und darüber freuen sich letztlich alle – Eltern, Kinder, Mitarbeiter, Aktionäre.

Mit der leistungsorientierten Kultur geht als dritter Punkt ein starker Fokus auf **Coaching und Unterstützung** einher: Das fängt damit an, dass jeder Neuling einen Mentor an die Seite gestellt bekommt. Dazu gibt es für Einsteiger zahlreiche Aufbauprogramme. Im firmeninternen College stehen je nach Bereich die Grundlagen für Marketing, Finanzen oder Verkauf auf dem Lehrplan. In begleitenden Gesprächen mit Vorgesetzten werden Leistungen und Aufgabenbereiche diskutiert, in denen man sich noch verbessern kann, und weitere Karriereschritte geplant. Vorher geben Kollegen im 360-Grad-Feedback ihre Beurteilung ab. Bemerkenswert ist hierbei: Auch die Chefs bekommen Noten. Und je höher man aufsteigt, desto wichtiger wird diese Art der Beurteilung. Ob und wie sehr man als Chef seine eigenen Mitarbeiter fördert, kann am Ende sogar Einfluss auf das eigene Gehalt haben. Welch ein Unterschied zur Der-Chef-steht-außerhalb-jeder-Kritik-Mentalität in so manchem Unternehmen! Dort gilt: Wer es bis nach ganz oben geschafft hat, will sich nicht auch noch mit dem lästigen Feedback von Mitarbeitern auseinandersetzen. Rückmeldungen von Untergebenen werden als Angriff gewertet. Schon derjenige, der sich den Luxus einer eigenen Meinung leistet, gilt als potenzieller Königsmörder.

Der vierte Aspekt ergibt sich fast zwangsläufig aus den vorhergehenden Merkmalen: der **hohe Identifikationsgrad mit der eigenen Arbeit**. Letztlich identifizieren sich Pampers-Forscher und Pringles-Experten nicht nur mit der eigenen Arbeit, sondern mit dem ganzen Unternehmen. Selbst im Toskana-Urlaub wird noch mal schnell ein Store-Check gemacht mit dem Ziel, die Pampers-Pakete geradezurücken oder Versorgungslücken im Sortiment aufzudecken.

Die Strategie hinter diesen vier Kernmerkmalen kann auf einen Nenner gebracht werden: Procter verhält sich wie eine Familie, die sehr hohe und gerechte Anforderungen an jedes einzelne Mitglied stellt. Die Folge ist ein starkes Zusammengehörigkeitsgefühl, ein stark motivierendes Miteinander – aber nur, weil jeder Einzelne seine Leistung bringt und sich anstrengt. Mitarbeiter, die in einem solchen Umfeld arbeiten, lassen auch ihre Kollegen nicht hängen und verbessern so die Betriebsergebnisse. Dabei ist es egal, ob es darum geht, die beste Babywindel der Welt zu entwickeln oder die langlebigste Batterie für das plüschige rosa Trommel-Häschen.

> Wer sich den Luxus einer eigenen Meinung leistet, gilt als potenzieller Königsmörder

Kommen wir zur **zweiten Dimension von Gemeinschaft**. Sie ist immer Resultat der ersten. Unternehmen, die nach innen einen starken Spirit haben, strahlen diesen auch nach außen aus und ziehen Menschen an. Und wenn Menschen mit ähnlichen Werten und Zielen sich zu etwas hingezogen fühlen, dann bilden sie irgendwann fast automatisch auch untereinander eine Gemeinschaft. Kundengemeinschaften erzeugt man aber nicht mit Marketinggags, die mit geistigem Heißkleber auf der 08/15-Werbung aus der Agentur-Retorte befestigt werden. Auch das bloße Hinzufügen irgendwelcher interaktiven Elemente auf der Firmenwebsite hilft hier nicht weiter. Es geht vielmehr darum, dem menschlichen Grundbedürfnis nach Zugehörigkeit und emotionaler Bindung eine Plattform zu bieten.

Ein cleveres Beispiel dazu ist Jones Soda. Das amerikanische Erfrischungsgetränk ist auf dem europäischen Markt noch nicht so bekannt. In den USA positioniert sich die Marke als die Brause für Teens und Twens – und zwar ausgesprochen intelligent. Denn eines ist klar:

Jones Soda - Fufu Berry: Na, dann Prost!

Wenn sich ein Limo-Hersteller gegen globale Giganten wie Coca-Cola und Pepsi erfolgreich behaupten will, die de facto alle vorhandenen Vertriebskanäle besetzt haben und viele Millionen Euros in die Werbung schießen, dann muss sich dieser Herausforderer etwas einfallen lassen. Jones-Gründer und CEO Peter van Stolk erklärt das Erfolgsrezept in einem Interview mit der Zeitschrift „Fast Company" so: „Wir haben das Unternehmen in dem Wissen gestartet, dass die Welt alles Mögliche braucht – bloß nicht noch eine weitere Limo-Marke. Das hat uns dazu gezwungen, fantasievoll zu sein und die Dinge aus einer anderen Perspektive zu betrachten: Wie können wir trotzdem Kundenbindung erreichen, haben wir uns gefragt. Die Antwort: Lasst sie mit der Marke spielen, lasst sie sie besitzen! Dies ist nicht unsere Marke. Sie gehört unseren Kunden". Und die sprechen miteinander über sie. Eine bessere Werbung gibt es nicht!

Es ist diese unglaublich enge Kundenbeziehung, die revolutionäre Marketingansätze ermöglicht und die Jones Soda seinen heutigen Kultstatus verliehen hat. Über die Website myjones.com werden die Fans immer wieder in die Markengestaltung involviert. Vorschläge und Online-Abstimmungen für schräge Geschmacksrichtungen (wie beispielsweise Chocolate Fudge oder Green Apple), exzentrische Namen (Whoop Ass, MF Grape) und die Neonfarben, in denen die Getränke daherkommen, sind das direkte Ergebnis der Einbindung der Kundengemeinschaft. Eine weitere coole Idee: Jeder Fan kann sein Lieblingsfoto einschicken, und mit etwas Glück wird es auf den Flaschenetiketten abgedruckt. Als Reaktion brach eine wahre Flut von Fotos über die Website herein. Vier Millionen Vorschläge hat Jones Soda in den letzten Jahren gesammelt, und die Fangemeinde wartet regelmäßig mit Spannung auf die neuesten Entwürfe. Klar, dass eine solche Aktion für Gesprächsstoff sorgt.

Und weil der Dialog der Soda-Community längst zum Selbstläufer geworden ist, erreichen das Unternehmen neben Fotos auch Sprichwörter und Zitate, die auf die Innenseiten der Flaschenverschlüsse gedruckt werden. Ist dieses Produkt eigentlich noch ein Getränk? Auch! Aber vor allem ein Sammlerobjekt. Es geht darum, dass ich als Kunde **meine** Marke mitgestalte. Um das Einbringen **meiner** Ideen. Lassen Sie sich das Ganze mal auf der Zunge zergehen: Wir reden hier nicht vom selbstlosen Einsatz einer Gruppe engagierter Menschen für den Weltfrieden, die Völkerverständigung oder den Schutz der Regenwalds. Wir sprechen hier von einer zuckersüßen bunten Brause, die in Sorten mit klangvollen Namen wie M. F. Grape, Blue Bubble Gum und

**Eine legendär arrogante Truppe genialer Computernerds**

Fufu Berry angeboten wird und noch nicht einmal wirklich gut schmeckt. Okay, das mit dem Geschmack, das ist unser empirischer und extrem subjektiver Eindruck, den wir im schonungslosen Selbstversuch gewonnen haben ...

Es geht Jones also nicht darum, die zweite Coca-Cola zu werden. Und es ging auch nie darum, sich in eine Limo-Schublade stecken zu lassen. Die sind ohnehin alle schon voll. Sollen sich die Leute ruhig fragen: Was ist Jones Soda eigentlich? Eine schnöde Getränke-Firma? Eine Internet-Bude? Ein Kreativ-Schuppen? Eine Truppe von sozialen Netzwerkern? Das ist doch vollkommen egal! Jones Soda betreibt auch die Musikplattform MyjonesMusic. Dort können Kunden kostenlos Songs von Nachwuchsbands herunterladen und finden Interviews mit und Porträts über die Künstler. Jones Soda hat also über ein stinknormales Produkt eine riesige soziale Plattform geschaffen – und eine Kundengemeinschaft vom Feinsten!

Das Jones-Soda-Beispiel zeigt zudem: Eine Gemeinschaft aus Kunden entsteht immer auch da, wo eine Firma etwas Revolutionäres in sich trägt. Etwas, das konventionelles Denken und den Status quo auf den Kopf stellt. Ohne einen solchen revolutionären Beweggrund sind Unternehmen langweilig und inspirieren weder Mitarbeiter noch Kunden. Der Nachrichtensender CNN etwa entstand aus dem Antrieb heraus, Leuten die Möglichkeit zu geben, sich zu informieren, wann immer sie wollen, nicht nur zu festgelegten Zeiten. Der Paketversender FedEx wollte nicht nur so schnell sein wie die Post – oder ein bisschen schneller –, sondern Höchstgeschwindigkeit plus hundertprozentige Sicherheit bieten, damit Sendungen schon binnen kürzester Zeit auch tatsächlich da ankommen, wo man auf sie wartet. Google will jegliches verfügbare Wissen der Welt allen Menschen zugänglich machen. Oder nehmen Sie Nintendo, eine legendär arrogante Truppe genialer Computernerds, die stolz darauf sind, anders zu sein. Stolz, es den Etablierten zu zeigen – und diesen Stolz aus ihrer Arbeit und den gemeinsamen Erfolgen ziehen.

> Eine Gemeinschaft
> aus Kunden entsteht,
> wo eine Firma
> etwas Revolutionäres
> in sich trägt

Stolz ist überhaupt der Schlüssel für ein starkes Zugehörigkeitsgefühl. Richard Branson hat seinen eigenen Antrieb genau damit erklärt: „Ich habe mich nie als Geschäftsmann gesehen. Ich wollte lediglich etwas zustande bringen, auf das ich stolz sein konnte." Es geht darum, eine Gemeinschaft zu schaffen, der Mitarbeiter, Chefs und Kunden gleichermaßen angehören wollen. Der gemeinsame Beweggrund sollte dabei immer die (potenziellen) Kunden in den Mittelpunkt stellen. Wie können sie von den Leistungen des Unternehmens profitieren? Wie lässt sich ihr Leben oder ihr Geschäft verbessern? Wenn auf diese Fragen eine gemeinsame Antwort gefunden wird, dann ist der Beweggrund, auf den Mitarbeiter und Chefs stolz sein können, überzeugender als jeder Karriereplan. Hier wird das wichtigste Begehren genährt – der Wunsch, mehr zu sein als nur ein (zugegebenermaßen sehr kunstvoll angeordneter) Zellhaufen. Dem Wunsch, seiner Existenz einen Sinn zu geben.

Teil einer Gemeinschaft zu sein bedeutet also immer, stolz darauf zu sein, dass man dazugehört. Kunden und Mitarbeiter haben einen sehr guten Sensor dafür, wie ein Unternehmen in der Öffentlichkeit wahrgenommen wird. Machen Sie mal den Party-Check und fragen Sie auf einer Party den Nächstbesten: „Und für wen arbeiten Sie?" Je nachdem, wie die Antwort rüberkommt, ob mit stolzgeschwellter Brust oder eher kleinlaut genuschelt – „Ach, ich arbeite für so eine große Discounterkette. Ist gar nicht so schlecht, wie man immer denkt..." –, ist das ein gutes Zeichen oder eben ein todsicheres Alarmsignal.

„Peter, braucht ihr noch lange?"

Unser Ferienhaus in Frankreich sah nach dem langen Winter wieder mal so richtig angeschmuddelt aus. Doch kaum hatte unser Nachbar uns begrüßt und unser Stirn-runzeln über den Winterdreck bemerkt, wollte er Peter unbedingt seinen neuen Kärcher vorführen. Er war kurz in seiner Garage verschwunden und kam mit dem Hoch-druckreiniger zurück, den er wie einen edlen Golf-Caddy hinter sich herzog.

Jetzt waren die beiden Männer schon seit Stunden mit dem Kärcher beschäftigt. Obwohl der gröbste Dreck längst weg war. Und Peter und ich eigentlich verabredet hatten, gemeinsam einkaufen zu fahren.

„Wir sind gleich so weit", antwortete Peter.

„Merkst du, was der Teil für eine Rückschlag 'at?", fragte unser französischer Nachbar gerade, der ein lustiges Deutsch spricht.

„Ja, enorm. Und das Design ist cool."

„Wie eine Laserschwert."

„Und erst der Sound!"

„Escht süper! Fast wie eine 'arley."

„Lass uns da hinten die Gehwegplatten noch machen!"

Schließlich setzte ich mich ins Auto und fuhr allein zum Einkaufen. Mir war klar, dass die Jungs noch etwas spielen, pardon ‚kér-chèrn' wollten.

# Wer Spuren hinterlassen will,
## muss vorausgehen

Kärcher ist ein sauberes Beispiel. Ein Unternehmen, das verstanden hat, was Empathie bedeutet. Hochdruckreiniger erfüllen zwei Funktionen: Zunächst einmal sind es technisch perfekte Arbeitsgeräte. Sie sind leistungsfähig, ergonomisch, von hoher Qualität und werden ständig optimiert – ohne dass sie zu komplex in der Bedienung würden. Aber das ist nur die Basis. Darüber hinaus sind es – Männerspielzeuge.

Dabei muss Mann sich nicht einmal offen zu der Erlebniskomponente bekennen. Für seinen Chef, seine Kollegen oder seine Ehefrau bedient er nur ein Arbeitsgerät. Aber Kärcher tut einiges dafür, dass

# empathisch
## Die Kundenversteher

der männliche Nutzer nicht nur hartnäckige Flechten vom Waschbeton entfernen kann, sondern die Beschäftigung mit der Technik einfach megacool findet. Das Design bewegt sich deutlich in Richtung Wunderwaffe aus einem Science-Fiction-Film. Mit so etwas arbeitet man nicht, mit so

Peter bei seiner liebsten Beschäftigung

etwas „splattert" man den Dreck einfach von der Wand. Auch Sound und Rückschlag sind keine rein technischen Notwendigkeiten, sondern sorgfältig konstruierte Bestandteile des Gesamterlebnisses. Die Augen eines kärchernden Mannes leuchten für gewöhnlich wie die eines Vierjährigen unterm Weihnachtsbaum. Beobachten Sie das mal bei nächster Gelegenheit ... Und wenn Sie dieses Phänomen einmal bei einer Frau entdecken, schicken Sie uns bitte eine Mail ...

Was also genau ist Empathie? Empathie bedeutet Einfühlungsvermögen. Es geht dabei um die Bereitschaft und die Fähigkeit, sich in andere Menschen hineinzuversetzen, deren Bedürfnisse und Gefühle zu verstehen und sich dadurch über deren Handeln klar zu werden.

„Das Geheimnis des Erfolges ist, den Standpunkt des anderen zu verstehen", hat Henry Ford einmal gesagt. Unternehmen, die Spuren hinterlassen, haben verstanden, was der gute alte Henry damit sagen wollte: In empathischen Unternehmen sitzen Menschen, die in die Gefühls- und Gedankenwelt ihrer Kunden eintauchen können. Sie denken und handeln selbst wie der Kunde und können sich deshalb in ihn hineinversetzen. Und

> **Die Augen eines kärchernden Mannes leuchten wie die eines Vierjährigen unterm Weihnachtsbaum**

für diese Unternehmen ist ebenfalls klar, dass sich Empathie ganz und gar nicht mit einer auf Gefrierfachtemperatur stattfindenden Und-was-bringt-mir-das-Denke verträgt.

Weiter: Unternehmen, die Spuren hinterlassen, die ihren Markt zum Positiven verändern wollen, stellen den Kunden immer an die erste Stelle. – Hm. Okay. Diese Der-Kunde-immer-an-erster-Stelle-Statements haben wir alle schon dreitausendvierhundertundsiebzehnmal gehört. Sie genauso wie wir. So weit, so selbstverständlich. Aber machen Sie doch mal den Mission-Statement-Test: Auf wie vielen Webseiten, in wie vielen Unternehmensbroschüren finden Sie Sätze wie „Wir sind ein führender Hersteller von Wasserpumpen ... " „Wir sind Marktführer im Bereich Frischelogistik ... " Oder die etwas weitergedachte Idee: „Wir sind ein führender Lösungsanbieter für ... " Solche Aussagen sind sicherlich ambitioniert und zeugen von einem klaren Bekenntnis zu Qualität und Marktführerschaft. Aber diese Statements sind eben kein höherer Beweggrund, der bei aktuellen und potenziellen Kunden eine gemeinsame Leidenschaft und einen verbindenden Sinn erzeugen könnte. Das kann nur gelingen, wenn dieser höhere Beweggrund ganz klar auf vorhandene und potenzielle

Kunden ausgerichtet ist. Es geht nicht darum, was Sie tun oder lassen oder was Sie Tolles erreicht haben. Sondern darum, wie sich das Leben oder der geschäftliche Erfolg Ihrer Kunden nachhaltig verbessern wird. Wie eine alteingessene, selbstzufriedene Branche im Sinne und zum Vorteil der Kunden aufgemischt wird. Welches Grundübel des Marktes für die Kunden aus dem Weg geräumt wird. Antworten finden sich auf diese Fragen nur dann, wenn ein Unternehmen empathisch ist.

John Mackey, Gründer und CEO von Whole Foods Market, setzt mit seiner Unternehmensphilosophie genau an diesem Punkt an. Zunächst einmal gibt es einen starken Beweggrund, einen klaren Daseinszweck: Mackey und seine Mitarbeiter wollen das Leben ihrer Kunden nachhaltig verbessern. Das Unternehmen will den Menschen helfen, schlechte Ernährungsgewohnheiten zum Besseren zu verändern, und ihnen gesunde Alternativen bieten: „We want to change how America eats." Das ist die Triebfeder des Handelns. Dass Whole Foods Market, gemessen am Gewinn pro Quadratmeter Verkaufsfläche, zum rentabelsten Lebensmittelhändler der USA geworden ist, ist das Ergebnis, nicht aber das ursprüngliche Ziel.

**Darüber hinaus sind es – Männerspielzeuge**

Der wirtschaftliche Erfolg ist außerdem das Ergebnis konsequent gelebter Kundennähe und empathischen Handelns. Wie das funktioniert? Die Kunden legen fest, was in die Regale kommt und was nicht. Jedem Team in jeder Abteilung des Marktes steht es frei, nach Rücksprache mit dem Filialleiter die Regale mit jenen Produkten zu füllen, die ihrer Meinung nach den Kunden vor Ort gefallen und die den strengen Standards des Unternehmens genügen. Strenge Standards bedeutet: Gut schmecken dürfen die Produkte schon – aber bitte ohne Tierquälerei, ausgebeutete Bauern, ohne Chlorbleiche, Konservierungsmittel und künstliche Farbstoffe. Folglich führt jede Filiale ihr eigenes Sortiment und weicht damit sehr deutlich von der üblichen Praxis der großen Lebensmittelketten ab, in denen meist die nationalen Einkaufsmanager entscheiden, welche Produkte die einzelnen Filialen zu führen haben.

Empathie bedeutet also, nahe an den Kunden dran zu sein, mit ihnen zu reden, sie zu beobachten und sich immer wieder die Frage zu stellen: Was bringt das, was ich hier gerade tue, meinen Kunden? Wie würde ich denken und fühlen, wenn ich der Kunde wäre? Was würde ich mir von diesem Unternehmen wünschen? Antworten auf diese Fragen finden sich nur im direkten Kontakt mit dem Kunden und können durch keine Marktforschung dieser Welt ersetzt werden.

Und noch etwas: Werbung im XXL-Format ist kein Substitut für Empathie. Sie ist höchstens kurzfristig dazu in der Lage, mangelndes Einfühlungsvermögen, sagen wir, mit den erotischen Reizen von Heidi Klum zu überspielen – ersetzen kann sie Empathie aber niemals. Dass man als Unternehmen deshalb getrost auf Werbung verzichten kann, auf Empathie hingegen nicht, wird am Beispiel der Modekette Zara deutlich: Die Unternehmenskultur und Denkweise ruht auf zwei Grundfesten: Geschwindigkeit und Empathie. **Geschwindigkeit** bedeutet bei Zara, die neuesten Modetrends rasend schnell im Laden zu haben. Wenn nötig, dann brauchen die Spanier nur zwei Wochen von der Idee bis zur Ankunft der neuen Stücke im Laden. Als Madonna durch Spanien tourte, konnten die Fans auf dem letzten Konzert schon anziehen, was die Sängerin bei ihrem ersten Auftritt trug. **Empathie** ist die zweite Säule des Erfolgs: Um möglichst dicht an den Kunden und den aktuellen Trends dran zu sein, stehen sich die Zara-Designer nicht auf den internationalen Modeschauen in Paris, Mailand oder New York die Beine in den Bauch. Stattdessen schwirren sie als Trendscouts in der Welt herum und tragen die gesammelten Informationen wieder in die Zara-Zentrale nach Spanien zurück. Die Verkäufer sind ebenfalls aufgefordert, Markttrends weiterzugeben. Bemerkt beispielsweise ein Geschäftsführer einer Zara-Filiale, dass Kunden bestimmte Schnitte, Farben oder Stile wollen, wird diese Information sofort an die Zentrale und die dort beschäftigten Designer weitergeleitet.

Werbung im
XXL-Format ist
kein Substitut für
Empathie

Nur so hat das Unternehmen eine Chance, ein Gefühl für den Puls zu bekommen, der draußen schlägt. Diese Impulse rasend schnell in trendige Mode zu guten Preisen umzusetzen, ist das aus Sicht von Zara beste Argument, warum Kunden bei diesem Unternehmen kaufen sollten. Konsequent ist wiederum die Entscheidung, kein Geld für Werbung auszugeben: keine Plakate, keine Beilagen, keine Anzeigen in Zeitungen. Eins sollte man eben nie unterschätzen: Werbekampagnen kann jeder kopieren. Echte Empathie macht ein Unternehmen einzigartig.

Empathie bedeutet jedoch nicht, jedem Produkt eine Spaßkomponente hinzufügen zu müssen. Oder jeden Industriestaubsauger zum Kandidaten fürs Designmuseum zu machen. Noch einmal:

**Verstehen, was der Kunde wirklich will**

Empathie bedeutet, zu verstehen, was der Kunde wirklich will. Und wenn er oder sie weder für Spaß noch für Ästhetik zu haben ist, dann muss das Unternehmen eben herausfinden, was es stattdessen ist. So haben Billigflieger wie Ryanair oder Easyjet beispielsweise erkannt, dass es eine große Zielgruppe von Menschen gibt, die sich möglichst oft einen Kurztrip an einen interessanten Ort in Europa leisten möchten. Und die während eines ein- bis zweistündigen Fluges auf Komfort, Service oder gar Luxus nicht den geringsten Wert legen. Die Billigflieger wissen genau, was diese Reisenden wollen – ein paar Euros bezahlen, einsteigen, aussteigen und ab an den Strand. Oder ins nächste Szenelokal. Der Chef von Easyjet lebt diese Kultur der Basics vor. Sein Arbeitsplatz ist einer von vielen in einem Londoner Großraumbüro im Industriegebiet. Und der Leiter der Berliner Niederlassung kommt jeden Morgen mit der S-Bahn zur Arbeit am Flughafen Schönefeld. Diese Führungskräfte ticken ein bisschen so wie ihre Zielgruppe. Sie wissen: Je besser ein Unternehmen die Bedürfnisse seiner Kunden versteht, desto größer die Chance, sie dauerhaft zu begeistern.

Leider gibt es jedoch immer noch genug Firmen, die ihre Kunden überhaupt nicht verstehen, geschweige denn verstehen wollen. Viele geben sich nicht mal die Mühe, persönlich mit ihnen zu sprechen, sondern fangen Anfragen oder Reklamationen durch die berühmtberüchtigten automatisierten Unternehmens-Hotlines ab – „drücken Sie Eins, um Ihre Ihnen nicht bekannte Kundennummer einzugeben, drücken Sie Raute, um das Gespräch zu beenden, oder legen Sie einfach auf". Jeder kennt und hasst das, weil er schon genug skurrile Erfahrungen mit diesen geistlosen Maschinen gemacht hat. Das ging auch Paul English so, einem Internet-Unternehmer und ehemaligen Vice President von Intuit Technology. Unter gethuman.com listet er die schnellsten Wege, wie der Anrufer bei Hotlines von Banken, Telekoms und Regierungsstellen den Computer überlisten zu einem „echten" Menschen verbunden werden kann: Sehr zum Ärger der aufgeführten Unternehmen lässt er die Besucher seiner Website auch gleich noch nach einem Fünf-Sterne-Bewertungssystem über den jeweils gebotenen Service abstimmen.

**Die eigenen Leute sind die kritischsten Kunden**

Abgestimmt hat 2007 auch die Zeitschrift „BusinessWeek", und zwar über die „25 Customer Service Champs". Interessant ist, dass sich die besten Unternehmen, die in dieser Liste ganz oben stehen, sehr genaue Gedanken darüber gemacht haben, wie ihre Mitarbeiter ein besseres und tieferes Kundenverständnis entwickeln können. So haben etwa die Mitarbeiter der USAA – United Services Automobile Association –, deren Kunden aktive und ehemalige Soldaten der amerikanischen Armee samt ihrer Familien sind, selbst nur selten „gedient". Und einfache Servicekräfte der Four-Seasons-Hotelkette leisten sich privat auch kaum ein teures Hotelzimmer. Beide Unternehmen haben aber verstanden, dass es extrem wichtig ist, ihren Mitarbeitern die Möglichkeit zu geben, sich in die Erfahrungswelt des Kunden hineinzuversetzen. Das alles mit einem Ziel: alle Mitarbeiter zu verständnisvollen und empathischen Dienstleistern zu machen.

Um sich besser in ihre Kunden hineinversetzen zu können, bekommen die Mitarbeiter von USAA deshalb in ihrer Orientierungsphase auch schon mal Helm und Uniform verpasst und in der Firmenkantine MREs vorgesetzt.

152

MRE steht für „Meal ready to eat" und bezeichnet die typische Fertig-Verpflegung für Soldaten im Kampfeinsatz! Des Weiteren – und das ist wohl noch wichtiger – lesen die USAA-Mitarbeiter Briefe von Soldaten, die sich im Einsatz befinden, damit sie deren Sorgen und Bedürfnisse verstehen lernen. Mitarbeiter von Four Seasons wiederum werden dazu eingeladen, kostenlos mit einer Begleitperson in einem Haus der Hotelkette zu übernachten. Und zwar ausnahmslos jeder Mitarbeiter – auch die Putzfrau und der Elektriker. Die Idee dahinter ist klar: Die Mitarbeiter sollen bewusst erleben, wie es sich anfühlt, in der Haut des Gastes zu stecken und in den Genuss des besonderen hauseigenen Service zu kommen – oder eben auch mal das Gegenteil zu erleben: bescheidener Service, nachlässige Putzfrauen, unfreundlicher Zimmerservice und anderes mehr. Das Praktische daran: Die eigenen Leute sind die kritischsten Gäste. Ein positiver Nebeneffekt dieser Regelung ist, dass sie von den Mitarbeitern auch als Belohnung wahrgenommen wird. Welcher Mitarbeiter aus Frankfurt nächtigt nicht gerne einmal in der Dependance auf Mauritius? Während der Einarbeitungszeit handelt es sich übrigens um eine Übernachtung im Jahr. Nach sechs Monaten sind es schon drei Nächte und nach zehn treuen Dienstzeitjahren 20 Tage im Jahr.

Ob das Ritz-Carlton „Half Moon Bay" an der kalifornischen Küste seinen Mitarbeitern ebenfalls eine solche Live-Erfahrung verordnet, wissen wir nicht. Der enthusiastische Bericht eines Gastes, den wir im Internet gelesen haben, klingt fast danach: Er wollte seine Frau

„Wir fühlten uns geehrt, verwöhnt und wirklich als etwas Besonderes. Obwohl wir keine Stammgäste waren und bei Weitem nicht immer adäquat gekleidet, behandelten uns die Damen und Herren vom Servicepersonal, als würden sie uns persönlich kennen."

an ihrem Hochzeitstag mit einem Aufenthalt im Ritz-Carlton überraschen – was ihm dank der Mitarbeiter auch mehr als gelungen ist. Er hatte vom guten Service des Hotels gehört. Aber was er dann erlebte, verschlug ihm doch die Sprache. Es begann damit, dass ER ein paar Tage vor der Anreise vom Hotel angerufen wurde, ER vom Hotel! Es war die Gästebetreuerin, die wissen wollte, ob es anlässlich des Hochzeitstages irgendwelche besonderen Wünsche gab, die das Hotel dem Paar erfüllen könnte. Als dem überraschten Gast so schnell nichts einfiel, macht SIE ihm ein paar Vorschläge, SIE ihm! Sie verabredeten, dass nach dem Dinner auf dem Zimmer der beiden „ihr Lied" gespielt werden sollte, und noch so einige andere Kleinigkeiten. Mit dem Erfolg, dass die überraschte Gattin zu Tränen gerührt und der Ehemann glücklich war.

Der Kunde beschreibt weiter, dass schon bei der Einfahrt auf das Hotelgelände der Portier dem Paar ein fröhliches „Alles Gute zum Hochzeitstag!" zurief. „Bevor wir überhaupt eingecheckt hatten", schreibt der Gast, „wussten alle bereits Bescheid". Vom Portier über den Litftboy bis hin zur Rezeptionistin, einfach alle! Und so ging es weiter: Der Masseur im Fitnessbereich des Hotels, der Kellner im Restaurant – alle sprachen das Paar mit Namen an und wünschten ihm noch einen schönen Hochzeitstag. „Wir fühlten uns geehrt, verwöhnt und wirklich als etwas Besonderes. Obwohl wir keine Stammgäste waren und bei Weitem nicht immer adäquat gekleidet, behandelten uns die Damen und Herren vom Servicepersonal, als würden sie uns persönlich kennen. Unser Wohlergehen lag ihnen wirklich am Herzen, das konnte man spüren. Also, mit uns haben sie Gäste fürs Leben gewonnen!"

Ob Service oder Produkte – es sind die kleinen Dinge, mit denen man Kunden lebenslang ans Unternehmen bindet. Das bedeutet aber auch, sich auf jeden Kunden neu einzustellen. Jeder Kunde ist anders. Auf diese Erkenntnis baut auch das chinesische Unternehmen Haier – Sie erinnern sich: die Geschichte vom Helden mit dem Hammer. Haier verkauft heute seine Haushaltsgeräte in alle Welt. Fernseher, Kühlschränke, Klimaanlagen, Handys, Computerchips und Waschmaschinen. Und orientiert sich dabei an den lokalen Bedürfnissen der Kunden. So vermarktet Haier in den ländlichen Regionen Chinas mit großem Erfolg eine Waschmaschine, die – kein Witz! – auch Kartoffeln wäscht. Für Japanerinnen hat man dagegen eine spezielle Waschmaschine nur für Dessous

„Hilf mir, dass ich den Mund halte!"

entwickelt. Zu den Olympischen Spielen in Peking hat Haier einen Öko-Minikühlschrank ohne Motor auf den Markt gebracht, der in den Hotels für summfreie und damit besonders erholsame Nächte sor-

szene 15 **empathisch** : Die Kundenversteher

gen soll. Und für Ehepaare bieten die Designer von Haier eine Kühlschrankkombination mit integriertem Hochzeitsfoto in der Tür.

Aber auch in B2B-Märkten ist Empathie ein entscheidender Erfolgsfaktor: Die Firma Rational etwa, mit ihren Produkten für Restaurantküchen, ist ein echter Kundenversteher. Wie das funktioniert? Unter den 900 Mitarbeitern sind 150 ausgebildete Köche. Auch alle 16 regionalen Vertriebsleiter kommen ursprünglich aus diesem Metier und ernten so Akzeptanz bei den Kunden. Sie sind eben kein typischer Vertreter mit Audi, Anzug und Aktenkoffer, sondern schauen den Kollegen in Pfannen und Töpfe, hören zu und stellen Fragen – von Koch zu Koch. Und alle Kunden wissen, dass Rational sich für ihre Probleme interessiert und nach Lösungsmöglichkeiten sucht. Ein „Unternehmen der Köche für Köche" eben.

**Menschen haben sowohl das Recht als auch die Pflicht, für ihre Arbeit verantwortlich zu zeichnen**

Empathischer Vertrieb und klare Zuständigkeiten sind Erfolgsfaktoren für Rational. Deshalb gilt bei Montage und Wartung der Self Cooking Center, wie die Öfen von Rational auf Neudeutsch heißen, das Prinzip: ein Mann, ein Gerät. Ein Mitarbeiter übernimmt die aufwendige, rund zweieinhalb Stunden dauernde Montage vor Ort beim Kunden – und steht persönlich mit seinem Namen für die Qualität ein. An der Seite jedes Gerätes ist eine kleine Metall-Plakette befestigt mit dem Hinweis: „Proudly assembled by …". Hier geht es allerdings um viel mehr als um eine Plakette, auf der ein Name kunstvoll eingraviert ist. Bei Rational hat man genau das verstanden: Menschen haben sowohl das Recht als auch die Pflicht, für ihre Arbeit verantwortlich zu zeichnen. Punkt.

Das ist doch selbstverständlich, sagen Sie? Schön wär's. In der Realität ist die Wirklichkeit leider ganz anders: In wie vielen Branchen ist es tatsächlich an der Tagesordnung, dass Mitarbeiter namentlich gegenüber dem Kunden für ihre Arbeit einstehen? Unser Eindruck ist, dass das leider eher die Ausnahme als die Regel ist. Im Film- und

Fernsehgeschäft ist dieses Vorgehen beispielsweise Standard. Dort enden alle Filme und Fernsehprogramme mit langen Namenslisten, in denen **alle** genannt werden, die einen Beitrag geleistet haben – und zwar vom Kabelträger über den Hiwi vom Assistenten bis zum Beleuchter. Das Gleiche gilt für Journalisten, genauso wie für Architekten, Anwälte, Modedesigner, Maler – und auch für uns, als Buchautoren.

Wenn eine Person ihre Arbeit unterschreibt, ist dies vielleicht das beste Rezept für Qualität. Niemand wird ein fehlerhaftes oder schlechtes Produkt zeichnen wollen. Dahinter steckt allerdings ein weitaus tieferer Sinn: Die Unterschrift steht sowohl für ein Recht als auch für eine Pflicht oder besser: Verantwortung. Sie ist ein Garant, dass diese Person einen persönlichen Beitrag geleistet hat. Und genau darum geht es bei der Sinnfrage: Wir können nur dann etwas als sinnvoll erfahren, wenn wir zu dem Ergebnis dieser Sache einen wichtigen Beitrag geleistet haben und wenn unser Beitrag das

**Einfach mal die Klappe halten**

Ergebnis beeinflussen kann. Ansonsten sind alle blumigen Bekundungen darüber, wie wichtig jeder Mitarbeiter und dessen Beitrag zum Endergebnis ist, in etwa so aufschlussreich wie die Annahme, der Erhalt des Regenwalds könne durch besonders gründliches Ausatmen begünstigt werden.

Empathie steht immer auch in direktem Zusammenhang mit dem Verhalten der Chefs. Herausragende Führungspersönlichkeiten zeichnen sich unter anderem dadurch aus, dass es ihnen gelingt, zu ihren Mitarbeitern eine Beziehung aufzubauen, sie mit ihrem Spirit anzustecken und sie zu gemeinsamem Handeln zu inspirieren. Der legendäre Banker Alfred Herrhausen beschrieb die Aufgabe eines Managers einmal wie folgt: „Ein Manager muss Atmosphäre schaffen können – eine Atmosphäre, die der Kreativität der Mitarbeiter förderlich ist, innerhalb der der gemeinsame Erfolg angestrebt wird und in der der Ernst des beruflichen Lebens Spaß macht."

Der erste Schritt, um das zu erreichen, ist simpel: einfach mal die Klappe halten. Das führt nämlich geradewegs zum zweiten Schritt: Augen auf und hinschauen, Ohren auf und zuhören. Erst dann bekommt man wirklich mit, was die Leute bewegt. Von der deutschen Bundeskanzlerin Angela Merkel heißt es, sie sei eine ausgezeichnete Beobachterin und sehr aufmerksame Zuhörerin. Sie sei so gut, dass sich in ihrer Gegenwart schon so mancher um den eigenen Arbeitsplatz geredet habe. Ein sehr treffender Satz von einem amerikanischen Versicherungsmakler der 50er Jahre über das Zuhören lautet: „Wir könnten viel gewinnen, wenn wir jeden Morgen Gott bitten würden: ‚Hilf mir, dass ich den Mund halte, bis ich alles Nötige erfahren habe!'"

„Schau mal, da vorne gibt's Kaffee!"

Wir fuhren mit dem Mietwagen von Pasadena nach Santa Monica. Endlose vierspurige Straßen und ein ermüdender Autoverkehr. Jetzt einen richtig guten Kaffee! Da tauchte vor uns diese Coffee Bar auf. „Legal Grind" – komischer Name. Sah aber total nett aus. Wir fuhren rechts ran, stiegen aus und gingen hinein.

Drinnen duftete es lecker! Frisch gemahlene Kaffeebohnen verströmten ihr Aroma. Wir entschieden uns für zwei Cappuccinos und zwei Blueberry Muffins.

„That's seven fifty", sagte der junge Mann hinter der Theke lächelnd. Irgendwie war er nicht die typische studentische Aushilfe, die sonst in Kaffeebars jobbt. Er sah eher wie ein junger Arzt oder Anwalt aus.

Wir zahlten, setzten uns an einen Tisch und schauten uns um. Unser Blick fiel auf die Angebotstafel an der Wand. Aber Moment mal – was war denn das? „Divorce" war da im Angebot. Das heißt doch Scheidung! Wir lasen weiter. Da stand noch mehr so schräges Zeug: Testament – 125 Dollar, Eidesstattliche Versicherung – 350, Namensänderung – 200, oder auch ein Eintrag ins Handelsregister – 500 Dollar.

Der nette Mann hinter der Theke klärte uns schließlich auf. „Legal Grind – Coffee & Counsel" ist eine Mischung aus Kaffeebar und Anwaltskanzlei. Eine kleine Rechtsberatung bekommt man gleich an der Theke bei Kaffee und Gebäck. Die Tarife für intensiveren Rechtsbeistand findet man dann auf der Speisekarte. Und kann sich bei Bedarf mit einem Anwalt auf einen Kaffee verabreden, um die Einzelheiten zu besprechen.

Gut gestärkt und noch immer verblüfft setzten wir uns wieder ins Auto.

# Inspirierte Unternehmen
# denken in Zusammenhängen
# statt in Produkten

„Legal Grind – Coffee & Counsel" ist ein ebenso witziges wie treffendes Beispiel für das Prinzip der Synthese. Für die Fähigkeit, Zusammenhänge zu erkennen und bisher unverbundene Mosaiksteinchen zu einem neuen Bild zusammenzufügen. Was wie eine ganz normale Kaffeebar an einer Straße in Los Angeles aussieht, ist in Wirklichkeit eine Anwaltskanzlei. Oder umgekehrt: Sie suchen im Internet nach einer Anwaltskanzlei und finden eine, die gleichzeitig eine Kaffeebar

# synthetisch
## Das große Bild

ist. Zwei Dinge, die bisher nichts miteinander zu tun hatten – einen Rechtsanwalt konsultieren und eine Kaffeepause machen –, gehen auf einmal eine Synthese ein. Ein neues Geschäftsmodell ist geboren. Passionierte Skeptiker fragen sich jetzt natürlich, was das überhaupt soll. Ganz einfach: Legal Grind hat ein Bedürfnis erkannt, für das es bisher noch keine passende Lösung gab. So erklärt es auch Jeff Hughes, Anwalt aus Los Angeles und Gründer von Coffee & Counsel: „Ich wollte einen Ort schaffen, an dem Anwälte

Los Angeles: Kaffeebar mit Zusatznutzen

auch ganz normalen Leuten schnell und vor allem unkompliziert zur Verfügung stehen. Das Café nimmt die Anspannung; Interessierte können hier einfach reinspazieren – selbst wenn sie kein juristisches Problem haben." Hier wird der Mandant nicht durch Marmor, Mahagoni und hohe Anwaltshonorare eingeschüchtert, sondern ist einfach – Gast. Und der Anwalt ist sich nicht zu fein, ihm den Kaffee zu machen. Radikaler kann man Zugangsbarrieren kaum einreißen.

Der springende Punkt dabei: Solche Innovationen entwickelt niemand, der nur in altbekannten Produkt- und Branchendimensionen denkt. Dazu ist es zwingend erforderlich, über die eigenen Branchengrenzen hinauszublicken und das Unkonventionelle zu finden. Das Neue und Unkonventionelle entsteht immer durch die Art der Betrachtung und des Denkens. Wir müssen lernen, die Dinge anders zu sehen. Und wir müssen lernen,

**Wir nennen das Bindestrich-Innovation**

anders zu denken – nur dann werden wir auch das Andere, Neuartige entdecken. Unser amerikanischer Kollege Daniel Pink bezeichnet dieses andere Denken als die „Zukunft der rechten Gehirnhälfte". Pink argumentiert, dass früher die gefragten Fähigkeiten der Arbeitswelt denen der linken Gehirnhemisphäre entsprachen: Logik, Linearität, Analyse. Diese Fähigkeiten sind auch heute noch notwendig, aber bei Weitem nicht mehr ausreichend. Wer heute erfolgreich sein will, muss mit Qualitäten punkten, für die die rechte Hirnhälfte verantwortlich ist: das Künstlerische, das Empathische und die Synthese – das Erkennen großer Zusammenhänge. Diese Qualitäten sind erfolgsentscheidend im heutigen Wettbewerb.

Warum? Die Ursachen sind dreifaltig und heißen **Überfluss, Asien** und **Automatisierung**. Um in einer Überflussgesellschaft überleben zu können, brauchen wir nicht nur Produkte, die zuverlässig und nützlich sind, sondern die auch emotionale, ästhetische und spirituelle Attribute aufweisen. Und wer solche Produkte allein mit Logik und Analyse entwickeln will, wird sehr schnell an seine Grenzen kommen, sprich: gegen die Wand rennen. Die zweite Ursache heißt **Asien** – dieser Begriff steht stellvertretend für die Verlagerung von routinemäßigen Wissensarbeiten wie Programmieren, Finanzanalyse,

Buchhaltung in Billiglohnländer wie Indien, China oder auf die Philippinen. Und **Automatisierung** heißt, dass Computeralgorithmen heute das mit unserer linken Gehirnhälfte machen, was Maschinen zuvor mit den Muskeln unserer Urgroßväter getan haben: Sie machen sie überflüssig. So wie man damals Wissen statt Kraft brauchte, ist heute Konzeption statt Information gefragt. Konzeption bedeutet, Muster zu erkennen und die bekannten Mosaiksteine auf originelle und wertschöpfende Art und Weise neu zusammenzusetzen.

Dieses andere Denken, das Pink fordert, muss noch um zwei weitere menschliche Qualitäten ergänzt werden: **Mut** und einen **wachen Geist**. Wir müssen beherzt und konsequent etablierte Unternehmens- und Branchennormen hinterfragen, denn der Todfeind jeder Innovation ist die in Stein gemeißelte Überzeugung, dass es nur so und nicht anders geht. Eine Kanzlei ist eben eine Kanzlei und eine Kaffeebar ist eben ... na, Sie wissen schon. So ist das halt. Da kann man nix machen. Genau diese Denkhaltung ist das Problem: Wir nehmen den Status quo als unveränderlich wahr. Aber das Verrückte ist, dass unsere tradierten Überzeugungen die Grenzen dessen bestimmen, was möglich ist. Sie sind unsere intellektuelle Zwangsjacke. Deshalb gilt: Um Spielraum für Neues zu schaffen, müssen wir zunächst einmal damit beginnen, unsere Überzeugungen auf den Prüfstand zu stellen und diejenigen über Bord zu werfen, die uns davon abhalten, die ausgetrampelten Pfade des Wettbewerbs zu verlassen und etwas zu erschaffen, das es so in unserer Branche noch nicht gibt.

> § **Gesucht ist nicht die bessere Art, zwei Holzstücke aneinander zu reiben, um Licht zu machen, sondern die Glühbirne**

Um Kunden mit neuen Lösungen zu begeistern, hilft keine inkrementelle Verbesserung bestehender Größen. Ein neuer Blickwinkel muss her – auf den Kunden und auf den Markt. Gesucht ist nicht die bessere Art, zwei Holzstücke aneinander zu reiben, um Licht zu machen, sondern die Glühbirne. Leicht gesagt. Wie geht das? Gibt es dafür ein Patentrezept? Gibt es. Wir nennen das Bindestrich-Innovation oder eben auch: Synthese. Es bedeutet nichts anderes, als sich von der rein funktionalen und technisch geprägten Sicht auf ein Produkt oder einen Service zu lösen und traditionelle System- und Strukturgrenzen aufzubrechen. Nur so entstehen wirkliche Innovationen, etwas tatsächlich Neues wie der iPod zum Beispiel oder iTunes. Etwas, über das bisher niemand nachgedacht hat. Klassischerweise waren es Künstler – Komponisten, Maler, Tänzer, Bildhauer, Schauspieler, Designer –, die Töne, Farbe, Bewegung und Musik zu einem neuen Ganzen zusammengefügt haben. Genauso wie Forscher und Erfinder, mit der Fähigkeit eines „synthetischen Denkens" ausgestattet, ganz neue Ergebnisse erzielen konnten. Heute ist es an uns allen, diese Fähigkeit zu erlangen. Alles andere bedeutet Stagnation statt Wandel. In einer Welt, in der Wandel unglaublich schnell und tiefgreifend ist, kann jemand, der nur zu einem Mehr-desselben-Denken in der Lage ist, den Veränderungen nur noch müde hinterherwinken wie der letzten S-Bahn kurz nach eins. Zum Glück kann man trainieren, in Zusammenhängen zu denken. Dafür braucht man einen sehr genauen Blick. Vor allem aber bedarf es einer aktiven Entscheidung für Synthese und gegen ein Verharren in überkommenen Denk- und Handlungsmustern.

Nach unserer Erfahrung funktionieren klassische Organisationen leider oft noch nach Schema F und sind für diese Veränderungen alles andere als gut gerüstet: Ja sicher,

> „Wenn man ihnen vorschlägt, einmal über den eigenen Tellerrand hinauszublicken, nehmen sie einfach einen größeren Teller."

sie sind sehr gründlich in dem, was sie tun. Aber über dieser Gründlichkeit wird oftmals vergessen, worauf es eigentlich ankommt: das große Bild. Das kann nur entstehen, wenn Chefs und Mitarbeiter den Blick über den Tellerrand in ganz neue Welten wagen, wenn sie lernen, in neuen Dimensionen zu denken. Doch genau daran mangelt es in vielen Unternehmen. „Wenn man ihnen vorschlägt, einmal über den eigenen Tellerrand hinauszublicken, nehmen sie einfach einen größeren Teller", hat der Krimiautor Tom Clancy einmal treffend seine Erfahrungen als Berater der US-Regierung zusammengefasst. Doch leider ist diese Denkhaltung nicht auf die US-Regierung beschränkt, sondern auch im deutschsprachigen Raum eine weit verbreitete Seuche.

Jemand, der sich von Berufs wegen mit der Notwendigkeit des Blicks über den Tellerrand auseinandersetzt, ist Bruno Weisshaupt, Geschäftsführer der Technologie Management Gruppe (TMG) in der Schweiz. Weisshaupt versteht sich selbst als „Systemarchitekt". In seinem lesenswerten Buch **Systeminnovation** vertritt er die Ansicht, dass echte Innovation nicht bei der Funktionalität ansetzen sollte, sondern das Gesamtsystem neu entworfen werden muss. Er verdeutlicht seinen Denkansatz anhand eines Problems, das wir alle kennen und nervig finden: Wir haben viel zu viele Plastikkarten. Kreditkarten, EC-Karten, Karten für Bonusmeilen einzelner Fluglinien, Automobilklubkarten, Mietwagenkarten, Versicherungskarten, Karten für die Videothek, das Fitnessstudio, die Tiefgarage, Kopierkarten und so weiter. Und jede dieser Karten erfüllt – traurig, aber wahr – nur einen einzigen Zweck, der aber gleichzeitig auch derselbe Zweck aller anderen Karten ist: Sie weisen den Besitzer aus. Und trotzdem ist Max Mustermann nur mit einer Karte dazu berechtigt, Geld abzuheben. Mit der anderen geht er ins Fitnessstudio. Mit dieser sammelt er Bonusmeilen, jene vergünstigt ihm die Bahnfahrt. Ein Teelöffel voll gesundem Menschenverstand würde schon ausreichen, um zu erkennen, dass das komplett irrsinnig ist. Aber bisher hat sich einfach noch niemand so richtig Gedanken über Alternativen gemacht.

Besonders grotesk wird es, wenn man für eine einzige Transaktion fünf solcher Karten benötigt. Wenn man zum Beispiel ein Auto mieten will, braucht man überhaupt erst mal einen Führerschein. Dann die Kundenkarte, damit man nicht fünf Seiten Formulare ausfüllen muss und das begehrte Upgrade erhält, die Miles-&-More-Karte für die Bonusmeilen und die Kreditkarte zum Bezahlen. Je nach Vermietstation bekommt man dann zum guten Schluss noch die Parkkarte zur Ausfahrt aus dem Parkhaus. Der gleiche Missstand herrscht übrigens auch in Bezug auf die Millionen von Benutzernamen und Passwörtern, die man sich im Laufe der Jahre so fürs Internet zulegen musste. Wer meint, er komme mit einem einzigen Passwort durchs Leben im Cyberspace, scheitert spätestens an Fehlermeldungen wie: „Anmeldung fehlgeschlagen! Passwort unsicher! Ihr Passwort muss aus mindestens sechs Buchstaben, fünf Zahlen und vier Sonderzeichen bestehen." Es ist, als ob es Lösungsansätze nie gegeben hätte. Ein schwarzes Loch im sonst so durchrationalisierten Universum der Technik.

Weisshaupt zeigt in seinem Buch, dass es sehr wohl Unternehmen gibt, die „die ursprünglichen Systemgrenzen verschieben und neu definieren". Eines davon ist Nespresso. Im Mittelpunkt jedes Neuentwurfs des Marktführers im Bereich portionierter Spitzenkaffee steht immer das perfekte Kaffeeerlebnis ohne großen Aufwand: Kapsel rein. Knopf drücken. Fertig. Eine saubere Sache. Weisshaupts Kommentar: „Eine spezielle Maschine mit speziellen Kaffeedosen. Mit diesem Kapselprinzip hat das Unternehmen wichtige Prozesse neu in seinen Geschäftsbereich gebracht. Zum Beispiel das Mahlen, Portionieren und Verpacken des Kaffees, auch den Versand der Kapseln." Nespresso ist ein sehr interessantes Beispiel für gelungene Systeminnovation – und das, weil das Unternehmen den Blick für das große Bild hat und einzelne Elemente zu einer wertschöpfenden Gesamtlösung zusammengesetzt hat. Und noch etwas: Nespresso zeigt, dass Unternehmen auch in wettbewerbsintensiven Märkten eine exklusive Position gewinnen können. Fazit: Es gibt keine Wachstumsbranchen. Es gibt nur Unternehmen, die Wachstumschancen wahrnehmen.

> ### Es gibt keine Wachstumsbranchen. Es gibt nur Unternehmen, die Wachstumschancen wahrnehmen.

Ein anderes Unternehmen, das es geschafft hat, sich auf einem überfüllten Markt zu behaupten, indem es seine Kernkompetenzen in einen größeren Zusammenhang gebracht hat, ist die Erco Leuchten GmbH. Früher produzierte Erco Lampen für Badezimmer und Nachttische. Während Massenhersteller wie Osram und Philips inzwischen nur noch mit Müh und Not Produktionsstätten für Energiesparlampen in Europa halten können, ging Erco schon seit den 60er Jahren ganz neue Wege: Weil die Firma mit der Hardware alleine gar nicht mehr konkurrenzfähig war, wurde diese einfach als Mittel zum Zweck neu definiert. Erco ist heute nicht nur Lichtfabrik, sondern Softwarefirma. Die Firma verkauft – getreu ihres Credos „Licht statt Leuchten" – computergesteuerte Lichtkonzepte. Und ist damit zum Weltmarktführer bei der Illumination von Museen aufgestiegen. Mit seiner Architekturbeleuchtung hat Erco sogar einen neuen Markt definiert und ist in diesem Bereich fast konkurrenzlos. Zwar könnte auch jeder andere die Leuchten in China zu einem Bruchteil des Geldes herstellen lassen. Aber ihr softwaregestütztes Zusammenspiel ist nur schwer kopierbar. Star-Architekten wie Norman Foster, Frank Gehry oder Zaha Hadid schwören auf Erco: Ob Bundeskanzleramt, Guggenheim-Museum in Bilbao, BMW in Leipzig, Hagia Sophia in Istanbul oder die Filialen der Modekette Zara – die Lichtkünstler aus dem sauerländischen Lüdenscheid bringen Architektur erst richtig zum Leuchten.

Noch ein Beispiel gefällig? Bitte schön: Orica, ein australischer Zulieferer von Zünd- und Sprengstoffsystemen, dessen Geschichte zur Zeit des australischen Goldrauschs begann. Felssprengungen beschleunigten die Goldsuche – und Orica legte die Lunten. Eine so lange Firmengeschichte ist selten frei von Erschütterungen – auch nicht, wenn sie zum Tagesgeschäft gehören. In den 90er Jahren wurde der Wettbewerb durch Dumpingpreise immer aggressiver. Die meisten Kunden von Orica sind Betreiber von Steinbrüchen oder Förderminen – und gespart wurde als Erstes bei der Qualität des Sprengstoffs. Doch anstatt der Billigkonkurrenz nachzugeben, suchte das Traditionsunternehmen nach Innovationen, um dem besonders scharfen Wettbewerb zu entkommen. Heute ist das Unternehmen mit 14.000 Mitarbeitern in 50 Ländern der Welt aktiv und verkauft nicht mehr einfach nur Sprengstoff zum Kilopreis, sondern pro „broken rock", also pro Menge abgesprengten Gesteins. Rund 20 Parameter – unter anderem Gesteinsdichte, chemische Zusammensetzung des Sprengstoffs oder einfach das Wetter – bestimmen das Ergebnis einer Sprengung. Orica sammelt diese Daten und baut seine Kalkulation darauf auf. Das Unternehmen kann so für jede Sprengung den geeigneten Sprengstoff bestimmen und weiß exakt, wie viel Gestein gesprengt wird. Der Rückzug aus weniger lukrativen Geschäftsfeldern bedeutete dazu noch eine erhebliche Kostenersparnis. Dank dieser Neupositionierung sind die Geröllheimer heute Marktführer mit guten Margen.

Neben diesen Entwicklungen auf Seiten der Unternehmen hat der beschriebene Wandel auch einen merklichen Effekt auf der Kunden-ebene: Selbstbewusste, individualistische, verwöhnte und bis an die Zähne mit Informationen bewaffnete Kunden stürmen täglich die Lä-den. Sie haben mit ihrem Kaufverhalten für eine Ausdifferenzierung des Angebots gesorgt und sich selbst in eine nicht zu unterschätzende Komplexitätsfalle bugsiert. Die Auswahlmöglichkeiten sind so derma-ßen explodiert, dass nun im Umkehrschluss das Bedürfnis nach Ori-entierung, Reduktion und Vertrauen beim Kunden wieder größer wird. Die Konsumenten sehnen sich nach jemandem, der in der Lage ist, dieses Informationschaos zu ordnen und zu entscheiden, was man kaufen, erleben, tragen, le-sen, essen oder trinken sollte. Der vergleichbar mit einem Kurator in einem Museum eine Auswahl trifft, also den Kunden an die Hand nimmt und ihm den Weg zeigt, ohne dass dieser alle Details kennen muss. So übernehmen

**Eine lange Firmengeschichte ist selten frei von Erschütterungen**

heute ganze Organisationen oder auch einzelne Berater die Funktion eines Kurators in unserer Gesellschaft. Kurator ist übrigens vom latei-nischen Wort „curare" abgeleitet und heißt „Sorge tragen".

Wenn man genau hinschaut, bemerkt man diese Tendenz aller-orten: Mit Hilfe des Internets kann – vom Promi über den unbe-kannten Experten bis zum spleenigen Netzaktivisten – jeder seine Inhalte kommunizieren und diese verbreiten: Es gibt Top-10- oder Lieblings-Listen für alles Mögliche. So auch bei Amazon, einem Meister im Vorsortieren eines gigantischen Angebots. Will der unent-schlossene Kunde beispielsweise ein Buch kaufen, hat er verschiedene Möglichkeiten, sich zu orientieren: Er kann die Liste der Hot-100-Bücher zurate ziehen, sich bei den Neuerscheinungen umsehen oder nach Themen sortierte Bestsellerlisten durchstöbern. Was bei Amazon wirklich clever ist und den Rat des belesenen Buchhändlers im Laden ersetzt, ist die Kategorie „Kunden, die diesen Artikel gekauft haben, kauften auch…" Früher zog der Buchhändler seine Erfahrung zurate, nach dem Motto: „Wenn Ihnen der letzte Roman von Dan Brown gefallen hat, dann müssen Sie unbedingt auch Jérôme Delafosse lesen." Das erledigt heute alles die vernetzte Datenbank von Amazon. So kann man sich gemütlich zu Hause auf Entdeckungsreise begeben und sich von anderen Lesern mit ähnlichem Geschmack oder thematischem Interesse leiten lassen. Doch das ist längst nicht alles. Bei Amazon kann man auch Lieblingslisten von Lesern konsultieren und Millionen von Kundenbewertungen durchforsten – und sogar die eigene persönliche Seite mit Buch- und Produktempfehlungen steht bereit. Die Vorauswahl auf dieser Seite basiert unter anderem auf den bereits gekauften Artikeln. So entsteht eine gigantische Vorselektionsmaschinerie für den Kunden – ein Kurator im XXL-Format.

Ein mutiger und revolutionärer Gegenentwurf zum Überangebot und ebenfalls eine Synthese – aus den heutigen Rahmenbedingungen und Kundenbedürfnissen – ist der Internetshop Woot. Der existiert seit 2004 und hat als Produktpalette immer genau **ein** Produkt. Eines. Und das auch nur für maximal 24 Stunden. Solange der Vorrat reicht. Ab Mitternacht sitzen die Freaks am Rechner, um zu ordern. Für alle, die die Nase gestrichen voll haben von der Wahl aus 946 unterschiedlichen Fotohandys oder 217 Wasserkochern: Hier ist das Ende der Qual erreicht.

„Könnten Sie mich am Flughafen abholen? Das wäre sehr nett."

Meine Ansprechpartnerin am Telefon kümmerte sich wirklich um alles. Sie organisierte meinen Vortrag bei dem norddeutschen IT-Systemhaus Messerknecht von A bis Z. Dabei wirkte sie bestens gelaunt und stets kompetent. Gegen Ende unseres Telefonats hatte sie mich gefragt, ob sie noch etwas für mich tun könnte. Sie wolle mir meine An- und Abreise so angenehm wie möglich gestalten. Ich nahm sie beim Wort und fragte sie, ob sie mich abholen könnte.

„Oh, tut mir leid, Herr Dr. Kreuz. Das wird nicht gehen."

„Kein Thema."

„Ich erkläre Ihnen das gerne."

„Nicht nötig."

„Ich habe nämlich noch keinen Führerschein. Aber wenn ich in einem Jahr 18 werde und meine Ausbildung hinter mir habe, melde ich mich sofort in der Fahrschule an."

Da war ich erst mal sprachlos. Ich hatte mit einer 17-jährigen Auszubildenden telefoniert? Das hätte ich nicht für möglich gehalten! Sie war es, die seit Tagen meinen Besuch bei Messerknecht organisierte? Alle Achtung! Denn sie machte fast alles besser, als ich es von vielen anderen Unternehmen gewohnt war.

Schnitt. Drei Monate später. – Tosender Applaus für die Azubis von Messerknecht. Der Chef hat sie am Ende der sensationell gelaufenen Konferenz alle auf die Bühne geholt, um sich zu bedanken, und sich selbst an den Rand gestellt. Er ist stolz auf seine Mädels und Jungs, die die Veranstaltung komplett alleine organisiert haben. Und wenn ich genau hinsehe, meine ich bei einigen von ihnen Tränen in den Augen zu erkennen.

# Wenn Handeln zu greifbaren Ergebnissen führt

Kommen Sie, wir fahren noch einmal zu so einem richtig alten Unternehmen, irgendwo direkt am Rhein. Schon von der Autobahn sehen Sie ein gigantisches Gewusel aus schmutzig-braunen Anlagen und rauchenden Schloten, größer als eine Kleinstadt. Jawoll, Chemie und Elektro haben Deutschland groß gemacht, damals, zu den Glanzzeiten des Kaisers. Nein, wir meinen nicht Beckenbauer, sondern Wilhelm Zwo, den mit dem Pickel auf der Haube. Sie interessieren sich nicht so für Geschichte? Egal, fahren wir einfach weiter, direkt durchs Werkstor. Hier unten auf Level Null ist es schmuddelig und unübersichtlich.

# wirkungsvoll
## Mittmachen statt nur mitreden

Hier haben schon Generationen von Menschen gearbeitet. Mit Arbeit war gemeint, frühmorgens zu erscheinen und dann den ganzen Tag lang das zu tun, was einem vom Chef aufgetragen wurde. Wozu das Ganze? Schwer zu sagen. Es ist halt so verdammt unübersichtlich hier unten − lauter Rohre, die irgendwo hinführen, lauter Schornsteine, aus denen irgendwas rauskommt, was irgendwo herkommt, was nirgendwo hinsoll. Nun ja, das wird alles schon seinen Sinn haben.

Diejenigen, die den Leuten da unten sagen, was sie zu tun haben, sitzen in einem Hochhaus mit blitzblank geputzten Fenstern mitten in dem hässlichen Gewirr aus Baracken, Rohren und Kaminen. Von

**Hier sitzen jene, die denken dürfen**

ganz oben hat man den besten Überblick. Man schaut über das gesamte Gelände hinweg, ja darüber hinaus, bis zum Horizont. Wie ruhig das hier oben im zwanzigsten Stock ist! Und so sauber und adrett. Hier sitzen jene, die denken. Die denken dürfen.

Die Schlauen sitzen hier oben und die Dummköpfe unten. Aber nein, so sagt man das natürlich nicht. Man übersetzt diesen Gedanken mit Hilfe des Wortes **Hierarchie**.

Es stammt aus dem Griechischen und bedeutet „heilige Herrschaft". **Heilig** ist das Schlüsselwort. Denn heilig ist alles, was man glauben kann oder auch nicht. Über das Heilige lässt sich nicht verhandeln. Und deshalb ist die Einteilung der Menschen in Leute, die denken, und solche, die das nicht tun, nicht verhandelbar. Und so ist es nur logisch, dass die Truppe grau gescheitelter Veteranen hier oben im zwanzigsten Stock auch das Monopol der strategischen Zukunftsplanung innehat. Die Masterplaner. Die Geschäftsmodellierer. Die Gesamtstrategen. Sie steuern die Leute da unten und wurden befördert, um sie noch perfekter zu steuern. Und sie blicken zufrieden auf das da unten herab. Sie haben es schließlich selbst aufgebaut. Alles schon ein bisschen vergammelt? Was soll's, wir werden ja auch nicht jünger! Die Welt da draußen mag sich verändern, doch unser System bleibt das beste. So dachte zwar auch das Politbüro der Kommunistischen Partei der Sowjetunion so um 1988 herum, aber egal, hier am Rhein ist der freie Westen!

> **Die Masterplaner. Die Geschäftsmodellierer. Die Gesamtstrategen.**

Schön, dass wir uns das alles noch einmal in Ruhe angeschaut haben. Denn solche Unternehmen werden – dort, wo es sie überhaupt noch gibt – bald Geschichte sein. Die Meinung, eine Hierarchie sei vor allem dazu da, die Menschen in Denkende und Handelnde einzuteilen, erweist sich gerade als brandgefährlicher Irrtum der Geschichte. Wer sagt denn, dass die Ansichten der Spitzenmanager „richtiger" sind als die der mittleren und unteren Ebenen? Oft ist

170

genau das Gegenteil der Fall. Wenn die Ansichten derjenigen überbewertet werden, die am weitesten von den Kunden entfernt sitzen und den Großteil ihres emotionalen Engagements in die Vergangenheit investiert haben, hat man die Zukunft kaum noch im Blick. Aber wenn man eben „oben" für die Strategie zuständig ist, dann wird man das, was von „unten" kommt, entweder ignorieren oder verwerfen. Es könnte die herrliche Ruhe in den herrschaftlichen Gemächern im zwanzigsten Stock stören. Das Ganze erinnert irgendwie an das Herrschaftsregime alter Königshäuser: An der Spitze der Ich-weiß-schon-was-gut-für-dieses-Land-ist-Monarch, der weit weg von den Niederungen des Alltags agiert und sich angewöhnt hat, nur noch die Überbringer solcher Nachrichten vorzulassen, die in sein Weltbild passen. Die Folge ist ein Hofstaat, der übervorsichtig die Informationen filtert. Frei nach dem Motto: „Das kann man dem Chef aber so nicht sagen."

> **Der Ich-weiß-schon-was-gut-für-dieses-Land-ist-Monarch schwebt weit weg von den Niederungen des Alltags**

An den Strategiemeetings sind jahraus, jahrein dieselben Typen beteiligt. Kein Wunder, dass die Strategien, die dabei herauskommen, sterbenslangweilig sind. Was können die immer gleichen Zirkel von zehn oder fünfzehn Führungskräften eines Unternehmens noch voneinander lernen? Sie sitzen jedes Jahr aufs Neue zusammen und haben sich ihre Ideen und Überzeugungen so häufig gegenseitig präsentiert, dass der eine die Sätze des anderen problemlos vollenden kann. Was aber benötigt wird, ist kein grauer Ältestenrat, sondern eine bunte Gruppe von intelligenten und undogmatischen Menschen, denen die Zukunft der eigenen Organisation am Herzen liegt. Und dazu gehören unbedingt auch junge Menschen. Sie haben das größte Interesse an der Zukunft, weil diese noch vor ihnen liegt.

Und dazu gehört auch, diesen jungen Menschen echte **Verantwortung** zu übertragen. Deshalb hat uns so beeindruckt, was wir beim IT-Systemhaus Messerknecht, einem sehr erfolgreichen Mittelständler, erlebt haben. Gebt den Azubis das Kommando! – so lautete das Motto, als es darum ging, nicht weniger als eine Konferenz für die allerbesten Kunden auszurichten. Das Ergebnis? Keine Eventagentur hätte es besser, überraschender und charmanter hinbekommen. Was hier zunächst paradox erscheint, hat wieder einmal mit der Sinndimension menschlichen Handelns zu tun. Menschen erfahren dann Sinn, wenn sie das Gefühl haben, dass ihr eigenes Tun zu einem konkreten und greifbaren Ergebnis führt. Wenn sie ein Ereignis durch ihr Tun positiv beeinflussen können. So unterscheidet sich wirkliches Handeln von bloßer Aktivität. Die Azubis bei Messerknecht sind über sich hinausgewachsen, weil sie ein klares Ziel hatten und wussten, dass sie am Schluss ihren Erfolg genießen durften. So hatten sie eine Art inneren Kompass für ihr Handeln, konnten verschiedene Wege ausprobieren und dabei verstehen lernen, worauf es ankam bei den Vorbereitungen – und ob sie in die richtige Richtung liefen.

Mitarbeiter – seien sie auch noch so jung – dazu zu animieren, ihr eigenes Handeln verstehen zu wollen, ist eine zentrale Aufgabe von Führungskräften. Hierbei sind keine hochtrabenden Theorien gefragt. Und kein Chef hilft seinen Mitarbeitern, indem er ellenlange To-Do-Listen austeilt. Vielmehr sollte er beim Bewusstwerdungsprozess den Geburtshelfer spielen. Und dann den Freiraum gewähren, den Menschen brauchen, um ihre Ideen in gezielte Handlung umzusetzen. dm-Gründer Götz Werner – von dem bereits die Rede war – äußerte sich hierzu einmal folgendermaßen: „In den meisten Unternehmen ist das Meisterprinzip noch tief verankert. Das heißt: Der Chef ist Chef, weil er alles am besten weiß. Ich bin als Geschäftsführer aber nicht für alles verantwortlich, sondern für das Ganze. Dennoch wollen die Mitarbeiter von ihrem Vorgesetzten vor allem Antworten hören. Dann wissen sie genau, was ich von ihnen will, und können

> **Kein Chef hilft seinen Mitarbeitern, indem er ellenlange To-Do-Listen austeilt**

nen scheinbar keinen Fehler mehr machen. Aber ich habe mir irgendwann zum Ziel gesetzt, dass jeder, der mit einer Frage zu mir kommt, mit drei bis fünf Fragen wieder geht. Ein Unternehmen zu führen heißt heute nicht mehr, Menschen zu führen, sondern Bewusstsein zu schaffen. Das erreichen Sie nie mit einer Antwort, denn die beendet das Bewusstsein sofort. Wenn der Chef hingegen eine Frage stellt, gehen die Mitarbeiter auf die Suche. Und je mehr Leute ich habe, die suchen und erneuern wollen, desto wettbewerbsfähiger werde ich."

Für die Azubis bei Messerknecht bedeutet das: Man hat ihnen viel Vertrauen geschenkt, viel Verantwortung gegeben, aber man hat ihnen bewusst nicht gesagt, wie so eine Konferenz auszusehen hat. Sie mussten sich das selbst ausdenken – oder sich eigenständig Rat bei erfahreneren Mitarbeitern holen. Aber nicht, weil man es ihnen besonders schwer machen, sondern weil man sie voll und ganz integrieren wollte. Denn das ist der wichtigste Punkt: Entscheidungsprozesse finden nicht ausschließlich auf der obersten Hierarchieebene statt, sondern **alle** werden in den Entscheidungsprozess einbezogen.

Alle einbeziehen – das ist kein basisdemokratisches Ziel, das gern mal von Menschen gefordert wird, die lebenslang ein soziales Jahr absolvieren. Es geht darum, Veränderungen und Umbrüche, die sich draußen im Markt still und leise vollziehen, rechtzeitig zu erkennen und zu handeln. Erfahrungsgemäß sind Führungskräfte an der Spitze der Hierarchie stärker gefährdet, diese Veränderungen zu verpassen. Das hat einen einfachen Grund: Die Spitzenmanager der Unternehmen befinden sich oft zu weit hinter den Veränderungslinien, um die wachsenden Gefahren für ein seit Langem lieb gewonnenes Geschäftsmodell zu spüren. Und da sie selbst nicht genug Hinweise darauf erhalten, dass Gefahr im Verzug ist, neigen sie dazu, die fernen Alarmglocken zu ignorieren, die von Personen weit draußen im Betrieb geläutet werden.

> „Die größte Gefahr in Zeiten der Veränderung ist, mit der Logik von gestern zu handeln."

Peter Drucker hat einmal gesagt: „Die größte Gefahr in Zeiten der Veränderung ist nicht die Veränderung an sich, sondern mit der Logik von gestern zu handeln." Das bedeutet: Wenn Sie garantiert scheitern wollen, müssen Sie nur lange und intensiv genug versuchen, die Erfolgsparameter der Vergangenheit und Gegenwart unendlich in die Zukunft fortzuschreiben. Die Jugend käme nie auf so eine Idee. Sie hat „Heimweh nach der Zukunft", wie der Philosoph Jean-Paul Sartre es einmal formuliert hat. Alan Webber, Mitbegründer des amerikanischen Wirtschaftsmagazins „Fast Company", hat das verstanden. Deshalb praktiziert er eine Methode, die sich „umgekehrtes Mentoring" nennt. Er beschreibt das Vorgehen folgendermaßen: „Die alten Käuze im Unternehmen kriegen mit, dass sie, so um die vierzig oder fünfzig, nicht mehr wirklich auf Tuchfühlung mit der Zukunft sind. Im Gegensatz zu den Mittzwanzigern, die hier mit frischen Ideen und einem offenem Blick für die Technologien der Zukunft hereinspaziert kommen." Umgekehrtes Mentoring bedeutet deshalb, dass die Alten von den Jungen lernen: ein Austausch, von dem alle Seiten profitieren. Und eine wohltuende Alternative zu den inzestuösen Managementprozessen, die in so manchem Unternehmen üblich sind, finden wir.

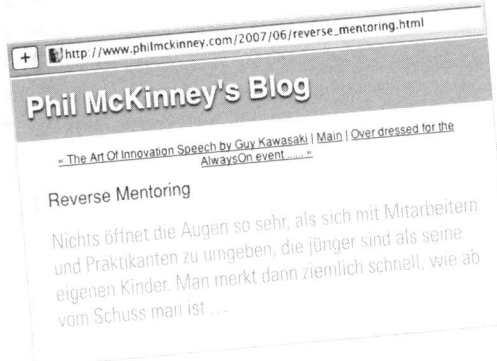

Auch der Technikchef der PC-Sparte von Hewlett-Packard, Phil McKinney, schreibt in seinem Blog begeistert über die Inspiration, die ihm das umgekehrte Mentoring schon beschert hat. Der Mann ist so begeistert von dem Modell, dass er Praktikanten teilweise sogar bei sich wohnen lässt – und trotzdem alles andere als genervt ist. „Wenn Sie keine Kinder haben, leihen Sie sich welche!", rät er seinen Lesern. „Es gibt keinen besseren Weg, als einen jugendlichen Mentor sieben Tage die Woche, 24 Stunden lang um sich zu haben und die Welt durch seine Brille zu sehen."

McKinneys Anliegen ist es einerseits, Erfahrungen, Kenntnisse und Fertigkeiten an die Praktikanten weiterzugeben, die ihnen auf ihrem Berufsweg nützlich sein könnten. Andererseits will er aber auch von ihnen etwas lernen. Dafür schickt er sie beispielsweise raus zu den

Kunden, um zu erfahren, wie sie die Lage am Markt einschätzen. Außerdem haben die Praktikanten die Chance, bei Projekten mitzuarbeiten und ihre unverstellte Sicht der Dinge einzubringen. McKinney schreibt, seiner Erfahrung nach falle es den Praktikanten oft viel leichter, neue und ungeahnte Wege zu erkennen, die ein Kernteam aus langjährigen Mitarbeitern einfach aus Betriebsblindheit übersieht. „Diese Einsichten können manchmal durchaus schockierend sein. Aber wenn man bereit ist, sein Ego mal für eine Weile im Regal zu parken, kann das zu Wahnsinnsideen führen." Für McKinney sind diese Erfahrungen die reinsten Augenöffner. „Durch die Kids realisierst du, in wie vielen Bereichen du eigentlich längst ab vom Schuss bist. Die Herausforderung besteht dann darin, dich wieder fit zu machen, ohne wie ein schrulliger alter Mann zu wirken, der gerade in der Midlife-Crisis steckt und nur versucht, seine eigene Kindheit wiederzubeleben."

Viele Unternehmen haben inzwischen begriffen, dass man mit dem Einbeziehen Jüngerer gar nicht früh genug anfangen kann. Und dass Praktikanten nicht nur billige Arbeitskräfte, sondern auch zukünftige Toptalente sein können. Ein aus unserer Sicht ungeheuer interessantes Konzept – wir haben bereits davon erzählt – ist das IBM Extreme Blue Program. IBM nutzt das Programm nach eigener Aussage als Inkubator, also als Brutkasten, für Talente und holt sich die besten Praktikanten für sein Eliteprogramm aus Studiengängen wie Computertechnologie, Wirtschafts- und Ingenieurwissenschaften. Die geistige Mutter des Talentprogramms,

> **Wenn man bereit ist, sein Ego mal für eine Weile im Regal zu parken, kann das zu Wahnsinnsideen führen**

Jane Harper, sagt über ihr Baby: „Wir bieten den Praktikanten wirklich coole Projekte, die sie in kleinen Teams bearbeiten, und alles, was sie sonst noch zum Arbeiten brauchen, vom komplett eingerichteten Arbeitsplatz bis hin zum Spezialequipment. Und für uns suchen wir virtuose Talente, Charaktere mit einer besonderen Lebensgeschichte, einer einmaligen Sachkenntnis und aufrichtiger Leidenschaft. Unsere Leute lieben ihre Arbeit, sie gehen darin auf. Dieses Gefühl muss echt sein, das kannst du auf Dauer niemandem vormachen."

Für die Praktikanten ist die Situation alles andere als einfach. Sie werden ins kalte Wasser geworfen, dann heißt es: Schwimm oder geh unter. Sie haben gerade mal drei Monate Zeit, um eine wirklich herausfordernde Aufgabe zu bewältigen – „to start something big". Nicht alle schaffen das. Aber die, die sich durchbeißen, sind Feuer und Flamme und bleiben fast alle dabei. IBM zieht mit diesem Programm aber nicht nur Talente heran, sondern schafft es auch, ganz unterschiedliche Menschen mit einer ganz unterschiedlichen Sicht auf die Dinge für sich zu begeistern. Die Firma sucht die nächste Generation begabter, zupackender Programmierer, Ingenieure und unternehmerisch denkender Mitarbeiter, deren erster Impuls es eigentlich wäre, einen Businessplan für ihren eigenen Laden zu schreiben und im Silicon Valley nach Kapitalgebern zu suchen anstatt bei IBM einzuziehen.

Der Anspruch, dass idealerweise alle Mitarbeiter in Entscheidungsprozesse einbezogen werden, sollte sich aber nicht nur auf die jüngeren Semester beziehen. Auch die Leute an der Peripherie sollte man nicht vergessen. Mitarbeiter, die weit weg von der Zentrale arbeiten, werden allerdings oft übersehen, ob sie nun in Gießen sitzen oder im Schwarzwald, in Brasilien oder Indien. Dabei ist ihre – relative – Außensicht auf das Unternehmen extrem wertvoll, genauso wie ihre Erfahrungen als „Outsider". Denn die Peripherie hat üblicherweise weniger Ressourcen als die Zentrale und ist daher gezwungen, ungewöhnliche Pfade zu beschreiten, also einfallsreich und innovativ zu sein.

**Der Kaiser ist fern, die Hügel sind hoch**

Diese Mitarbeiter können auch weniger gut kontrolliert werden. Dogmen und sinnlose Bürokratie haben es dort schwerer. Der Kaiser ist fern, die Hügel sind hoch.

Auch Newcomer, ob nun blutige Anfänger, Jobwechsler oder Quereinsteiger, sind kostbare Quellen, wenn es darum geht, die Wirkung des eigenen Unternehmens neu einzuschätzen. Besonders interessant sind jene neuen Mitarbeiter, die einen Job in einer anderen Branche hatten und denen es bisher erfolgreich gelungen ist, sich der lähmenden Wirkung von Mitarbeitereingewöhnungstrainings zu entziehen. Wenn Chefs, Personaler oder Kollegen solchen unvorbelasteten

Neuzugängen nur die richtigen Fragen stellen, werden sie sich wundern, was sie über den eigenen Laden so alles erfahren können. Natürlich meinen wir nicht die Nummer: „Na, Sie haben sich ja schon prima eingewöhnt bei uns!", denn das könnte man ja auch gleich durch „prima angepasst" ersetzen. Fragen Sie lieber, was dem Neuen nach den ersten drei Monaten bei Ihnen aufgefallen ist. Was anders, besser oder auch schlechter läuft im Vergleich zu seinem vorherigen Arbeitgeber. Die Voraussetzung für so eine Frage ist ein Klima der Ehrlichkeit. Ein Mitarbeiter, der denkt, er werde ausgehorcht und auf seine Loyalität hin abgeklopft, wird keine ehrlichen Antworten geben.

Ein Unternehmen, in dem eine Top-Atmosphäre herrscht und ehrliche Feedbacks an der Tagesordnung sind, ist W. L. Gore & Associates. Dem Ottonormalverbraucher ist es in erster Linie als Hersteller der Marke Gore-Tex bekannt. Aber Gore entwickelt ganz unterschiedliche Materialien und Fertigungstechnologien, auch für Industrie und Elektronikindustrie. Trotz der nicht mehr ganz so übersichtlichen Größe des Unternehmens, hier arbeiten 8.000 Mitarbeiter an 45 Standorten, können und sollen Erfindungen überall und von jedem entwickelt werden. Um die Mitarbeiter dazu anzuspornen, können diese an einem halben Tag pro Woche an Projekten ihrer Wahl arbeiten und herumexperimentieren. Allerdings muss, wer eine Idee hat, erst noch seine Kollegen davon überzeugen. Das hat den entscheidenden Vorteil, dass sich nur überzeugende Entwürfe durchsetzen. Weniger versprechende Einfälle verlaufen im Sand. Und das heißt auch, dass unter Kollegen ein reger Austausch über Projekte und Zukunftsvisionen herrscht, an dem sich alle beteiligen.

Ein weiterer Aspekt, der dafür sorgt, dass alle Mitarbeiter bei Gore eingebunden werden: Es gibt so gut wie keine Hierarchien, die Mitarbeiter haben keine Chefs, sondern „Leader" und „Sponsoren" – und das wird man bei Gore nicht durch die Anzahl an Dienstjahren. Zur Führungskraft wird man gewählt. Jeder neue Mitarbeiter sucht sich seinen Sponsor, eine Art Mentor, der seinen Schützling während der gesamten Unternehmenslaufbahn begleitet.

„Sie haben sich prima eingewöhnt bei uns" könnte man durch „prima angepasst" ersetzen

Und jeder Sponsor betreut bis zu 15 „Sponsees". Auch die Leader dieser 15-köpfigen Teams werden gewählt – aufgrund ihrer besonderen Fähigkeiten und ihres Ansehens innerhalb der Gruppe. Aber die Leader-Funktion hat keine Bestandsgarantie: Wer heute ein Team führt, kann im nächsten Projekt auch wieder einfach Kollege sein. Ende der 80er Jahre wurden die Gore-Mitarbeiter in den USA gefragt, ob sie sich selbst als Führungskraft sehen. 47 Prozent aller Befragten haben diese Frage mit Ja beantwortet.

Oft entstehen neue und interessante Sichtweisen auch gerade dadurch, dass man Dinge kombiniert, die für das ungeschulte Auge unmöglich zusammenpassen können: Genau auf die Art und Weise hat die Deutsche Kammerphilharmonie Bremen ein komplettes Stadtviertel umgekrempelt. Das berühmte Orchester ist in eine Gesamtschule mitten in einem sozialen Brennpunkt der Hansestadt, der Hochhaussiedlung Tenever im Stadtteil Osterholz, gezogen. Der Deal: Die Musiker bekamen in der gerade in der Renovierungsphase befindlichen Schule einen Proben- und Konzertsaal, in dem auch Aufnahmen bester Qualität gemacht werden können. Dafür bringt sich das Orchester in den Schulalltag ein und lockt mit Konzerten ein Publikum aus seinen reetgedeckten Einfamilienhäusern ins Viertel, das sich hier sonst niemals blicken lassen würde. Allerdings war diese

**Wenn Sie eine Idee nach oben durchreichen möchten, wie viele bürokratische Hürden müssen Sie dafür überwinden?**

Entscheidung weder den akustischen noch den finanziellen Gegebenheiten allein geschuldet. Sondern auch dem Spirit. „Wir machen Projekte mit Schulen, seit es die Kammerphilharmonie gibt – das ist ein Grundbedürfnis unserer Musiker", lautet die Erklärung von Albert Schmitt, dem Geschäftsführer des Orchesters. Er findet, die Schule sei „ein geiles Umfeld" für die Musiker.

Dazu ist es interessant zu wissen, dass die Bremer Kammerphilharmonie wie ein modernes Unternehmen aufgestellt ist. Das Orchester finanziert sich nur zu 40 Prozent aus öffentlichen Mitteln. Ansonsten aus eigenen Einnahmen. Die 36 Musiker sind in einer Gesellschaft bürgerlichen Rechts zusammengeschlossen und besitzen die gemeinnützige GmbH, die das Orchester managt. Sie erhalten keinen festen Lohn, sondern nur Honorare für Auftritte und Proben. Das interessiert die Schüler natürlich weniger. Aber sie finden „cool", dass ihre Penne durch die Musiker zu einer Kulturschule wird. Das Orchester schlägt eine Brücke zwischen Problemviertel und Kunst. Das hatte auch die Initiatorin des Ganzen, Musiklehrerin Imke Howie, im Blick, als sie vorschlug, die Musiker an die Schule zu holen. Sie weiß von den Problemen ihrer Schüler: Geldsorgen in der Familie, geschiedene und arbeitslose Eltern, Alleinerziehende, die ihren Kindern niemals einen teuren Einzelmusikunterricht bezahlen könnten. Wenn ihre Musikschüler bei einer Probe der Philharmoniker dabei sein können, „dann fühlen sie sich auf einmal wieder ernst genommen", sagt Howie.

Ja, genau, das ist es. Menschen, egal welchen Alters, wollen sich ernst genommen fühlen, sie wollen etwas beitragen. Das erreicht man am ehesten, indem man sie mitmachen lässt. Viele Lehrer, Chefs oder Politiker versprechen das zwar, halten sich aber letztendlich nicht daran. Wenn Sie wissen wollen, ob etwa die Mitarbeiter Ihres Unternehmens wirklich auch Mitentscheider sind, machen Sie mal den Praxistest. Gehen Sie zwei Hierarchieebenen tiefer und stellen Sie den Leuten folgende Fragen:

1. Was wurde hier getan, um einen mündigen Entscheider aus Ihnen zu machen? Wird das überhaupt von denen da oben gewollt?
2. Werden Sie vorab über relevante Entscheidungen informiert? Werden Sie möglicherweise sogar in den Entscheidungsprozess integriert?
3. Wenn Sie eine Idee nach oben durchreichen möchten, wie viele bürokratische Hürden müssen Sie dafür überwinden?
4 Fördern oder behindern die Managementprozesse, Strukturen und Hierarchien Ihres Unternehmens Ihre Rolle als Mitentscheider?

Na, wie sieht's aus? Diese Fragen machen Sie doch nicht nervös, oder?

„Verehrte Fahrgäste an Gleis drei, bitte steigen Sie ein. Vorsicht an den Türen und bei der Abfahrt des Zuges!"

Einsteigen? Freitagnachmittags am ICE-Bahnhof des Frankfurter Flughafens? Erst mal können vor Lachen! Allerdings war mir natürlich klar, dass das situative Einfühlungsvermögen einer synthetischen Ansage von der Festplatte gegen null tendierte.

„Jestatten Se mal, junge Frau?", hörte ich hinter mir einen gewichtigen Typen im breitesten Kölsch – als ob es an mir lag, dass es hier so voll war und nicht weiterging.

Endlich im Zug. Als sich alle zwischen den Sitzreihen drängten und ihre Plätze suchten, kam ich näher an meinen Vordermann heran, als mir lieb war. Ich bin nicht übertrieben pingelig – aber den Typen hätte man noch mit dem dicksten Schnupfen drei Meilen gegen den Wind gerochen. Wie dieser schon etwas ältere Herr in der Outdoorjacke müffelte, das hatte was von Raubtierhaus. Oder Dschungelcamp!

Jetzt drehte er sich um und setzte sich auf seinen Platz. Und da konnte ich sein Gesicht erkennen: Das war ja Rüdiger Nehberg! Dessen Autobiografie hatte ich gerade gelesen. Was für ein starker Typ! Nicht nur Deutschlands bekanntester Abenteurer und Überlebenskünstler, sondern auch Bestsellerautor und Galionsfigur für Umweltschutz und Menschenrechte. Wahrscheinlich kam er gerade von einer seiner legendären Reisen zurück. Und deshalb das herbe Aroma.

# Warum Stärken starken
# Sinn erzeugen

Auf die Frage, ob ein Einzelner die Welt verbessern kann, hat Rüdiger Nehberg eine klare Antwort: Natürlich, wer denn sonst! Nehberg hat sich für die Yanonami-Indianer in Brasilien engagiert, die Goldsuchern im Wege standen, und hat erreicht, dass ihr Lebensraum heute geschützt ist. Mit seiner Organisation „Target" kämpft er seit einigen Jahren gegen die Genitalverstümmelung von Frauen und rettet in der Tat viele vor dieser Barbarei. Seine Stärken sind seine Rast- und Ruhelosigkeit, seine unbändige Energie und seine Zielstrebigkeit, mit der er versucht, Missstände aus der Welt zu schaffen – und er redet nicht

# stärker
## Keine Zeit für Defizite

nur darüber, er erreicht tatsächlich Ziele. Nehberg ist ein Macher, ein Arbeitstier und ein Besessener. Und er ist alles andere als ein abgerundeter Charakter. Würde man seine Persönlichkeit mit Hilfe eines Seismografen abbilden, dann würde man eines ganz sicher nicht sehen: eine im arithmetischen Mittel liegende Linie über alle Persönlichkeitsmerkmale hinweg. Ausgeglichen? Der Mann ist das personifizierte Erdbeben, der Graf würde Ausschläge nach oben und unten bis an den Rand der Skala zeigen. Schwieriger Typ? Starker Typ!

Und nun werfen wir mal einen Blick in die Wirtschaft. Nehberg als Mitarbeiter – oder gar als Chef? Undenkbar. So einer würde schnell vom System wieder ausgespuckt werden. Was viele Unternehmen suchen, sind keine ausgeprägten Persönlichkeiten mit besonderen Stärken und den dann unvermeidlichen Schwächen, sondern Leute, die – scheinbar – die wenigsten Schwächen haben. Mainstream-Menschen und Durchschnitts-Typen. Der renommierte Psychoanalytiker und Unternehmensberater Manfred Kets de Vries charakterisiert diesen Menschenschlag so: „Höfliche Leute in Anzügen, die immer das Richtige sagen und deren Gesellschaft nach einer Weile furchtbar langweilig wird. Aalglatte Wesen, die niemanden an sich heranlassen und kaum verhehlen können, dass sie sich für andere im Grunde gar nicht interessieren. Menschen, die konsequent auf Nummer sicher gehen und sich infolgedessen in einer Atmosphäre der Mittelmäßigkeit einrichten – mittelmäßige Ideen, mittelmäßige Leistungen und mittelmäßige Ergebnisse." Genau, auf den Punkt: Gerade diejenigen mit den scheinbar wenigsten Schwächen sind genau diejenigen, die maßgeblich zur Mittelmäßigkeit ihrer Organisationen beitragen. Kann in einer solchen Betriebsgemeinschaft von Nicht-Persönlichkeiten eine gemeinsame Leidenschaft und ein verbindender Sinn entstehen? Haben Mitarbeiter hier das Gefühl, an etwas Bedeutsamem teilzuhaben, etwas zu bewegen? Hat hier irgendjemand so richtig Lust auf irgendwas? Leben die überhaupt noch?

Sinnstiftende Unternehmen brauchen Persönlichkeiten mit Ecken und Kanten. Menschen, die genau jene **Stärken** besitzen, die an einer bestimmten Stelle für den Erfolg gebraucht werden. Die Kunst der Führung besteht darin, aus völlig unterschiedlichen Individuen mit individuellen Stärken eine Mannschaft, ein Ensemble zu formen – wie bei einer Fußballmannschaft oder einem Orchester. Und weder eine chaotische Anarcho-Bude noch ein gesichtsloses Blitzblankunternehmen daraus zu machen. Ein Ensemble zu formen, bei dem jeder seine individuellen Stärken einbringen darf, das ist erfolgsentscheidend. Unternehmen, die Spuren hinterlassen und nicht nur Staub, haben das verstanden und ermöglichen es deshalb ihren Führungskräften und Mitarbeitern, ihre Stärken einzubringen – und wissen gleichzeitig mit deren Schwächen umzugehen. Denn wo Licht ist, ist auch Schatten. Je ausgeprägter die Stärken, desto klarer treten auch die Schwächen hervor. Gut so! Die Beurteilung der Schwächen steht immer in engem Zusammenhang mit den Stärken.

Wie und wo so was funktioniert? In einem positiven Umfeld. Wo die Ergebnisse überzeugen, da nimmt man Menschen so, wie sie sind. Wo die Leistung stimmt, da hat man gar keine Zeit, sich mit den Defiziten aufzuhalten. Und wo stimmt die Leistung? Wir meinen: genau dort, wo Menschen wachsen können, sich einbringen dürfen, lernen und sich weiterentwickeln können. Und das funktioniert nicht, wenn mit „Personalentwicklungsmaßnahmen" alles nach dem Maggifix-Prinzip im Handumdrehen auf einen Einheitsgeschmack getrimmt wird. Unverwechselbare Würze ist gefragt. Was Menschen wollen, sind keine Blaupausen für die Musterkarriere, sondern maßgeschneiderte Hilfestellungen für die berufliche – und persönliche – Entwicklung. Wissenschaftlich belegt ist das spätestens seit Martin Seligmanns Positiver Psychologie und seiner Erforschung so genannter positiver Institutionen. Durch Vergnügungen, aber vor allem durch die **Realisation eigener Stärken im Rahmen eines Dienstes an einer höheren Sache** erhalten Menschen die Chance auf ein erfülltes, sinnvolles Leben und Arbeiten.

**Leben die überhaupt noch?**

Von zentraler Bedeutung ist dabei, so Seligmann, dass die Stärken des Individuums perfekt zu denen des Unternehmens passen. Die hohe Passgenauigkeit ist Voraussetzung dafür, dass Menschen ihre Arbeit als **sinnvoll** erleben und bereit sind, sich selbst, ihre Fähigkeiten und ihre Leidenschaft zum Wohle eines übergeordneten Ziels einzusetzen. Die Konsequenzen: Arbeitszufriedenheit, Engagement, Produktivität und wirtschaftlicher Erfolg. Sinnstiftende Unternehmen wissen das und achten schon bei der Einstellung neuer Mitarbeiter darauf, dass deren Stärken zum eigenen Profil passen. Ein Kandidat, der sich etwa durch einen hohen Drang zur Perfektion auszeichnet, wird sehr gut in ein Unternehmen passen, das genau dieses Streben nach Vollkommenheit als wesentlich für sich definiert hat. Sie erinnern sich an den jungen Mann bei Porsche, der lieber einen Inbusschlüssel als einen Bierdeckel verwendete. Das ist Passgenauigkeit von Mensch und Unternehmen.

Auch der Psychologe Gurnek Bains bestätigt Seligmanns Theorie in seinem Buch „Meaning, Inc.". Darin berichtet er von einer von ihm durchgeführten Studie, die zu dem folgenden Ergebnis gekommen ist: Hochgradig erfolgreiche Menschen sind häufig keine abgerundeten Charaktere. Ganz im Gegenteil: Sie haben so genannte „Spikes". Wie bei einem EKG oder einem anderen Liniendiagramm weist ihr Persönlichkeitsprofil extrem hohe Ausschläge ins Positive, aber auch ins Negative auf: Sie besitzen in einigen Bereichen sehr ausgeprägte Stärken – aber auch irre Defizite auf anderen Gebieten. Erfolgreiche Menschen sind eben in jeder Hinsicht alles, außer gewöhnlichen Typen. Vor allem auch deshalb, weil diejenigen Versuchspersonen, die sich selbst gut einschätzen konnten und ihre Defizite genau kannten, folgende Strategie für sich entwickelt haben: Sie versuchen nicht, ihre Schwächen auf Teufel komm raus auszumerzen, wie eine lästige Warze, oder ihnen extra viel Aufmerksamkeit zu schenken und sie dadurch noch zu verstärken. Sondern sie umgeben sich mit Leuten, die ihre Defizite ausgleichen, weil diese in genau jenen Bereichen stark sind.

> **Extrem Erfolgreiche besitzen in einigen Bereichen sehr ausgeprägte Stärken – aber auch irre Defizite auf anderen Gebieten**

Daraus ergibt sich eine ganz andere Unternehmenskultur, die nicht auf Defizite, sondern auf Stärken ausgerichtet ist: Ein Job, der Leute so sein lässt, wie sie sind, nutzt tatsächlich die individuellen Stärken des Einzelnen. Manche Unternehmen wie etwa Procter & Gamble schulen deshalb aktiv die Wahrnehmung ihrer Mitarbeiter und helfen ihnen, sich ihrer Spikes bewusst zu werden. Und sich, statt an ihren Schwächen zu arbeiten, mit Kollegen zu umgeben, die ihre Schwächen ausgleichen, und umgekehrt. Procters so genannte Coaching Culture stärkt

Stärken und das Wissen um die eigenen Schwächen. „Der wichtigste Bestandteil der Procter-DNA ist die Garantie, sich weiterzuentwickeln", sagt Luisa Delgado, Vizepräsident Human Resources für Westeuropa. Menschen dabei zu unterstützen, sich weiterzuentwickeln ist eigentlich auch die zentrale Aufgabe für Führungskräfte in jedem Unternehmen, meinen wir. Es geht darum, Leute mit der richtigen, also für das Unternehmen passenden Lebenseinstellung zu finden und auszubilden. Und nicht darum, gut ausgebildete Mitarbeiter einzustellen und dann in Trainingslagern eine Gehirnwäsche vornehmen, bis von ihrer Persönlichkeit nichts mehr übrig ist. Das bessere Motto hatte die Russische Oktoberrevolution: Versuche nicht, Menschen zu ändern. Suche Revolutionäre. Den besten Blick für „revolutionäre Mitarbeiter" haben Chefs, die selbst Ecken und Kanten haben. Führungskräfte, die ihre eigenen Schwächen reflektieren und annehmen und ihren Mitarbeitern Gleiches zugestehen, statt sich aus Ignoranz und Eitelkeit ständig bei anderen auf Fehlersuche zu begeben.

Aber diese Führungskräfte müssen Sie genauso suchen wie die Mitarbeiter mit revolutionärem Potenzial. Und natürlich meinen wir mit solchen Chefs auch nicht jene Modelle, die nur und ausschließlich charismatisch und authentisch sind. Und bitte verwechseln Sie authentisch keinesfalls mit soft. Das ist nur ein Aspekt, der alleine noch keine gute Führungspersönlichkeit ausmacht. Authentizität kann die dürftigen und inkompetenten Entscheidungen von Chefs nicht ausbügeln. Eine Führungskraft muss authentisch sein, um ihre Leute zu inspirieren, zu motivieren, um mit ihnen zu reden, ein guter Zuhörer zu sein und sie zu verstehen. Gleichzeitig muss sie auch Pflöcke einschlagen, Grenzen setzen, Richtlinien und Ziele vereinbaren können und unangenehme Entscheidungen treffen, die nie allen gefallen. Und das ist alles anders als soft.

Das wohl prominenteste Beispiel für eine Führungspersönlichkeit mit extremen Stärken, aber auch ebensolchen Schwächen ist Steve Jobs von Apple. Der Mann hat sicherlich Bestnoten in Sachen Vision, Mut und Charisma verdient. Er ist getrieben von der Idee, Spuren zu hinterlassen und nicht nur Staub. Sie erinnern sich: „To make a dent in the universe" – einen Abdruck im Universum hinterlassen. Jobs scheint sich immer und immer wieder die Fragen nach dem Wozu zu stellen. Sicher, auch er ist nicht als Sinnstifter auf die Welt gekommen. In der ersten Phase seiner Karriere polarisierte er noch stärker als heute: Für die einen war er der Messias, für die anderen ein mega-arrogantes Arschloch und berühmt-berüchtigt für seine Fahrstuhl-kündigungen – wer allein mit ihm im Aufzug war und auf eine scheinbar harmlose Frage des Chefs die „falsche" Antwort gab, flog sofort raus. Und zwar aus seinem Job, nicht bloß aus dem Fahrstuhl. Seit seiner Rückkehr zu Apple im Jahr 1997 scheinen die Fahrstuhlge-spräche etwas zivilisierter abzulaufen, und insgesamt deuten die Zei-chen darauf, dass Steve Jobs sich mehr und mehr zu einem Chef ent-wickelt, der auch anderen Raum lässt, einen wertvollen Beitrag zu leisten und damit zu glänzen. Was sich allerdings bei Jobs auch nach seiner Rückkehr zu Apple nicht verändert hat, ist sein notorischer Hang zum Mikromanagement. Jobs ist jemand, der die Anzahl der Schrauben an der Unterseite eines Notebooks bestimmt, die Krüm-mung der Bildschirmecken und die Anzahl der Steckplätze im Gehäu-se. Ist das eine Schwäche? Vielleicht. Kommt ganz auf den Standpunkt an. Jobs Design-Tyrannei mag für diejenigen, die mit ihm arbeiten, alles andere als angenehm sein. Al-lerdings ist das nur die eine Seite der Medaille. Die andere Seite ist, dass es Apple seit Jahrzehnten im-

**Wie und wo so was funktioniert?**

mer wieder gelingt, preisgekrönte Kultobjekte auf den Markt zu brin-gen. Und das liegt wiederum an der herausragenden Stärke von Jobs, seinem untrüglichen Sinn für Ästhetik.

Jobs ist also definitiv niemand, der dem Anforderungskatalog für abgerundete Führungspersönlichkeiten entsprungen ist. Aber genau diese unverwechselbare Persönlichkeit und die Tatsache, dass Jobs im-mer zu seinen Stärken und Schwächen gestanden hat, machen ihn interessant. Und was noch wichtiger ist: Er gibt seinen Mitarbeitern einen Grund, sich ihm anzuschließen. Jobs hat verstanden, dass er sie kaum, und schon gar nicht auf Dauer, zu Dingen zwingen kann, die sie nicht aus sich heraus tun wollen. Und das gilt übrigens nicht nur für Apple-Mitarbeiter, sondern generell. Menschen sind nur dann be-reit, sich über Gebühr für eine Sache einzusetzen, wenn sie darin für sich persönlich einen Sinn sehen. Jobs, so wird berichtet, übersetzt diesen Sinn für die Mitarbeiter, indem er ihnen das Gefühl gibt, an etwas Bedeutsamem teilzuhaben. In einem Artikel des amerikanischen Technologiemagazins Wired war zu lesen, dass Jobs seinen Mitarbeitern das Gefühl gebe, dass selbst die Gestaltung eines Netzgeräts eine von Gott bestimmte Mission sei...

Und nun lassen Sie uns ein kleines gedankliches Experiment wagen: Nehmen wir mal an, so ein Typ wie Jobs mit ausgeprägten Stärken und Schwächen würde sich in einem x-beliebigen Großkonzern für eine x-beliebige Position mit Führungsverantwortung bewerben. Hätte er auch nur den Hauch einer Chance? Würde er sich dort in ebensolcher Art und Weise entfalten können? Nun ja, wir haben da so unsere Zweifel. Allzu häufig bedeutet Persönlichkeitsentwicklung in solchen Unternehmen, die Schwächen mit der Lupe zu suchen und dann alle möglichen raffinierten Methoden zum Einsatz zu bringen, um diese zu beseitigen. Doch hört, hört: Menschen können durch die Beseitigung von Schwächen NIEMALS erfolgreich werden. Eine Biene, der Sie den Stachel ziehen, sammelt keinen Honig mehr. Jeder Mensch, das gilt auch für Sie und Ihre Mitarbeiter, kann nur dadurch erfolgreich werden, dass er seine schon vorhandenen Stärken weiterentwickelt und zur Entfaltung bringt.

Noch ein Beispiel gefällig? Bitte sehr: Schauen wir uns noch einmal Richard Branson, den Gründer und Chef der Virgin-Gruppe, an. Der Typ hat Schwächen – keine Frage. Aber glauben Sie ernsthaft, dass der Popstar unter den Entrepreneuren auch nur eine Sekunde darauf verwendet, diese Schwächen auszumerzen? Vergessen Sie es! Er kokettiert geradezu damit. Sie sind Teil seiner Persönlichkeit. Als wir ihn kürzlich auf einer Konferenz in London erlebten, waren wir beide ziemlich schnell überzeugt, dass wir uns kaum jemanden vorstellen konnten, der weniger geeignet wäre, den Kopf eines weltweiten Wirtschaftsimperiums abzugeben. Er hat keinerlei betriebswirtschaftliche Ausbildung – hat er überhaupt irgendeine Ausbildung? Egal. Als Kind sei er Legastheniker gewesen, und auch mit seinem Zahlenverständnis soll es nicht allzu weit her gewesen sein. So what? Auch bei einem IQ-Test hätte er nach eigener Einschätzung nicht wirkliche gute Karten. Na und? Bereits mit 15 Jahren ging little Richard von der Schule ab. Noch zu Schulzeiten soll sein Schulleiter gesagt haben:

„Gratuliere Branson, eines sage ich Ihnen voraus: Sie werden entweder im Gefängnis enden oder als Millionär." Branson ist ein echter Under-Performer im akademischen Sinne. Aber bitte: Zum Milliardär hat's trotzdem gereicht. Und das ist nicht nur auf eine große Portion Glück zurückzuführen, nein, vergessen Sie's. Branson ist extrem erfolgreich, weil er extrem auf seine Stärken setzt – und extrem wenig auf seine Schwächen achtet. Er ist ein echter Querdenker, der in den vergangenen dreißig Jahren einen Mischkonzern kreiert hat, dessen Erfolg die meisten Managementlehren auf den Kopf stellt. Er ist ein Marketing-Genie der Extraklasse. Beinahe im Alleingang hat er vorgelebt, wie man Marken kreiert. Bei Virgin geht es nicht um Produkte, sondern um Spaß, Innovation und ein stimmiges Preis-Leistungs-Verhältnis. Hinzu kommt: Er ist ein Meister der PR. Branson gibt ehrlich zu, dass er ein Drittel seiner Zeit damit verbringt, sich und Virgin in die Medien zu bringen. Er rasiert sich das Gesicht und die Beine und schlüpft in ein Hochzeitskleid, um seine Brautmoden zu verkaufen, oder begibt sich auf halsbrecherischen Abenteuern in Lebensgefahr, um für seine Marke zu werben. Und genau das kann wiederum zum Problem werden, wenn Branson sich einmal auf einem seiner Abenteuer den Hals brechen sollte. Er ist für Virgin unersetzlich.

Branson, Jobs und viele andere Führungspersönlichkeiten ähnlichen Zuschnitts beweisen es jeden Tag: Die weithin verbreitete Philosophie der Schwächenbeseitigung ist nichts als ein fehlgeleiteter Irrglaube. Sie ist dem Erfolg nicht zuträglich – ganz im Gegenteil: Sie behindert ihn. Denn wer sich auf seine Schwächen konzentriert und nicht selten mit großem Kraftaufwand an deren Beseitigung arbeitet, erreicht damit selten mehr als Mittelmaß. Und das Verrückte ist: Diese Person kommt nach all dem Aufwand der Schwächenbeseitigung dort an, wo jene, die diese Schwäche nicht hatten, mühelos gestartet sind. Was für eine Perversion!

Deshalb gilt: Alle großen Leistungen, ob in einem Unternehmen, in einem Fußballteam oder in einem Orchester, sind immer das Ergebnis der kompromisslosen Nutzung der Stärken jedes Individuums in diesem Team. Der Firmengründer der Software- und Beratungsfirma IDS Scheer, August-Wilhelm Scheer, hat genau das erkannt. Es ist naheliegend, dass der versierte Jazz-Saxophonist eine gut funktionierende Organisation mit einer Jazzband vergleicht. Jazzmusiker spielen als Experten ihrer Instrumente und als geübte Profis miteinander. Sie hören dem jeweiligen Solisten aufmerksam zu, um dann dessen Thema gekonnt aufzugreifen und weiterzuentwickeln. Sie improvisieren. Man könnte auch sagen, sie leisten ihren Beitrag zum Thema. Und sie sind zudem in der Lage, sehr schnell auf veränderte Situationen zu reagieren. „Durch diese extrem hohe Intensität der Kommunikation zwischen den Beteiligten wird sehr viel Kreativität freigesetzt", meint Scheer. Und weiter: In einem deutschen Wirtschaftsunternehmen würde wohl keiner so schnell darauf kommen, diese Art der Kommunikation als Improvisation zu bezeichnen. Da sei schon allein das Wort verpönt. Wenn hier jemand davon spricht, er müsse improvisieren, sei das

**Ein Narr, wer anderes behauptet**

lediglich ein Euphemismus dafür, dass etwas chaotisch gelaufen oder jemand schlecht organisiert sei. Vor allem Manager werden darauf trainiert, alles möglichst glatt und im Voraus zu planen. Aber das sei ein Fehler, so Scheer, denn damit würden sie sich die Chance auf schnelle und flexible Entscheidungen verbauen. Die Kunst bestünde vielmehr darin, im Zusammenspiel die Stärken jedes Einzelnen zu nutzen. Die Aufgabe des Chefs dabei: Er muss die Mitarbeiter zum Swingen bringen. Und er muss sie ermutigen, nicht auf ihre Schwächen zu achten und sich mit deren Beseitigung abzumühen, sondern mit den Talenten zu wuchern, die sie ohnehin schon besitzen.

Menschen mit ausgeprägten Stärken und Schwächen sind erfolgreich – und alles andere als die von Manfred Kets de Vries beschriebenen „aalglatten Wesen". Sie bewegen etwas, gerade weil sie im besten Wortsinne eigenwillig sind, also einen eigenen Willen haben und sich nicht einfach einreihen in die graue Masse der Staubaufwirbler.

„Die Route wird berechnet."

Na also, geht doch! Nach zehn Minuten Frickelei mit dem Navigationssystem im Mietwagen hatte ich endlich das richtige Illingen als Ziel einprogrammiert. Nicht Illingen im Enzkreis oder Illingen bei Rastatt in Baden-Württemberg, auch nicht Illingen bei Soest in Nordrhein-Westfalen, sondern Illingen im Landkreis Neunkirchen im Saarland. Bloß was mich in diesem Illingen erwarten würde, sah ich ungefähr so klar wie einst Harald Juhnke um vier Uhr früh einen Berliner Taxistand.

Ich fuhr los. Denn versprochen war versprochen. „40 Gigs in 40 Tagen", hatte unser Angebot geheißen. Der Deal: Unser Vortrag ist umsonst, wenn der Veranstalter 200 Exemplare unseres Buches „Alles, außer gewöhnlich" kauft und an die Zuhörer verteilt. Armin König, der Bürgermeister der 18.000-Seelen-Gemeinde Illingen, hatte mich angerufen und gesagt: „Frau Förster, ich lade Sie ein in unsere neue Mehrzweckhalle. 200 Leute bekomme ich locker zusammen."

Die Landschaft wurde immer idyllischer, je weiter ich in Richtung Illingen fuhr. Ich blieb skeptisch. Ein paar Tage vor Armin König hatte der ehemalige Oberbürgermeister einer deutschen Großstadt angerufen. Er war auch interessiert an dem Vortrag – aber unsicher, ob er genügend Leute zusammenbekommen würde.

Ankunft in Illingen. Die Straßen top in Schuss, der Ortskern gepflegt. Dann die Überraschung: Eine Mehrzweckhalle mit einer perfekten Konferenztechnik, von der sich manches Großstadthotel eine Scheibe abschneiden könnte. Über 200 Zuhörer – viele davon Unternehmer aus dem Städtchen – und ein strahlender Bürgermeister König, der auch ein kleines bisschen stolz wirkte.

# Warum Spurenhinterlasser
## für ihre Sache brennen

Spätestens seit Illingen sind wir fest davon überzeugt: Es kommt überhaupt nicht darauf an, was du machst und wo du es machst, sondern es kommt darauf an, mit welcher **Leidenschaft** du bei der Sache bist. Leidenschaft ist genau das, was Armin König auszeichnet. Er sitzt nicht bequem auf seinem Sessel und löst das Kreuzworträtsel im Kreiskäseblatt, sondern sprüht vor Tatkraft und Optimismus. Deshalb war er – anders als sein Kollege aus der Großstadt – auch vollkommen sicher, dass er die Hütte voll bekommen würde. Wobei ja von „Hütte" keine Rede sein konnte. Wir hatten eine zu-

# leidenschaftlich
## Mehr als nur ein Job

gige Turnhalle erwartet und kamen in ein Gebäude, das topmodern war und in dem fast jeden Tag ein klasse Kulturprogramm geboten wird – von klassischem Ballett über Heavy Metal bis eben hin zu Vorträgen zum Thema „Alles, außer gewöhnlich".

Menschen, die für ihre Sache brennen und weit über ihren Gesichtskreis hinaus Anziehungskraft entwickeln, sind immer auch Sinnstifter. Dafür ist es nicht erforderlich, dass sich jemand selbst als leidenschaftlicher Mensch empfindet. Leidenschaft entsteht automatisch,

Illingen: Armin König und Anja nach getaner Arbeit

wenn jemand nicht nur einen Job macht, sondern ganz genau weiß, was er will – und sich jeden Tag aufs Neue dafür entscheidet. Das gilt nicht nur für die Elite, sondern für alle.

Aber wie sieht es mit **Leidenschaft** in der Wirtschaft aus? Ist das eine Anforderung, die Unternehmen routinemäßig in den Jobanforderungsprofilen ausschreiben? Da spielen andere Qualitäten eine Rolle: Es geht zunächst einmal darum, dass die Arbeit zuverlässig und sorgfältig ausgeführt wird. Vielleicht kennen Sie den berüchtigten Spruch von Henry Ford, der sich über seine Fließbandarbeiter beschwert haben soll: „Warum kommt immer ein Hirn mit, wenn ich nur um ein paar Hände gebeten habe?" Der gute alte Henry wollte menschliche Roboter, die die zugeteilten Aufgaben **sorgfältig** und **zuverlässig** ausführten. Mehr nicht. Das Denken sollten sie gefälligst den Chefs überlassen. Ford war mit dieser Einstellung zweifellos erfolgreich. War erfolgreich. Damals. Und heute? Vielleicht kennen Sie auch solche Chefs, die heute noch so ticken. Aber die meisten von uns lachen über das Ford'sche Menschenbild, denn natürlich wissen wir, dass wir in einer Wissensgesellschaft leben und so nicht mehr weiterkommen. „Hey Leute, ihr dürft jetzt auch euer Hirn mit zur Arbeit bringen", schallt es seit einigen Jahren durch die Büroflure und Fabrikhallen. Aber wenn wir darauf vertrauen, dass es einen nachhaltigen Wettbewerbsvorteil darstellt, dass wir unseren Intellekt mit zur Arbeit bringen, dann sollten wir diese Annahme nochmals schleunigst überdenken. Warum? Weil Wissen heute immer mehr zum Massengut wird. Wissen ist heute ein ebenso im Überfluss verfügbares Gut wie zu Henry Fords Zeiten menschliche Muskelkraft. Im Zeitalter des Internets und der globalen Vernetzung gibt es praktisch keine Wissensmonopole mehr, auf denen sich Ihr Unternehmen ausruhen könnte.

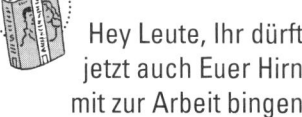

Hey Leute, Ihr dürft jetzt auch Euer Hirn mit zur Arbeit bingen

Was die Sache noch verschärft, ist die Tatsache, dass Sie heute überall auf der Welt gut ausgebildete Mitarbeiter bekommen können, die ihre Arbeit zuverlässig und sorgfältig verrichten: in München, in Basel, in Graz. Aber ebenso in Manila, Bangalore oder Guangzhou. Allerdings arbeiten die Menschen in den drei letztgenannten Städten für einen Bruchteil der Gehälter, die Sie den Menschen in den drei vorgenannten Städten zahlen. Wissen sie deshalb weniger? Wenn Sie das heute noch glauben, sollten Sie sich warm anziehen ...

**Sorgfalt, Zuverlässigkeit** und **Wissen** sind schon lange nicht mehr ein Privileg der westlichen Industriestaaten. Ganz im Gegenteil. Sie sind zu **globalen Massengütern** geworden. Und das bedeutet: Sie sind nicht standortgebunden. Schluck. Das klingt gar nicht gut. Ist es auch nicht. Ein Unternehmen, das sich ausschließlich darauf verlässt, dass seine Mitarbeiter pünktlich zur Arbeit erscheinen und diese gewissenhaft, sorgfältig und unter aktiver Einbeziehung einiger Hirnregionen verrichten, hat ein Problem. Das können andere nämlich genauso gut.

Nicht, dass wir uns missverstehen: Wir wollen damit nicht sagen, dass Sorgfalt, Zuverlässigkeit und Wissen nichts wert sind. Wir stellen lediglich fest, dass ein Unternehmen daraus keinerlei nachhaltigen Wettbewerbsvorteil im globalen Markt ziehen kann. Wenn Sie sich im globalen Wettbewerb durchsetzen wollen, brauchen Sie Mitarbeiter, die mehr als zuverlässig, gewissenhaft und schlau sind. Was

Vierzig „interessierte" Ostfriesen

Sie brauchen, sind Mitarbeiter, die darüber hinaus noch diese Attribute mitbringen: **Initiative. Kreativität. Leidenschaft.** Diese drei Eigenschaften machen den Unterschied!

**Initiative** bedeutet, nicht darauf zu warten, dass der Chef mir eine Aufgabe zuteilt, sondern selbst Dinge anzupacken, es einfach mal zu versuchen. Können dabei Fehler passieren? Kann diese Ich-probiers-einfach-mal-Mentalität auch dazu führen, dass Sie mit der ein oder anderen Initiative daneben liegen? Na klar. Das gehört dazu. Das eine geht nicht ohne das andere. Sie können nicht ernsthaft Ihre Mitarbeiter ermutigen, initiativ zu sein, und sie dann abstrafen, wenn sie ihren Hintern vom Stuhl hochgehoben und etwas Neues ausprobiert haben. Ganz im Gegenteil: Untätigkeit ist die schlimmste Verfehlung, vielleicht die einzige, die bestraft werden sollte.

**Kreativität** ist eng verwandt mit Initiative. Kreativität bedeutet, die vorhandenen Mosaiksteinchen in neuen Kombinationsmöglichkeiten zu einem großen Bild zusammenzufügen. Und für diese neuen Kombinationsmöglichkeiten gibt es keine Blaupause, kein 15-Punkte-Programm, das man nur sorgsam abarbeiten muss und das dann automatisch zur kreativen Lösung führt.

**Leidenschaft** ist der Brennstoff. „Leidenschaft ist die Mutter großer Dinge", sagt der Schweizer Kulturhistoriker Jacob Burckhardt. Und das gilt nicht nur für die Kunst oder die Wissenschaft, sondern ebenso für die Wirtschaft. In der Wirtschaft der Zukunft werden alle Mitarbeiter und Führungskräfte nicht nur ihre Hände und ihr Hirn zur Arbeit mitbringen müssen, sondern auch ihr Herz. Sonst erledigen sie nur einen Job, meist ordentlich, aber niemals angetrieben von dem Wunsch, unbekannte Wege zu gehen, neue Kundensegmente zu erobern oder geniale Produkte zu entwickeln. Schon der Schriftsteller E. M. Forster hat eine Wahrheit ausgesprochen, die so einfach

> **Leidenschaft ist der Zaubertrank, der eine Absicht in Leistung verwandelt**

ist, dass sie auch als Ostfriesenwitz durchgehen könnte: „Ein leidenschaftlicher Mensch ist besser als vierzig Menschen, die lediglich interessiert sind." Nach dem Motto, wie viele Leute braucht man, um vier Beine an einen Tisch zu schrauben, eine Kuh zu melken oder einen Stadtplan zu lesen? Vierzig „interessierte" Ostfriesen oder einen leidenschaftlichen Menschen.

So, und jetzt zu Ihnen! Zu welcher Kategorie zählen Sie? Na? Sind Sie interessiert oder leidenschaftlich? Hand aufs Herz. (Pssst, das Herz ist von Ihnen aus gesehen ein wenig links von der Mitte direkt unterm Brustbein. Über dem Magen. Ja, genau da!) Also? Keine Ahnung? Bewerten Sie Ihre Arbeit doch mal mit unserem Leidenschaftstest auf einer Skala von 1 bis 5. 1 bedeutet: „Mal wieder so ein mieser Arbeitstag! Irgendjemand muss die Rechnungen ja zahlen." 3 heißt: „Mein Job ist eigentlich ganz ordentlich", und 5: „Wow, wir verändern die Welt mit dem, was wir hier machen!" Sie meinen, Letzteres klingt zu hoch gegriffen? Warum? Schauen Sie sich Leute an, die ihre Leidenschaft leben: den Fußballer, der im Champions-League-Endspiel den genialen Pass zum entscheidenden Torschuss auflegt. Den Violinisten der Berliner Philharmoniker, der zum Solo ansetzt. Den Schreiner in der oberschwäbischen Provinz, der mit zarten Fingern noch ein letztes Mal über die gerade abgeschliffene Tischplatte streicht. Oder erinnern Sie sich an unsere Geschichte von dem Kellner in London. Er hatte dieses Leuchten in den Augen, dass es uns den Atem verschlagen hat! Warum sollten wir uns mit weniger zufrieden geben?

Nein, nein, jetzt bitte keine Ausreden! Mit Leidenschaft bei der Sache sein, das hat nichts mit Status oder Hierarchie zu tun. Natürlich wissen wir auch, dass kein Job immer nur Begeisterung auslösen kann. Routinen sind notwendiger Bestandteil jeder Tätigkeit. Und jede Arbeit hat auch langweilige Seiten. Aber auf die Balance kommt es an. Leidenschaft als Sinnerfahrung ist es, die uns über manche Durststrecke hinweghilft. Nur wenn die frustrierenden und stupiden Elemente überwiegen, Puls und Wimpernschlag im schläfrigen Dauerzustand verharren und man sich nur noch jeden Morgen wie auf Autopilot zur Arbeit schleppt, dann stimmt etwas nicht. Dann muss man sich ehrlich fragen, ob man nicht nur zu bequem ist, etwas im Job zu ändern oder sich was Neues zu suchen. Es liegt allein an uns, diese Leidenschaft zu leben. Und wir alle sind nur dann wirklich gut, wenn wir der Überzeugung sind, dass es etwas ausmacht, ob wir morgens aufstehen oder liegen bleiben.

Leidenschaft ist der Zaubertrank, der eine Absicht in Leistung verwandelt. Der Menschen Hindernisse überwinden lässt und sie dazu bringt, nicht aufzugeben, sondern sich bis zum Äußersten für eine Sache einzusetzen. Der amerikanische Psychologe mit dem für deutsche Zungen mörderischen Namen Mihály Csikszentmihályi bezeichnet diesen Zustand als „Flow": „Ich habe Künstler, Sportler und Wissenschaftler beobachtet, die ihre Tätigkeit absolut lieben, die nichts anderes tun wollen als das, womit sie sich beschäftigen. Und sie machen das nicht, um später etwas dafür zu bekommen, sie machen es nicht für Geld, und auch kaum für Ruhm. Auch die Anerkennung durch die Kollegen ist ihnen nicht das Wichtigste, sie machen es, weil es für sie so wichtig ist, weil es ihnen so viel Freude bereitet und auch so viel Erfüllung bringt."

Dass Leidenschaft gut klingt, haben viele Unternehmen schon längst begriffen. In der wunderbaren Welt der Floskeln nimmt „Leidenschaft" einen Spitzenplatz ein. Die schöne Marketingwelt wäre ohne „Leidenschaft" um einen beträchtlichen Teil ihres Sprachschatzes beraubt. Wie ernst es den Unternehmen, die dieses Wort beständig im Munde führen, tatsächlich damit ist, können Sie wiederum mit einem idiotensicheren Test überprüfen: Wir nennen ihn den Google-Test, denn bei Google gilt der Grundsatz: „Wenn ein Mensch das Gefühl hat, irgendeine Aufgabe sei wichtiger als alles, was wir ihm auftragen können, sollte er seinen Leidenschaften frönen und

> **Wird in Ihrem Unternehmen Leidenschaft mit Hilfe von markigen Botschaften auf Mousepads verordnet?**

sich dieser Aufgabe widmen dürfen." Wow! Lassen Sie diesen Satz von Shona Brown, der Google-Vizepräsidentin für Business Operations, mal nachklingen und fragen Sie sich dann: Können Sie sich vorstellen, so etwas je von Ihrer Führungsriege zu hören? Oder ist es nicht eher so, dass Sie, wenn Sie so einen Gedanken auch nur leise vor sich hin murmeln, Gefahr laufen, schon beim Betreten der Empfangshalle entmündigt zu werden? Gehört Ihr Unternehmen noch zu denen, die Leidenschaft mit Hilfe von markigen Botschaften auf Mousepads verordnen? Deren Chefs denken, man könne sie administrativ verordnen? Funktioniert nicht! Leidenschaft kann nur von jedem Menschen selbst entwickelt werden. Und im Job nur dann, wenn Mitarbeiter das Gefühl haben, zu einer positiven Sache beitragen und das Ergebnis tatsächlich auch beeinflussen zu können. Anders formuliert: Von menschlichen Robotern kann man keine Leidenschaft erwarten.

Und genauso wenig kann sie vom Chef angeordnet werden. Der Befehl: „Müller, jetzt mal ein bisschen leidenschaftlicher die Schraube ins Brett gedreht!", kommt auf der Arbeit genauso sexy wie bei einer heißen Affäre! Wenn ein Chef sich leidenschaftliche Mitarbeiter wünscht, sollte er sich selbst ins Zeug legen, genauso wie ein jugendlicher Liebhaber. Das eine geht nicht ohne das andere.

Deshalb jetzt noch mal zum langsamen Mitschreiben: Sorgfalt, Zuverlässigkeit und Wissen – diese Attribute können Sie bei Ihren Mitarbeitern anordnen beziehungsweise trainieren. Initiative, Kreativität und Leidenschaft dagegen sind Geschenke, die Ihre Mitarbeiter aus freien Stücken mit zur Arbeit bringen – oder aber zu Hause lassen. Sie haben die Wahl: Konzentrieren Sie sich auf die ersten drei Eigenschaften, dann schaffen Sie es vielleicht, in Ihrer Liga nicht abzusteigen. Vielleicht. Wir wünschen Ihnen viel Glück! Oder Sie konzentrieren sich darauf, den letzteren drei Raum zu geben: Dann schaffen Sie es womöglich gar in die Champions League Ihrer Branche!

„Müller, jetzt mal ein bisschen leidenschaftlicher die Schraube ins Brett gedreht!"

Aber wie genau funktioniert sie dann, die Leidenschaft in Unternehmen? Ganz kurz, in nur drei Wörtern zusammengefasst, bringen wir es auf folgende Formel: **Neugierde, Coolness, Verrücktheit** – dadurch zeichnen sich leidenschaftliche Chefs und Mitarbeiter aus. Aber warum gerade diese drei Attribute? Ganz einfach, weil Menschen, die sich auf einer Mission befinden, leidenschaftlich **neugierig** sind, Neues zu entdecken und Dinge zu entwickeln, an die noch niemand vor ihnen gedacht hat. Außerdem sind diese Menschen **cool** in dem Sinne, dass sie Spitzenleistung bringen, ohne sich dabei anzupassen. Sie sind viel mehr trotzige kleine Rebellen, die lieber außerhalb der Masse stehen, als dass sie mit etwas assoziiert werden, das ihnen langweilig erscheint. Und genau das ist es, was Mitarbeiter und Kunden anmacht. Genauso wie sie es im Nachhinein toll finden, dass Menschen Entscheidungen treffen, die zwar **verrückt** erscheinen, aber eigentlich das Ergebnis „disziplinierten Wahnsinns" sind.

Leidenschaft bedeutet **leidenschaftlich neugierig** zu sein. Hier geht es um Menschen – und zwar um solche, die mutig und verwegen genug sind, ihrer Neugier auch nachzugehen. Klar, erst einmal müssen sie überhaupt die richtigen Fragen stellen: Ohne ein „Was wäre eigentlich wenn?" oder ein „Warum eigentlich nicht?" hätte Richard Branson keine Investitionen in den Weltraumtourismus oder in alternativen Flugzeugantrieb mit Hilfe von Biosprit getätigt. Aber Fragen alleine reicht natürlich nicht. Ohne ein bisschen detektivisches Gespür und die nötige Risikofreude, ist man noch kein leidenschaftlich Neugieriger, sondern nur ein trauriger kleiner Feierabend-Sherlock-Holmes. Mut und genug Verwegenheit sind nötig, um neue Wege zu gehen, statt immer nur „mehr desselben" zu schaffen. Was das angeht, übernehmen vor allem die Chefs leidenschaftlicher Unternehmen eine Vorbildfunktion. Der amerikanische Autor und Zukunftsforscher Alvin Toffler sagte dazu: „Ein Manager, der sich keine radikale Alternative zu dem Status quo vorstellen kann, wird langfristig nicht überleben."

Eine zweite wichtige Voraussetzung dafür, dass leidenschaftliche Neugier frischen Wind in ein Unternehmen bringt, ist eine Ja-Kultur: „Ja, wenn du bereit bist, Verantwortung zu übernehmen, go for it, mach es, probiere es aus, setzte es um!" Hier geht es um eine optimistische „Can do"-Einstellung, gepaart mit der Bereitschaft, den Mitarbeitern Verantwortung zu übertragen und Vertrauen entgegenzubringen. Denn das Ausprobieren einer neuen Idee, das projektgebunden an Mitarbeiter delegiert wird – das bedeutet auch die delegierte Möglichkeit des Scheiterns. Und genau das setzt wirkliches Vertrauen voraus.

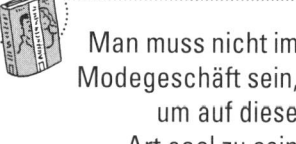

**Man muss nicht im Modegeschäft sein, um auf diese Art cool zu sein**

Eine solche Kultur sendet starke positive Signale an jeden Mitarbeiter und motiviert sie, ihre Neugier im Hinblick auf neue Strategien, Strukturen und Produkte auch auszuleben. Hier gibt es ebenfalls einen ganz einfachen Indikator, um zu testen, ob in einem Unternehmen das Klima für eine Ja-Kultur herrscht: **Geschwindigkeit**. Sie ist ein Maßstab dafür, wie lange eine Organisation braucht, um auf Neues zu reagieren. Wie flott poppen Ideen auf, wie lange brauchen sie, um getestet und umgesetzt zu werden? Doch bitte verwechseln Sie Ja-Kulturen nicht mit Ja-aber-Kulturen. Da werden mit unglaublichem Einsatz alle denkbaren Parameter vorausberechnet, Meinungen erforscht, Reaktionen getestet und jeder gute Einfall so lange analysiert, bis aus ihm ein schlechter wird, nach dem Motto: Diese Idee muss doch totzukriegen sein! Leidenschaft bedeutet, **cool** zu sein. Wir meinen damit allerdings keine

Menschen, die zu jeder Tages- und Nachtzeit Sonnenbrillen tragen, um damit ihrem Umfeld zu signalisieren: Coolnessfaktor XXL! Easy, Baby, null Problem! Cool, damit meinen wir etwas anderes. Menschen, die den Wandel umarmen, den Status quo attackieren und sich selbst immer wieder neu erfinden. Cool, damit meinen wir auch Unternehmen. Kunden, Investoren und auch Talente werden von coolen Unternehmen angezogen, weil diese ein Umfeld schaffen, das für kreativ, innovativ, aufregend, spannend, sexy – also leidenschaftlich – befunden wird. Im globalen Wettbewerb, in dem es eigentlich schon alles im Überfluss gibt, ist es überlebenswichtig, cool zu sein.

Aber Achtung: Mit coolen Unternehmen meinen wir nicht nur Läden, die cool am Front-End – also im Hinblick auf ihre Produkte und Serviceangebote – sind, sondern auch am Back-End, was Prozesse, Kosten oder die Logistik angeht. Die Textilkette Zara ist so ein cooles Beispiel. Wir haben ja bereits erzählt, dass der spanische Modekonzern Inditex mit seiner Hauptmarke Zara den Aufstieg an die Spitze der europäischen Modekonzerne ganz ohne klassische Anzeigen oder Werbespots im Fernsehen geschafft hat. Trotzdem weiß jeder, dass Zara günstige und trendige Mode verkauft. Das Coole daran: Zara braucht nur 15 Tage, um einen Trend aufzuspüren, einen Look zu kreieren und die Klamotten in die Läden zu bekommen. Zara schafft das scheinbar Unmögliche: Das Sortiment wird zweimal in der Woche gewechselt. Vor allem diese Geschwindigkeit hat der Modekonzern noch immer den allermeisten Konkurrenten voraus. Das Tempo beruht auf einer Besonderheit in einer Branche, die mittlerweile überwiegend in Billiglohnländern fertigen lässt. Inditex dagegen konzipiert, produziert und vertreibt unter eigenem Dach. So gehören ein Dutzend Kleiderfabriken mehrheitlich auf der Iberischen Halbinsel zum Konzern; aus Asien stammt nur ein Drittel der Produktion.

Die Voraussetzung für den Erfolg: Ein hocheffizienter Produktions- und Logistikprozess, Informationstechnik auf dem neuesten Stand, PDAs für eine reibungslose Kommunikation zwischen den Filialen und mit dem Lager. Geschwindigkeit steht hier über herkömmlichem Abteilungsdenken: Fünf unterschiedliche Teams teilen sich einen Raum. Designer arbeiten mit Herstellung und Vertrieb zusammen. Haben Sie schon mal darüber nachgedacht, ob es Ihrem Unternehmen ganz gut täte, die verschiedenen Bereiche öfter an einen Tisch zu bringen? Man muss nicht im Modegeschäft sein, um auf diese Art und Weise cool zu sein.

Dritter Punkt: Leidenschaft bedeutet, **verrückt** zu sein. Der unkonventionelle Ex-Canon-Chef Hajime Mitarai hat gesagt: „Wir sollten aufhorchen, wenn die Leute etwas verrückt finden. Denn wenn die Leute etwas gut finden, macht es bereits ein anderer." Mit anderen Worten: Machen Sie nie das, was alle befürworten. Es muss schon ein bisschen verrückt klingen, was Sie vorhaben.

> „Wir sollten aufhorchen, wenn die Leute etwas verrückt finden. Denn wenn die Leute etwas gut finden, macht es bereits ein anderer."

Schauen Sie sich zum Beispiel Ferran Adrià an, einen Koch der absoluten Spitzenklasse, der in seinem Restaurant „elBulli" an der Costa Brava das Essen neu erfunden hat. Was er zubereitet, ist ebenso verrückt wie einzigartig. Er kocht mit flüssigem Stickstoff und stellt konsequent tradierte Regeln der Küche auf den Kopf. In seiner Laborküche analysiert er akribisch Gemüse- und Obstsorten in jedem nur erdenklichen Zustand: gedünstet, geeist, schockgefroren oder pulverisiert. Es ist sein Spiel, Lebensmittel mit Hilfe von Geliermitteln, Trockeneis oder Kohlensäure in neue Konsistenzen zu transformieren. Dadurch entstehen ungewöhnliche Kombinationen, deren Formen, Farben und Geschmäcker irritieren – und faszinieren. So komponiert er beispielsweise Gerichte aus „Abfallprodukten", wie sein Risotto aus Gurkensamen mit getrockneter Gurkenhaut. Oder er tischt „Nicht-Essbares" auf, etwa einen Klotz Vulkangestein, der sich als Biskuit aus schwarzem Sesam herausstellt. Oder er kredenzt „Unsichtbares": eine transparente Dashi-Gelatine, auf der ein Kaviarimitat aus Miso ruht. Adrià bietet keine klassischen Menüs an. Bei der Zubereitung kommt Medizintechnik zur Anwendung, und von den bis zu 31 Gängen pro Abend werden einige sogar mit der Pipette serviert. „Das Bewusstsein für mein Menü muss sich der Gast erarbeiten", verlangt Ferran Adrià. „Denn meine Kreationen nähren nicht nur den Körper, sondern auch den Geist." Der „Surrealist der Küche" gilt als Wegbereiter der Molekularküche – und ist da-

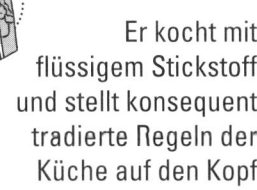

**Er kocht mit flüssigem Stickstoff und stellt konsequent tradierte Regeln der Küche auf den Kopf**

mit extrem erfolgreich. Ist Adrià leidenschaftlich? Na klar. Ist er im positiven Sinne verrückt? Mit Sicherheit. Hinterlässt er Spuren und nicht nur Staub? Darauf können Sie wetten.

„Hallo, Herr Dr. Kreuz! Ich muss Ihnen unbedingt von meiner neuesten Idee erzählen."

Immer wenn ich im Raum Nürnberg einen Vortrag halte, dann kommt auch Claus Böbel. Und immer wenn ich mich mit ihm unterhalte, erzählt er mir von einem neuen Produkt, einem neuen Service oder einem neuen Geschäftskonzept, mit dem es ihm gerade wieder einmal gelingt, den Markt zu verblüffen und zu begeistern.

Es ist nun allerdings nicht so, dass Claus Böbel für einen der beiden trendigen Sport-artikelhersteller arbeiten würde, die in dieser Region ansässig sind. Böbel ist auch kein Marketingspezia-list oder Experte für Nanotechnik. Nein, der Mann ist Metz-germeister in einer fränkischen Ortschaft mit knapp 500 Einwohnern und führt dort mit seiner Familie ein Fleisch-fachgeschäft. Klingt nicht besonders aufregend. Und doch haben bereits Zeitschriften wie „Spiegel" oder „Neue Revue" und die Fernsehsendung „Galileo" über Claus Böbel berichtet. Tenor: Wie die Wurst in den Brief kommt.

Wurst? In den Brief? Zugegeben, ich musste mir ein Grinsen verkneifen, als Claus Böbel mir vor über drei Jah-ren stolz erzählte, er hätte den „Wurstbrief" erfunden. Doch die abgefahrene Idee, Grüße aller Art mit einem herzhaften Leckerbissen zu verbinden, wurde ein Bom-benerfolg. Und seitdem hat Böbel immer wieder neue Ideen – vom Schinken mit dem Firmenlogo bis hin zur Perlenkette aus Würstchen. Er hat einen fünfzigseitigen Wurstkatalog, betreibt ein Wursttaxi und einen eigenen Online-Shop. Seine Waren gehen bis nach Hamburg und Berlin. In Kisten mit Trockeneis. Als ob es dort keine Metz-gereien gäbe.

„Darf ich raten?", frage ich Claus Böbel. Aber da hat er schon etwas aus der Tasche geholt, das verdammt lecker aussieht. Außer vielleicht für Vegetarier.

## Warum laue Ziele
## keinen Spirit erzeugen

Als die beiden Stanford-Doktoranden Larry Page und Sergey Brin ankündigten, mittels einer Suchmaschine in den Weiten des virtuellen Raums für Ordnung zu sorgen, wurden sie zunächst von der Konkurrenz nur müde belächelt. Als der Molekularbiologe Craig Venter an die Öffentlichkeit trat und munter verkündete, das menschliche Genom innerhalb von nur drei Jahren entschlüsseln zu wollen, schüttelte die Fachwelt fassungslos den Kopf. Schließlich arbeitete ein Zusammenschluss staatlicher Institutionen schon seit acht Jahren an dem Problem und hatte die Lösung noch nicht gefunden. Und wenn

# anspruchsvoll
## Hängt sie höher!

Nobelpreisträger Mohammed Yunus heute prophezeit, mit Hilfe von Mikrokrediten lasse sich eine Welt ohne Armut schaffen, dann hat so mancher Skeptiker das Bildnis eines in seine Fantasien vernarrten Idealisten vor Augen. Was Venter, Brin, Page und Yunus eint: Sie alle arbeiten mit extrem hoch gesteckten Zielen. Und diese sind niemals Utopie, sondern eine zwingende Voraussetzung für außergewöhnliche Leistungen.

Die Geschichte der Menschheit ist ein einziger Beweis dafür, dass Einzelne tatsächlich bahnbrechende Veränderungen bewirken können. Die Grenzen dessen, was möglich ist, sind nie dort, wo man sie vorschnell und oft nur allzu gern für sich gelten lässt. Schon Michelangelo wusste: „Die größere Gefahr für die meisten von uns besteht nicht darin, ein Ziel hoch gesteckt und verfehlt zu haben, sondern es zu niedrig gesteckt zu haben und zu erreichen." Und genau das gilt auch für unseren fränkischen Metzgermeister. Er hat sich nicht damit begnügt, den Status quo zu akzeptieren und mit letzter Kraft seine treueste Stammkundschaft – Hausfrauen mit Kittelschürze – bei der Stange zu halten. Claus Böbel hatte sich vorgenommen, sich selbst und seinen Mitarbeitern hohe Ziele zu setzen, echte Innovationen zu entwickeln und diese deutschlandweit zu vermarkten. Und er hat bewiesen, dass das geht.

Claus Böbel schickt eine Salami-Blume auf die Reise

Menschen wie Claus Böbel lassen uns das Herz aufgehen. Vermutlich weil deren Lebensmotto eine ziemlich große Deckung aufweist mit dem, was uns im Leben wichtig ist: Wir sind Fans von hoch gesteckten Zielen. Unsere tiefe Überzeugung lautet: Lauwarme Ziele können Menschen nicht über sich hinauswachsen lassen, sie können auch keinen Sinn stiften. Im Umkehrschluss bedeutet das: Menschen, die Spuren hinterlassen und Sinn stiften, haben immer ebenso klare wie hoch gesteckte Ziele sowie den unbedingten Willen, diese zu erreichen. Ihre Daseinsberechtigung ergibt sich ein gutes Stück weit daraus, dass sie ihren Markt verändern, etwas völlig Überraschendes hervorbringen oder ein Übel aus der Welt schaffen wollen. Und was für Individuen gilt, trifft ebenso auf Organisationen zu.

Peter Drucker sagte dazu: „Jede Unternehmung braucht einfache, klar umrissene und alles zusammenhaltende Ziele. Sie müssen leicht verständlich und gleichzeitig herausfordernd genug sein, um eine gemeinsame Vision zu begründen. Wenn wir heute von Unternehmenskultur sprechen, dann meinen wir damit in Wirklichkeit ein Commitment, das das ganze Unternehmen durchzieht und alle Teams einschwört auf gemeinsame Ziele und Werte. Diese Ziele müssen von den Unternehmensführern erdacht, verkündet und vorgelebt werden."

Fakt ist: Das leidenschaftliche Bemühen um die Lösung außergewöhnlicher Probleme schafft das Potenzial für außergewöhnliche

Leistungen. Der britische Biologe und Nobelpreisträger für Physiologie und Medizin Sir Peter Medawar hat das so formuliert: „Auf uninteressante oder dumme Fragen erhält man uninteressante oder dumme Antworten."

In welcher Liga ein Mensch spielt, hängt also davon ab, welche Fragen er stellt und welche Probleme er zu überwinden versucht. Es führt kein Weg daran vorbei, in großen Zielen zu denken und die eigenen Ziele möglichst hoch zu hängen. Und was für den Einzelnen gilt, das gilt ebenso für Teams, Abteilungen, Organisationen, ja ganze Gesellschaften. Warum? Weil wir alle besser werden müssen, als wir es bisher sind. Der wirtschaftliche Erfolg ist nicht mehr länger das Erbrecht eines exklusiven Clubs führender Industriestaaten. Der globale Wettbewerb um einen möglichst großen Anteil am Erfolgskuchen ist voll entbrannt.

Mohammed Yunus: Für eine Welt ohne Armut

Hohe Ziele sind Pflicht – nicht Kür. Dazu muss man sich überhaupt erst einmal vorstellen können, dass da noch sehr viel mehr geht. „Intelligente Unternehmen arbeiten heute mit Zielen, die den Menschen mehr abverlangen, als sie bisher für möglich hielten", schreiben unsere schwedischen Kollegen Jonas Ridderstrale und Kjell Nordström in „Funky Business". Es geht dabei weniger darum, noch das letzte bisschen Energie aus den Mitarbeitern rauszuquetschen wie aus einer alten Zahnpastatube. Vielmehr steckt eine andere Logik dahinter: Laue Ziele und kleine, bedächtige Schritte führen niemals am schnellsten ins Ziel. Sie führen geradewegs ins Mittelmaß. Und Mittelmaß ist lausig, finden wir.

**Was Venter, Brin, Page und Yunus eint**

Kein Individuum und keine Organisation – egal, wo auf der Welt – übertrifft die eigenen Erwartungen. Das ist keine Esoterik, sondern

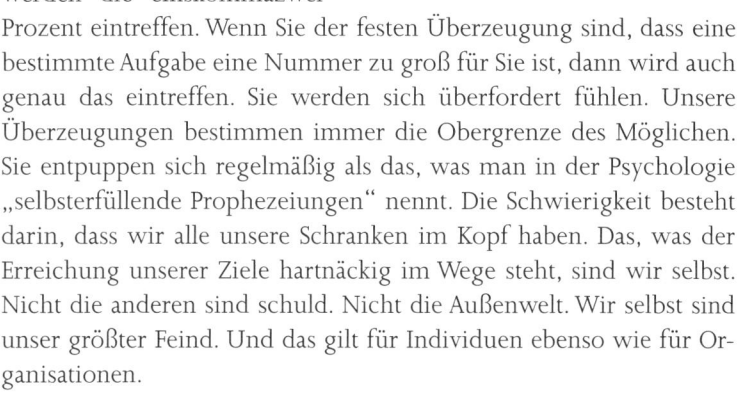

Empirie. Noch nie hat jemand etwas Außergewöhnliches erreicht, wenn er sich das nicht mal hat vorstellen können. Wenn ein Chef der festen Überzeugung ist, dass sein Unternehmen um maximal einskommazwei Prozent wachsen wird, dann werden die einskommazwei Prozent eintreffen. Wenn Sie der festen Überzeugung sind, dass eine bestimmte Aufgabe eine Nummer zu groß für Sie ist, dann wird auch genau das eintreffen. Sie werden sich überfordert fühlen. Unsere Überzeugungen bestimmen immer die Obergrenze des Möglichen. Sie entpuppen sich regelmäßig als das, was man in der Psychologie „selbsterfüllende Prophezeiungen" nennt. Die Schwierigkeit besteht darin, dass wir alle unsere Schranken im Kopf haben. Das, was der Erreichung unserer Ziele hartnäckig im Wege steht, sind wir selbst. Nicht die anderen sind schuld. Nicht die Außenwelt. Wir selbst sind unser größter Feind. Und das gilt für Individuen ebenso wie für Organisationen.

Wir müssen uns darüber klar werden, dass wir als Individuum und als Unternehmen nur dann Spitzenleistungen erreichen, wenn wir unablässig nach hoch gesteckten Zielen streben. So wie es beispielsweise der Hersteller von Befestigungs- und Montagesystemen Reinhold Würth macht. Er ist seit 1954 Chef des nach ihm benannten „Schraubenladens" und hat die Messlatte immer wieder angehoben: 1979 schaffte das Unternehmen einen Umsatz von 219 Millionen Euro, woraufhin Würth von seinem Team forderte, bis 1986 die Umsatzgrenze von 500 Millionen Euro zu durchbrechen und 1990 die erste Umsatzmilliarde zu machen. Die Euro-Milliarde wurde bereits 1989 geknackt. Im Jahr 2000 nahm Würth dann auch die 5-Milliarden-Euro-Hürde. „Diese neue Vision wurde von den Mitarbeitern in sehr kurzer Zeit akzeptiert. Niemand denkt heute noch

**Tollkühne Ziele allein werden Sie nicht erfolgreich machen**

über diese enorm hohe Zahl nach, und keiner hat Probleme, seine Aktivitäten an dieses neue Ziel anzupassen. Ich übertreibe nicht, wenn ich sage, dass diese neue Vision eine fast magnetische Anziehungskraft schuf", meint Würth dazu.

Nur noch mal zur Klarstellung: Würth propagiert hier nicht das Setzen von unrealistischen Zielvorgaben. Tollkühne Ziele allein werden Sie nicht erfolgreich machen. Aber überdurchschnittliche Wachstumsraten und grandioser Erfolg sind noch nie aus übervorsichtigen, langweiligen Mitläuferstrategien entstanden, sondern immer aus verdammt hoch aufgehängten Zielen. Das weiß auch Reinhold Würth. Und er hat ebenfalls verstanden, dass die hohen Zielvorgaben immer in der Realität verankert sein müssen: „Man muss alle Begrenzungen und die Mittel prüfen, den Markt, die Finanzierung, die Mitarbeiter, die Management-Kapazität … Nur wenn man seine Hausaufgaben sorgfältig gemacht hat, sollte man solche ambitionierten Visionen und Ziele verkünden. Aber wenn die Grundlagen solide sind, wird die Vision für sich selbst sorgen." Aber nur dann!

Übrigens: Es ist nicht schlimm, ein hoch gestecktes Ziel mal nicht auf Anhieb zu erreichen. Es ist sogar sehr wahrscheinlich, dass Sie für das eine oder andere Ziel eine Weile brauchen werden. Manche Menschen verfolgen ihr ganz persönliches Ziel ihr Leben lang. Und das ist alles andere als dumm, es ist sinnstiftend. Dumm ist dagegen, es gar nicht erst zu versuchen, die Komfortzone nicht zu verlassen, sondern sich stattdessen gleich mit dem Mittelmaß zufrieden zu geben. Klar, wenn das für Sie okay ist, dann können Sie dieses Kapitel auch überblättern. Aber wenn Sie schon bis Kapitel 20 gekommen sind, dann sind Sie ja ganz offensichtlich auch daran interessiert, Spuren zu hinterlassen. Ja, es ist oft anstrengend, sich seine Ziele hoch zu stecken. Aber es lohnt sich.

Von dem Schriftsteller Hermann Hesse stammt die Aussage: „Man muss

Mexiko: „One Laptop per Child" im Praxistest

das Unmögliche versuchen, um das Mögliche zu erreichen." Wer wir sind, hängt davon ab, welche herausfordernden Probleme wir zu überwinden versuchen.

So wie Jack LaLanne, der den schönen Beinamen „Godfather of Fitness" trägt. LaLanne eröffnete 1936 das erste Fitnessstudio der USA, entwickelte Sportgeräte und trat als Fitnesstrainer im Fernsehen auf. Noch immer turnt der 94-Jährige täglich zwei Stunden und hält Vorträge im ganzen Land. Seine Zielsetzung bringt er auf die griffige Formel: „Ich kann nicht sterben. Das würde mein Image ruinieren." Einfach klasse, finden wir.

Ob der amerikanische Professor und Mitbegründer des MIT Media Lab, Nicholas Negroponte, das ebenso sieht, wissen wir nicht. Was wir aber wissen, ist, dass auch er sich einem sehr hoch aufgehängten Ziel verschrieben hat. Es lautet „One Laptop Per Child". Ziel dieses ehrgeizigen Projektes ist es, jedem Kind auf unserem Planeten einen Laptop zu verpassen, damit es in das digitale Zeitalter einsteigen und seine Chancen nutzen kann. Das Mega-Projekt soll so der Entwicklung der digitalen Kluft zwischen Industrie- und Schwellenländern entgegenwirken. Ein Endlosziel!

Auch Paul David Hewson, besser bekannt als Bono von U2, gibt sich nicht mit lauen Zielen zufrieden: Seine Zielvorgabe lautet, die Armut komplett abzuschaffen. Alles Ziele, die noch lange nicht erreicht sind. Aber darum geht es nicht, sondern darum, nach etwas zu suchen, was uns herausfordert und was Sinn macht! Aber damit Sie uns nicht missverstehen: Wir behaupten hier nicht, dass Größenwahn erfolgreich macht. Wir wollen damit sagen, dass radikale Innovationen, überdurchschnittliche Wachstumsraten und grandiose Markterfolge nicht aus übervorsichtigen, langweiligen Strategien irgendwelcher Schattenparker und Sauna-Untensitzer entstehen, sondern immer aus verdammt hoch gehängten Zielen!

**Die Logik der Vergangenheit kritisch in Frage stellen**

Wie aber schafft man es, eine Balance zwischen Größenwahn – meist gleichbedeutend mit unternehmerischem Selbstmord – und Warmduscherzielen herzustellen und die eigenen Barrieren im Kopf auszutricksen? Indem man die Logik der Vergangenheit, starre Überzeugungen und alles beherrschende Glaubensgrundsätze – seien sie privater Natur oder goldene Firmenleitsätze – immer wieder kritisch in Frage stellt. Versuchen Sie es mal mit folgenden vier Fragen, die Strategieexperte Gary Hamel empfiehlt:

1. Ist es diese Überzeugung wert, in Frage gestellt zu werden?
2. Ist diese Überzeugung tatsächlich allgemeingültig?
3. Inwiefern dient diese Überzeugung ihren Anhängern?
4. Haben meine Entscheidungen und Handlungen dazu beigetragen, dass diese Überzeugung sich selbst immer wieder erfüllt hat?

Vier klare Fragen, die, wenn sie ehrlich beantwortet werden, sehr wirkungsvoll sein können. Zu abstrakt? Okay, spielen wir die Fragen an einem konkreten Beispiel durch: Bionade. Der Erfinder dieses hippen Erfrischungsgetränks, Dieter Leipold, führte eine Brauerei, die nicht mehr lief – und war damit kein Einzelfall in der deutschen Bierbrauerlandschaft. Einzigartig war jedoch der Weg des mittelmäßig erfolgreichen Bierbrauers, der

> „Ich kann nicht sterben. Das würde mein Image ruinieren."

in einem überfüllten Markt ums nackte Überleben kämpfte, zum Erfinder eines neuen Produktes samt neuem Markt: einem alkoholfreien Erfrischungsgetränk aus Getreide, das in erster Linie eine gesunde Alternative zu den Zuckercocktails wie Coca-Cola & Co. sein sollte – vor allem für Kinder. Der heutige Bionade-Chef Peter Kowalsky, Leipolds Stiefsohn, erklärt die Idee hinter dem Getränk: „Bionade ist ja kein Produkt, das seinen Ursprung im Bio-Boom hat, sondern in der biologischen Herstellungsweise. Für uns war wichtig, dass es wie Bier hergestellt wird, mit Hilfe von Mikroorganismen durch Fermentation. Das ist ein biologischer Vorgang, und die Uridee war eben auch, eine Limo nach dem Reinheitsgebot herzustellen. Genau wie

beim Bier macht man etwas auf biologischem Weg und verzichtet freiwillig, wie beim Reinheitsgebot des Bieres, auf Chemie oder irgendwelche Zusätze, die nicht natürlichen Ursprungs sind."

Bevor Stiefvater Leipold jedoch darauf kam, dass es für so ein Getränk einen Markt geben könnte, wird er sich ähnliche Fragen gestellt haben, wie Sie sie hier lesen können. Er wird sein herkömmliches Brauereigeschäft, das nicht mehr einträglich war, hinterfragt und sich überlegt haben, ob es denn das alleinige Ziel einer Brauerei sein müsse, Bier zu brauen? Oder ob er sich nicht auch einen neuen Markt suchen könne? Aber auch der Markt für Erfrischungsgetränke ist durch Cola, Fanta und Konsorten so ziemlich ausgelutscht. Eine mächtige Konkurrenz, die gerade noch darauf gewartet hat, dass ein Bierbrauer plötzlich auf Bio-Limonade macht. Aber Leipold hat sich sein Ziel trotzdem hoch gesteckt und gegen den Widerstand der institutionalisierten Bedenkenträger, der alten Bierbrauergarde und der etablierten Coca-Cola-Konkurrenz, nicht nur ein tolles Produkt erfunden, sondern auch gleich den Markt dafür geschaffen.

Aber damit nicht genug, denn Bionade ist nicht nur neu, sondern soll auch besser sein als herkömmliche Erfrischungsgetränke mit hohem Zuckergehalt. Der Anbieter wirbt damit, das „Offizielle Getränk einer besseren Welt" zu verkaufen – und kann dies auch begründen: „Wir verbessern die Ernährung. Die spannende Frage war ja vor zehn Jahren: Ist das überhaupt ein Produkt, das die Leute haben wollen? Das wussten wir ja alles nicht. Wir wussten nur, dass wir etwas anderes und Besseres herstellen mussten, als das, was es auf dem Markt gab. Und unser Ansatz war gesunde Ernährung, bessere Inhaltsstoffe, Qualität. Um so einen positiven Beitrag zu leisten", sagt Kowalsky. Auch firmenintern, auf

> **Radikale Innovationen und grandiose Markterfolge entstehen nicht aus übervorsichtigen, langweiligen Strategien irgendwelcher Schattenparker**

Ebene der Unternehmenskultur, will der Bionade-Chef die Welt ein wenig verbessern: „Wir versuchen, Dinge zu machen, die nicht dazu führen, dass wir genauso werden wie andere große Konzerne. Ich versuche so ein bisschen, eine Art Seele zu erhalten, die viel damit zu tun hat, wie man selber ist und wie man mit Leuten umgeht. Das versuchen wir, und das funktioniert auch. Die Leute arbeiten gerne bei uns und sind eigentlich auch alle sehr stolz, für so ein Produkt zu arbeiten." Das ist übrigens der wichtigste Nebeneffekt hoher Ziele: die Freisetzung von Motivation und Energie. Visionen, mit denen sich die Mitarbeiter identifizieren, Ziele, die sie mittragen, und seien sie auch noch so schwer umzusetzen, entfalten eine normative Kraft. Es entsteht ein Spirit, der das ganze Unternehmen mitzieht.

Dass es sich lohnt, seine Ziele hoch zu hängen, sehen die Bionade-Macher aber nicht nur am Erfolg bei den Kunden. Auch die wiederholten Kaufangebote des Wettbewerbers Coca-Cola sind eindeutige Signale dafür, dass sie auf dem richtigen Weg sind. Übrigens würde man auch bei Coca-Cola am liebsten Bionade trinken, plaudert Kowalsky nicht ganz ohne Absicht aus dem Nähkästchen: „Es gab dort sogar mal einen Mitarbeiter, der für uns zuständig war, der hat es geschafft, dass im ganzen Headquarter in den Kühlschränken auch Bionade drin war. Das hat dann genau bis zur nächsten Stippvisite der amerikanischen Chefs angehalten – danach sind wir dort überall aus den Kühlschränken wieder rausgeflogen."

Ebenso wie der Limo-Brauer beschäftigt sich auch der Wissenschaftler Craig Venter unter anderem mit Mikroorganismen. Aber nicht, um daraus Bier oder Limonade zu machen, sondern um deren DNA zu entschlüsseln. Venter hat keinen so guten Ruf wie der Bionade-Hersteller, nein wirklich nicht. Er wird als „Bad Boy der Biologie", als „ehrgeizigster Wissenschaftler der Welt" und als „zutiefst unbescheiden" bezeichnet. Dieser Mann sei getrieben von der „schieren Kraft des Egos", heißt es. Er begann einmal eine Rede an seine Mitarbeiter mit den unvergesslichen Worten: „Wie Gott einmal gesagt hat, und ich glaube, da hatte er recht…" Okay, okay. Wir geben es zu: Diese Geschichte mit der Rede an die Mitarbeiter haben wir erfunden. Allerdings ist Venter, ebenso wie andere Visionäre seines Zuschnitts, definitiv ein Alphamännchen, mit dem es sicherlich nicht immer leicht ist auszukommen. Auf die Frage, ob ihn die Kritik an seiner Person nicht verletzen würde, antwortet Venter in einem „Spiegel"-Interview: „Nein. Wenn ich als böser Bube bezeichnet werde, weil ich dem Wissenschaftsestablishment den Kampf angesagt habe, dann möchte ich bitte böser Bube bleiben."

Das Wissenschaftsestablishment aufgemischt hat Venter in der Tat, als er Ende der 90er Jahre in einem Wahnsinnstempo daran ging, nicht die DNA irgendwelcher Kleinstlebewesen, sondern die des Menschen zu entschlüsseln. Es war das stolzeste Ziel in der Geschichte der Menschheit seit der Mondlandung – und der sichere Weg zum Nobelpreis. Und ebenso der sicherste Weg, die Universitätsforscher eines internationalen, öffentlich finanzierten Humangenom-Projekts herauszufordern und gegen sich aufzubringen. Diese hatten bereits acht Jahre Vorsprung und zehnmal so viel Geld wie Venter. Trotzdem trat dessen Team bei diesem in der Wissenschaftsgeschichte noch nicht da gewesenen Rennen an – und gewann. Hohe Ziele können ein kleines Team zu Höchstleistungen anspornen.

> **Es war das stolzeste Ziel in der Geschichte der Menschheit seit der Mondlandung – und der sichere Weg zum Nobelpreis**

Venters Beispiel enthüllt noch eine wichtige Lektion: Irritation, Wut und die Bereitschaft, sich mit existierenden Mächten anzulegen und dabei alles zu riskieren – daraus lässt sich die Kraft für die Realisierung hoch gesteckter Ziele ziehen. Und dass es sich dabei um keine Wunschattribute aus dem Handbuch der Personalentwickler handelt, ist uns auch klar. Die Frage lautet deshalb: Sind solche Attribute in Ihrer Organisation überhaupt zulässig? Wenn NEIN, welche sind es dann? Die Regeln einhalten? Nur niemanden vor den Kopf stoßen? Immer schön vorsichtig sein?

Ein letztes Beispiel dafür, wie ehrgeizig Ziele unterschätzter Organisationen, ja Nationen sein können, ist das indische Unternehmen Reliance Industries Limited. RIL wurde 1966 als familieneigener Textilhersteller von Dhirubhai H. Ambani gegründet und in Rekordzeit in einen Petrochemie-Riesen verwandelt – und das in einem rohstoffarmen Land wie Indien! In einem Land, von dem kolonialistisch geprägte Europäer sagen würden: Geschwindigkeit und Indien, das passe so gut zusammen wie Rikscha und Autobahn. Ein Vorurteil, das Reliance – ebenfalls im Eiltempo – widerlegt hat. Heute kommt RIL für 3 Prozent von Indiens gesamter Wirtschaftskraft auf. Das ehrgeizige Ziel des Unternehmens: Bis Ende 2008 will man mit der eigenen

Raffinerie in Jamnagar zur größten ihrer Art in der Welt aufsteigen.

Aber auch außerhalb des Petrochemie-Sektors hat sich Reliance ungeheuer ehrgeizige Ziele gesteckt. Reliance-Chairman und Mehrheitseigner Mukesh Ambani steckt gerade 11 Milliarden Dollar in den Bau zwei komplett neuer Trabantenstädte vor den Toren von Delhi und Mumbai. Diese steuerbegünstigten Sonderwirtschaftszonen sollen fünf Millionen Menschen Arbeit bieten und Shanghais Boomviertel Pudong Konkurrenz machen. In den zwei Enklaven sind die ärgsten Standortnachtcile Indiens außer Kraft gesetzt, dank eigener Häfen, Flughäfen und Kraftwerke – und dank weniger Bürokratie. „Wir schaffen Inseln exzellenter Infrastruktur, dann haben Nike oder Philips keinen Grund mehr, in China zu fertigen anstatt in Indien," so Ambani stolz. Das Interessante daran: In China würde der Staat solche Megaprojekte auf den Weg bringen. In Indien tut das ein einzelner Unternehmer. Nicht ohne Grund lautet das Firmenmotto: „Growth is life".

„Immer soll ich meine Leute motivieren. Ich hab keinen Bock mehr!"

Stefan ließ am Telefon mal wieder richtig Dampf ab. Für ihn war es ziemlich praktisch, dass sein alter Studienfreund Peter Unternehmensberater geworden war. Deshalb rief er mich manchmal an, wenn er sich über irgendwas in seiner Firma aufregte. Und eigentlich erwartete er von mir einen Lösungsvorschlag. Er sagte das nur nie so direkt.

„Frag deine Mitarbeiter doch einfach mal, was sie in ihrer Freizeit machen", riet ich Stefan. „Komm mit ihnen ins Gespräch. Und frag sie auch, was sie sich von dir erwarten. Dann sprechen wir nächste Woche darüber."

Tatsächlich rief Stefan eine Woche später an und regte sich erst recht auf: „Die faulen Säcke schieben hier Dienst nach Vorschrift – aber nach Feierabend laufen sie zur Hochform auf: Häuslebauen, Chorsingen, freiwillige Feuerwehr, nichts ist ihnen zu zeitaufwendig!"

Also das Übliche. Ich fragte Stefan, was sich seine Mitarbeiter denn wünschten.

„Sie sagen, wir hätten zu viel Bürokratie. Formulare, Administration, ständig Unterschriften von mir. Das müsste alles weg, meinen die."

„Könnte stimmen", antwortete ich. „Sind das alle Wünsche?"

„Nein, stell dir vor – die wollen auch noch eine Jura-Kaffeemaschine! Denen geht es echt zu gut!"

„Na, dann würde ich sagen, du gehst jetzt erst mal höchstpersönlich die Kaffeemaschine kaufen. Und anschließend wirfst du mindestens jedes zweite Formular auf den Müll. Das ist doch schon mal ein guter Start."

# Wo Spirit herrscht,
# sind Menschen motiviert

Das Thema Motivation ist ganz einfach. Jedenfalls im Ansatz. Obwohl natürlich Heerscharen von Motivationstrainern berufsbedingt das Gegenteil behaupten. Tatsache ist: Wo **Sinn** herrscht, da **sind** Menschen motiviert. Alles, was Führungskräfte hier tun können, ist, Dinge zu unterlassen, die die vorhandene Motivation torpedieren. Dinge wie Bürokratie. Verschlackte Prozesse. Ständiges Einmischen von oben. Oder auch mieser Filterkaffee im Büro. Das bedeutet umgekehrt: Wo niemand einen Sinn in seiner Arbeit erkennen kann, helfen auch keine kostenlosen Massagen am Schreibtisch, Meetings auf Mauritius oder

# motiviert
## Wider das sinnlose Anfeuern

Jahresboni im Gegenwert eines VW Polo, um Motivation zu erzeugen. Wer Sinn findet, ist aus sich heraus – intrinsisch – motiviert. Wer keinen Sinn findet, kann weder durch Dritte noch durch irgendwelche Geschenke und Geldprämien aus der Reserve gelockt werden.

Sinnstiftende Organisationen sind sich über diesen Zusammenhang im Klaren. Wer „motivierte" Mitarbeiter haben will, der muss zum Sinn-Ermöglicher werden. Unternehmen, die Spirit besitzen, ermöglichen es Menschen, im Dienst an einer Aufgabe eine Leistung zu erbringen, die sie als sinnvoll erfahren, die es ihnen erlaubt, ihre wirklichen Stärken einzubringen, und die sie deshalb erfolgreich sein und Erfüllung finden lässt. Und der erste Schritt, um wieder Musik in die Bude zu kriegen, ist oft gar nicht schwer: einfach mal die Klappe halten und zuhören. Die Leute fragen, was sie sich für sich und ihren Arbeitsplatz wünschen. Was man als Chef oder Kollege besser machen kann. Worauf man achten und wofür man sich im Arbeitsalltag mehr Zeit nehmen sollte. Natürlich wird man nicht jedes Problem sofort beim ersten Gespräch lösen und jedes Detail von heute auf morgen beachten lernen. Aber man kann die Wahrnehmung schulen. Und der durch Bürokratie

und lästige Routinen zugemüllte und blockierte Motivationsspeicher der Mitarbeiter kann allein durch diese Geste wieder freigeschaltet werden.

Der zweite Schritt ist noch einfacher als der erste: Aufräumen! Entrümpeln! Mental durchlüften! Frischen Wind reinlassen! Alles aus dem Weg räumen, worüber Mitarbeiter sich ärgern und was sie davon abhält, Sinn zu finden und ihre Talente auszuüben. Es gibt tatsächlich Unternehmen, die das beherzigen. So beispielsweise die amerikanische Commerce-Bank, die jedem Mitarbeiter, der eine überflüssige Regel entdeckt, die abgeschafft werden kann, eine Prämie von 50 Dollar zahlt. Der etwas andere Ideenwettbewerb mit dem Namen „Kill a Stupid Rule" löst eine bürokratische Entschlackungskur aus, die Wunder wirkt. Ebenso vorstellbar wäre eine solche Methode auch für unnützen Formularkram, der sich in jedem Unternehmen ansammelt und den garantiert niemand vermissen würde, wenn er mal eben und ganz aus Versehen über die Schreibtischkante in den Papierkorb rutschen würde. 50 Dollar − oder auch Euro − für jedes überflüssige Anwesenheitsdokumentationsmanifest, jedes Mitarbeiterverunsicherungsformular, jedes Wie-mache-ich-mir-die-Arbeit-umständlicher-Formblatt und so manches Gegenseitig-Bestätigungs-Post-it. Geben Sie es zu: Allein die Vorstellung setzt wahre Motivationsschübe frei! Managementguru Peter Drucker hat einmal gesagt: „Das meiste von dem, was wir Management nennen, besteht darin, es Leuten schwerer zu machen, ihre Arbeit zu tun." Autsch, das saß! Aber − Hand aufs Herz − wer zieht daraus wirklich die Konsequenzen?

Die Realität ist bitter: Chefs spielen die komplette Klaviatur der klassischen Erziehungsmethoden. Dazu gehört auch das gesamte Belohnungs-Bestrafungs-Repertoire. Wenn du dein Zimmer aufräumst, darfst du Fernsehen schauen. Wenn du dies oder jenes Ziel erreichst, bekommst du mehr Gehalt, mehr Informationen, ein Büro mit Aussicht, den Karrieresprung. Oder Bestrafung durch Liebesentzug. Wenn du nicht aufhörst, am Tisch herumzuhampeln, fällt das Gutenacht-Kuscheln heute definitiv aus! Wenn du nicht pünktlich und brav diese oder jene Aufgabe erledigst, bekommst du keine Informationen mehr oder du bekommst unangenehme Aufgaben zugeteilt. Das ist die zahme Variante. Die Hardcore-Variante im elterlichen Heim wäre der Hausarrest, im Büro die Abmahnung, Versetzung oder ultimativ die Entlassung.

**Aufräumen! Entrümpeln! Mental durchlüften! Frischen Wind reinlassen!**

Doch bevor es zur Bestrafung kommt, wird aus dem elterlichen Arsenal noch die Waffe der Drohung hervorgekramt. Dabei ist allerdings zu beachten, dass zu starkes Drohen kontraproduktive Auswirkungen haben kann. Es wird entweder nicht ernst genommen oder ruft, oh Schreck, Rebellionsgedanken wach. Die Meuterei auf der Bounty, das Piercing in der Augenbraue und die Sabotage eines Arbeitsprozesses hinterm Rücken des Chefs sind alle miteinander eng verwandt. Deshalb hat sich auch schon in so mancher Führungsetage herumgesprochen, dass die Drohung gerade nur so unangenehm sein sollte, dass das Kind, pardon, der Untergebene das tut, was man von ihm verlangt. Fazit: In Organisationen werden Erwachsene wie 9-Jährige behandelt! Dabei wollen nicht einmal 9-Jährige wie 9-Jährige behandelt werden. Wenn man Kinder und Jugendliche immer im schnellen Wechsel belohnt, bestraft, besticht, bedroht, belobigt, beleidigt, belustigt, belästigt, dann ist das – schlechte Erziehung. Wenn man mit Erwachsenen exakt so umgeht, dann ist das – ganz normaler Unternehmensalltag. Vielerorts. Leider.

Dieser Umstand ist umso grotesker, als diese entmündigten Mitarbeiter außerhalb der Unternehmen Männer und Frauen sind, die Regierungen wählen, gemeinnützige Projekte leiten, Sportvereine organisieren, Häuser kaufen und Familien gründen. Aber in dem Moment, in dem sie die Unternehmenspforten durchschreiten, geben sie ihr Erwachsensein beim Pförtner ab. Sie werden vom Unternehmen zu Jugendlichen, ja Kindern zurückgestuft – und lassen es leider auch nur allzu oft zu. Zu diesem Prozess gehören immer zwei Parteien. Der höchste Preis für die Entmündigung von Mitarbeitern ist allerdings vom Unternehmen zu entrichten. Erwachsene mit einer fundierten Meinung und einem freien Geist werden dazu gezwungen, sich sinnlosen Normen und Regeln zu unterwerfen, die enorm viel Initiative, Kreativität und Leidenschaft für die Arbeit unterdrücken. Aber genau die Abwesenheit dieser Eigenschaften bei den eigenen Mitarbeitern wird dann von den Führungskräften lauthals beklagt. Selbst schuld!

Deshalb gilt: Wenn man möchte, dass Mitarbeiter ungehindert kreativ und initiativ sind, dann muss man den Chefs die Hände binden – oder zumindest einige Finger. Je mehr sich Chefs in die Arbeit ihrer Mitarbeiter einmischen und je mehr diese von Vorgaben und Regeln eingezwängt werden, desto geringer wird ihr Engagement und ihre Motivation. Ein Unternehmer, der eben diese Haltung anprangert, ist

**Je mehr sich Chefs in die Arbeit ihrer Mitarbeiter einmischen, desto geringer wird deren Engagement und Motivation**

der Chef des Maschinenbauunternehmens Semco, Ricardo Semler: „Wir wollten, dass sich unsere Arbeiter wie Erwachsene benehmen, deshalb hörten wir auf damit, sie wie Kinder zu behandeln!" Huch, wie soll denn das gehen? Wenn Sie jetzt denken, eine Firma mit einer solchen Einstellung würde in Disneyland liegen und aus rosa Zuckerwatte bestehen, dann liegen Sie falsch. Um zu Semco zu gelangen, müssen Sie nach Sao Paulo fliegen. „Ausgerechnet in Brasilien, wo paternalistische Betriebsführung und riesige, selbstherrlich regierte Familienbesitze nach wie vor in voller Blüte stehen, bin ich Chef eines Produktionsunternehmens, das seine 800 Beschäftigten ganz bewusst wie vertrauenswürdige erwachsene Menschen behandelt", schreibt Semler im „Harvard Business Manager".

Semcos Managementmodell setzt in radikaler Form auf die „Befreiung" der Mitarbeiter. Sie entscheiden eigenständig darüber, wann sie arbeiten und wie viel sie arbeiten. Ein großer Teil der Semco-Mitarbeiter legt die eigenen Gehälter selbst fest. Semco hat auch keine Revisionsabteilung, was im Umkehrschluss bedeutet, dass keine Spesenabrechnung überprüft wird. Stattdessen setzt man darauf, dass die Mitarbeiter selbst wissen, was akzeptabel ist und was nicht. Bei Semco gibt es kein offizielles Organigramm, keinen Geschäftsplan und keine Unternehmensstrategie. Alle Sitzungen finden auf freiwilliger Basis statt, und jeder, der an dem Besprechungsthema interessiert ist, kann teilnehmen. Wen das Thema nicht mehr länger interessiert, soll die Sitzung verlassen. Mitarbeiter sind in die Auswahl ihrer Chefs involviert. Wobei man wissen muss, dass es nicht allzu viele Chefs bei Semco gibt – die Managementebene ist äußerst schlank. Tatsächlich

**Huch, wie soll denn das gehen?**

gibt es auch für Manager nicht viel zu tun, da sich die Mitarbeiter in ihren Teams weitgehend selbst managen. Dazu benötigen die Mitarbeiter natürlich auch die entsprechenden Informationen und

sprechenden Informationen und Einblick in die Geschäftsbücher. Semco sagt: Kein Problem. Wir verlassen uns darauf, dass persönliche Integrität, der Druck der Kollegen, das finanzielle Eigeninteresse und der ungehinderte Zugang zu wichtigen Informationen allen Mitarbeitern dabei helfen, ihre Freiheit klug zu nutzen. Wow! Können Sie sich so eine Haltung in Ihrem Unternehmen vorstellen?

Keine Frage, Semco ist eines der radikalsten Experimente im Bereich Mitarbeiterselbstmanagement. Da verwundert es nicht, dass Semco keine Stellen auszuschreiben braucht – allein aufgrund der Mundpropaganda bewerben sich auf jede offene Stelle bis zu 300 Bewerber. Ein Storytelling, das funktioniert! Unternehmerverbän-

de, Gewerkschaften und die Presse haben Semco als das beste Unternehmen bezeichnet, für das man in Brasilien arbeiten kann.

Interessant ist, dass es bei Semco niemanden gibt, der es als seine Aufgabe ansieht, die Mitarbeiter zu motivieren. Wahrscheinlich würde Ricardo Semler nur müde über den Vorschlag lächeln, dass es irgendjemanden, jemand Dritten, einen Chef oder sonst jemanden geben soll, der Mitarbeiter motiviert. Warum denn auch? Die Mitarbeiter machen das schon selbst. Es geht also weniger um Motivation von außen als um **Selbst**motivation. Und was für Semco gilt, trifft auch auf andere Unternehmen zu, auch wenn diese sich nicht annähernd zu solch radikalen Experimenten in punkto Mitarbeiterselbstmanagement hinreißen lassen. Wer darauf wartet, von anderen motiviert zu werden, wird sein Leben lang ein Abhängiger, ein Geführter bleiben.

Okay, nehmen wir einfach mal an, Chefs betrachten ihre Mitarbeiter mindestens als 14-Jährige, besser als Erwachsene, und hörten ihnen tatsächlich zu. Nehmen wir auch an, der Hausputz ist erledigt, der gröbste Ballast abgeworfen. Was bleibt zu tun, damit alle dauerhaft Spaß an der Sache behalten? Und nicht irgendwann die Nase voll haben, weil ihr Einsatz sich nicht zu lohnen scheint?

## Punkt 1: Ohne Moos nix los – das Gehalt muss stimmen.

Obwohl Motivation in zunehmendem Maße auf Werten basiert und nicht nur auf Geld, wird ein mickriges Gehalt ein Top-Talent, und sei es auch noch so idealistisch, nicht hinter dem Ofen hervorlocken. Noch während der Industrialisierung wurde Loyalität im Wesentlichen eingekauft. „Der Arbeitgeber bot einen allmählichen Aufstieg in der Hierarchie, ein angemessenes Gehalt und einen sicheren Arbeitsplatz an. Als Gegenleistung bot der Angestellte ungeteilte Loyalität und harte Arbeit", schreiben die beiden schwedischen Managementvordenker Jonas Ridderstrale und Kjell Nordström. Doch spätestens an der Schwelle zur Wissensgesellschaft hat hier durchaus ein Wandel stattgefunden. Heute bestimmen Werte über Loyalität. „Wenn Werte klar und deutlich formuliert sind, definiert sich eine Organisation dadurch und zieht Leute an, die diese Einstellung teilen." Gleichwohl können Unternehmensziele noch so sinnvoll und das Betriebsklima noch so angenehm erscheinen, gute

Leute kennen ihren Wert. Sie haben keine Lust, sich durch schlechte Bezahlung demotivieren zu lassen. Und haben es auch nicht nötig.

## Punkt 2: Der Weg ist das Ziel – und das muss stimmen.

Gute Mitarbeiter haben die Wahl und werden sich immer für die Organisation mit dem Sinn-Plus entscheiden. Das heißt auch, dass sie nach einem Unternehmen suchen werden, dessen Ziele mit den eigenen übereinstimmen und bei dem sie ihre Fähigkeiten, Talente oder Ideen verwirklichen und weiterentwickeln können. Peter Drucker meint dazu: „Es geht darum, Menschen in die Lage zu versetzen, als Gruppe Leistungen zu erbringen, indem man ihnen gemeinsame Ziele und Werte sowie kontinuierliche Lern- und Entwicklungsmöglichkeiten gibt." Aber auch ein historischer Wandel hat stattgefunden. Sehr verkürzt dargestellt: Während das unmündige Individuum im Mittelalter jeden Morgen aufstand, um sich an die Arbeit zu machen, zu beten und wieder zu arbeiten – ora et labora –, ohne sein von Gott vorbestimmtes Dasein jemals zu hinterfragen, beschloss der aufgeklärte Mensch eines Tages einfach, im Bett zu bleiben. Arbeit wird heute nicht mehr automatisch als etwas Gutes verstanden. Motivation kann nicht mehr selbstverständlich vorausgesetzt werden.

**Ein Wandel vom Müssen zum Wollen hat stattgefunden**

Ein Wandel vom Müssen zum Wollen hat stattgefunden. Und genau hier kommt die Sinnkomponente ins Spiel: Mit einem sinnvollen Ziel vor Augen, **will** man **wollen**, da stellt sich die Frage nach der Motivation im Job gar nicht erst. Und um einen Sinn zu sehen, muss man nicht in einer Non-Profit-Organisation wie Greenpeace, Amnesty International oder dem Roten Kreuz arbeiten. Beispiele für den grundsätzlichen Leistungswillen und die Motivation von Menschen, sich voll einzusetzen, wenn sie ein Spielfeld finden, auf dem es Sinn für sie macht, mitzuspielen, haben wir inzwischen genug gebracht. Organisationen, denen es weder an Schlagkraft noch an Erfolg fehlt, stellen Spielfelder zur Verfügung, auf denen es Spaß macht, zu spielen, weil die Antwort nach dem Wozu überall greifbar ist.

## Punkt 3: Versprochen ist versprochen – die Verantwortung muss stimmen.

Bei W. L. Gore & Associates gilt das Prinzip: Wer immer eine Zuständigkeit in einer Sache übernommen hat, trägt auch die Verantwortung dafür. Dass diese Methode stark motiviert und als Selbstläufer funktioniert, hat unsere Geschichte von den Azubis bei Messerknecht gezeigt. Und es ist auch ganz einfach: Wenn Sie jemandem etwas versprechen, dann bemühen Sie sich darum, dieses Versprechen einzuhalten. Verbindlichkeit ist hier das motivierende Zauberwort. Außerdem fühlen sich Mitarbeiter, denen Verantwortung gegeben wird, eingebunden und als Teil des Unternehmens. Das haben wir Ihnen an den Beispielen des Schindlerhofs in Nürnberg oder an Wholefoods Market gezeigt. Beide Unternehmen stehen für selbstständige Teams beziehungsweise Ensembles, die ihre Abteilungen eigenverantwortlich führen. Bei Wholefoods kümmern sich die Kollegen auch selbst um die Mitarbeiterrekrutierung. Zwei Drittel der Teammitglieder müssen zustimmen, bevor ein neuer Mitarbeiter eingestellt wird.

## Punkt 4: Alles im Einklang – die Balance muss stimmen.

Zu guter Letzt geht es darum, ein Gleichgewicht zwischen Erfolg und neuer Herausforderung herzustellen. Menschen brauchen das Gefühl, erfolgreich zu sein, um ihren Job spannend zu finden. Wenn sie nicht ab und zu mal auf die Probe gestellt werden, dazulernen und dann zeigen können, was sie drauf haben, empfinden sie schnell Langeweile. Menschen sind dann optimal motiviert, wenn sie das Gefühl haben, auf dem Gipfel angekommen zu sein, aber trotzdem noch lange nicht jede Herausforderung am Berg bestanden zu haben.

Neben diesen vier Punkten sollten Chefs und auch Mitarbeiter immer noch Folgendes beherzigen: Motivation soll dazu dienen, Leistung zu verstärken. Leistung wiederum setzt sich aus drei Dimensionen zusammen: **Leistungsbereitschaft**, **Leistungsfähigkeit** und **Leistungsmöglichkeit**. Schauen wir uns mal kurz die Dimension der Leistungsbereitschaft an. Das Problem beginnt immer dann, wenn Chefs versuchen, durch negative Konditionierung, mit Hilfe von Druck, die Leistungsbereitschaft ihrer Mitarbeiter zu verstärken. Druck hat allerdings erfahrungsgemäß den gegenteiligen Effekt. Die Leistungsbereitschaft schwindet in dem Maße, wie ein Chef sie in Zweifel zieht. Das zweite Problem: Die beiden anderen Dimensionen – Leistungsfähigkeit und Leistungsmöglichkeit – werden meist überhaupt nicht erfasst. Aber wenn die Ursachen schwacher Leistung in einer mangelnden Leistungsfähigkeit oder -möglichkeit liegen, läuft jeder Motivierungsversuch ins Leere. Wahrscheinlich zerstört er dann sogar noch die Bereitschaft. Ist ein Mitarbeiter eigentlich willens, sich einzubringen, hat aber weder die Fähigkeiten noch die Möglichkeit dazu, und man schickt ihn dann noch zum Motivationstrainer, findet er das wahrscheinlich nur zynisch. So funktioniert Motivation nicht.

**Motivation kann nicht vom Chef mit dem Löffel verabreicht werden**

Also: Motivation kann nicht vom Chef oder jemand Drittem mit dem Löffel verabreicht werden. Was Chefs tun können, ist, dem Beispiel Ricardo Semlers zu folgen und radikale Entbürokratisierung, Mitbestimmung, Eigenverantwortung zu praktizieren. Der einzige Weg, um die Leistung der Mitarbeiter nachhaltig zu steigern, besteht darin, ein Arbeitsumfeld zu schaffen, in dem die Menschen ihre individuellen Stärken einbringen und Sinn in ihrer Aufgabe finden können. Bleibt die Frage: Was ist Ihre Motivation, ein solches Umfeld zu schaffen?

„Pay later. I trust you."

Es gibt Laufstrecken, die man so schnell nicht vergisst. Jerusalem am frühen Morgen ist so eine. Rund vier Kilometer, einmal um die Stadtmauer. Plus einem traumhaften Sonnenaufgang über den Hügeln der Altstadt. Wir waren schon auf dem Rückweg zu unserem Hotel, als wir diesen alten Araber an seinem Brotstand sahen. Wir blieben stehen. Die Sesamringe sahen echt lecker aus. Die wären jetzt das perfekte Frühstück. Aber leider hatten wir kein Geld dabei.

Da sagte der Brotverkäufer doch glatt, wir sollten später zahlen. Er vertraue uns.

Wir ließen uns die Sesamringe schmecken und machten später, gegen Mittag, noch einen Umweg auf der Fahrt zu unserem Geschäftstermin, um dem Mann seine 2 Schekel zu geben. Bloß war er jetzt nicht mehr da.

Wir waren ratlos! Er hatte uns vertraut, dass wir wiederkommen. Für uns stand es außer Frage, dass wir unsere Schulden begleichen wollten. Am liebsten hätten wir uns an Ort und Stelle hingesetzt und auf den Mann gewartet. Aber dazu hatten wir keine Zeit. Also kamen wir abends noch mal wieder. Aber kein Brotverkäufer weit und breit.

Schließlich fragten wir den Mann am Nachbarstand. Sein Kollege sei erst morgen wieder da, sagte der. Wir mussten aber am nächsten Morgen schon früh zum Flughafen und zurück nach Deutschland. Also gaben wir schließlich dem Standnachbarn das Geld und baten ihn, es am nächsten Tag weiterzureichen.

Niemals hätten wir es fertiggebracht, aus Jerusalem abzureisen, ohne die 2 Schekel zu bezahlen.

# Kontrolle ist gut –
# Vertrauen ist besser

Hatten wir nicht Wichtigeres in Jerusalem zu tun, als wegen 2 Schekel – umgerechnet keine 40 Cents – mehrfach die Strecke zum Brotstand zurückzulegen? Sicher. Wenn es nur um diese 2 Schekel gegangen wäre. Doch es ging darüber hinaus um **Vertrauen**. Dieser alte Mann hatte uns, zwei völlig Fremden, die möglicherweise nie wieder an diesem Stand vorbeikommen würden, vertraut. Einfach so.

Wir erzählen Ihnen dieses Erlebnis aus einem einfachen Grund: Dauerhafte zwischenmenschliche Beziehungen, sei es im Geschäfts- oder im Privatleben, funktionieren nicht aufgrund irgendwelcher rät-

# vertrauensvoll
## Der Turbo für den Sinn

selhafter Gefühlsschwingungen. Sie funktionieren auch nicht, weil allein die geschäftliche Basis stimmt oder ein Vertrag alles bis ins Detail regelt. Sie funktionieren, weil die Leute ihrem Gegenüber, dem Chef, Mitarbeiter, Kollegen, Lieferanten, Kunden oder Partner vertrauen.

Wie bitte? Warum Sie sich jetzt auch noch über Vertrauen und Gutmenschenkram einen Kopf machen sollen? Ganz einfach: Vertrauen zahlt sich aus. Vertrauen ist nicht nur gut für die Seele, sondern auch gut für das Geschäft. Und zwar nicht nur

Jerusalem: Lauf um die Stadtmauer

in Form von **Mitarbeiter- und Kundenzufriedenheit**, sondern auch und vor allem in Form von **Unternehmenserfolg**.

Warum? Vertrauen ist eine entscheidende Zutat dafür, dass Mitarbeiter ihr Bestes geben. Schon deshalb sollte das Thema Vertrauenskultur ganz oben auf der Agenda eines jeden Unternehmens stehen. Und genau hier liegt aus unserer Sicht eine der größten Paradoxien im Wirtschaftsleben: Keine Führungsetage würde ernsthaft etwas dagegen haben, die Produktivität der eigenen Mitarbeiter zu erhöhen. Aber das soll in einem Kontext geschehen, in dem kontrolliert, geregelt und alles haarklein festgelegt wird. Das ist das genaue Gegenteil von Vertrauen!

„Zutrauen veredelt den Menschen, ewige Vormundschaft hindert sein Reifen."

Anwesenheitslisten, Stechuhren, verbindliche Richtlinien, detaillierte Stellenbeschreibungen, exakt geregelte Ermessensspielräume … Wenn den Mitarbeitern Ausgaben nach freiem Ermessen bis zur Höhe von maximal 7 Euro 50 gestattet werden, lässt das kaum auf Vertrauen in das Urteilsvermögen oder die Integrität der Mitarbeiter schließen. Zu guter Letzt sorgt eine solche Kultur der permanenten Kontrolle für selbsterfüllende Prophezeiungen: Mitarbeiter werden schließlich feststellen, dass die einzige Möglichkeit zur Unabhängigkeit – und zum Frustabladen – darin besteht, Regeln zu brechen.

Wie der preußische Staatsmann und Reformer Freiherr vom Stein schon sagte: „Zutrauen veredelt den Menschen, ewige Vormundschaft hindert sein Reifen." Mitarbeiter, die ihre Fähigkeiten, ihre Kreativität und ihre Leidenschaft zum Wohle des Unternehmens einsetzen, werden das nur tun, wenn ein Klima gegenseitigen Vertrauens herrscht. Und zwar Vertrauen nach innen, gegenüber den Mitarbeitern, den Partnern und dem Chef, und nach außen, gegenüber den Kunden. Aber: Vertrauen bedeutet auch Risiko! Sie können kein verantwortungsbewusstes Handeln erwarten, wenn Sie Menschen nicht den Freiraum geben, Ihr Vertrauen zu missbrauchen. Wer vertraut, macht sich verwundbar. Die Gefahr, dass man enttäuscht wird, besteht immer. Deshalb gehört Mut dazu, anderen zu vertrauen. Genauso wie Mut dazu gehört, das entgegengebrachte Vertrauen anzunehmen. Das hatten wir bei dem arabischen Sesamring-Verkäufer am eigenen Leib erfahren. Wir sahen uns in der Pflicht, ihn auf keinen Fall zu enttäuschen. Das Kuriose an Vertrauen ist also auch: Wenn man ein Vertrauensverhältnis eingeht, gibt es keine superiore oder inferiore Seite. Beide müssen sich gleichermaßen öffnen und Mut aufbringen. Vertrauen kann man weder verdienen noch einfordern oder irgendwie per Knopfdruck an- und abschalten. Vertrauen kann man nur schenken. Und annehmen. Sollte sich jemand dagegen entscheiden, zu vertrauen, dann bleibt einem nichts anderes übrig, als das zu akzeptieren. Wenn es allerdings gelingt, ein Vertrauensverhältnis aufzubauen, ist es eine Ressource, die sich durch ihren Gebrauch selbst vermehrt. Sicher, machen wir uns nichts vor – von Vertrauen **redet** heute praktisch jeder, der mal irgendein Seminar für Führungskräfte besucht hat. Aber davon zu sprechen ist das eine. Mit einer Kultur des Vertrauens ernst zu machen das andere. Walk your talk!

Mit Taten in Sachen Vertrauen überzeugt die Luxus-Hotelkette Ritz-Carlton. Vertrauen bedeutet dort, die eigenen Mitarbeiter mit Vollmachten auszustatten, die auch wirklich welche sind. So sind alle 32.000 Mitarbeiter befugt, bis zu 2.000 Dollar auszugeben, um Probleme von oder mit Kunden sofort zu beheben, ohne erst lange mit dem nächsten Bevollmächtigten telefonieren zu müssen. Und das gilt nicht nur für Manager, sondern auch für Zimmermädchen, Pagen oder Pförtner. Haben Sie nachgerechnet? Wenn jeder Mitarbeiter heute noch für einen Kunden 2.000 Dollar ausgeben würde, wäre das Ritz auf einen Schlag 64 Millionen Dollar los. Der Laden könnte dichtmachen. Die Erfahrung hat jedoch gezeigt, dass Mitarbeiter mit der erforderlichen Entscheidungsfreiheit und Unterstützung die richtigen

**Dann wäre das Ritz auf einen Schlag 64 Millionen Dollar los!**

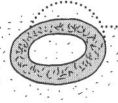

Entscheidungen im Sinne des Hotels treffen – vorausgesetzt, man bereitet sie entsprechend darauf vor und schult sie. Außerdem sind mit Vollmachten ausgestattete Mitarbeiter begeisterte Mitarbeiter – und generieren Gewinne und Kundenloyalität. Weil das Ritz-Carlton auf diese Weise zeigt, wie sehr es seine Mitarbeiter schätzt, begegnen diese wiederum den Kunden selbstbewusst und auf Augenhöhe. Ein unschlagbares Prinzip mit dem ebenso unschlagbaren Firmenmotto: „We are Ladies and Gentlemen serving Ladies and Gentlemen."

So wie gute Mitarbeiter wollen, dass man ihnen vertraut, wollen auch Kunden einem Unternehmen vertrauen können. Deshalb verkaufen Unternehmen in erster Linie auch keine Produkte, sie verkaufen Vertrauen. Und deshalb ist eine Marke so etwas wie eine Navigationshilfe, die es dem Kunden erleichtert, zu entscheiden, ob ein Produkt Vertrauen verdient oder nicht. Erfahrene Unternehmer wie Claus Hipp wissen das und werben einfach nur noch mit der Marke: „Dafür stehe ich mit meinem Namen." Einfacher kann man nicht darauf hinweisen, dass Kunden einem ihr Vertrauen schenken können. Aber Achtung: Nicht allein die Marke macht's! Es sind auch die Mitarbeiter, dem die Kunden vertrauen wollen. Jeder Mitarbeiter kann eine Vertrauensbrücke zum Kunden bauen und ihn so an das Unternehmen binden. Aus Kundensicht arbeitet der Mitarbeiter nicht **für** das Unternehmen – vielmehr **ist** er das Unternehmen.

Also noch einmal: Vertrauen, wofür ist das gut? Genau, für die Pflege zwischenmenschlicher Beziehungen und Kundenkontakte. Aber es geht um weitaus mehr: Vertrauen rechnet sich, denn Kontrolle kostet! So geht man bei Google davon aus, dass die Kosten für die Kontrolle der Mitarbeiter und womit diese sich ihre Zeit vertreiben, den Nutzen einer solchen Kontrolle bei Weitem übersteigen würde. Nur noch mal zur Erinnerung: Die Arbeitszeit der Entwickler bei Google verteilt sich auf 70 Prozent Kernaufgaben, 20 Prozent Nebenpro-

**Vertrauen rechnet sich, denn Kontrolle kostet!**

228

dukte und 10 Prozent, die sie in eigene Projekte investieren können. Jeder Entwickler kann also Initiativen nachgehen, die ihn interessieren, die aber rein gar nichts mit seiner Kernaufgabe zu tun haben. Sie wollen wissen, wie Google seine Mitarbeiter davon abhält, in der für die eigenen Projekte reservierten Zeit Unfug zu treiben? Die Antwort: Gar nicht! Die bürokratische Belastung, die eine solche Vorgehensweise all jenen Googlern auferlegen würde, die ihre Zeit **nicht** vergeuden, wäre viel zu groß.

Wenn Sie sich erfolgreiche Führungskräfte ansehen, dann werden Sie schnell feststellen, dass viele unter ihnen weder Motivationsgenies noch emotionale Intelligenzbestien oder Rhetorik-Asse sind. Aber ein Erfolgsgeheimnis, das sie fast alle gemeinsam haben, ist: Sie vertrauen anderen, und sie können auch Vertrauen annehmen. Das bedeutet zunächst einmal, dass sie sich konsistent verhalten und Menschen das Gefühl geben, sich auf sie verlassen zu können. Vertrauen entsteht, wenn man weiß, wofür das Gegenüber steht und wie weit es gegebenenfalls gehen würde. Es hängt also alles von den grundlegenden menschlichen Qualitäten wie Authentizität, Integrität und Charakter ab.

Ein Bekannter von uns hatte mal einen Chef, der gerne spontan durch alle Büros in seiner Abteilung ging, um jedem Mitarbeiter einen Schokoriegel auf den Schreibtisch zu legen. Wenn man Pech hatte, bekam derselbe Chef eine Stunde später einen cholerischen Anfall, brüllte seine Leute an wie der Aufseher eines Strafgefangenenlagers und drohte mit dem jeweiligen Äquivalent zur Deportation nach Sibirien. Solche Psychopathen hält kein Mitarbeiter auf Dauer aus. Führungskräfte, die Spuren hinterlassen, meinen, was sie sagen, handeln entsprechend und halten, was sie versprechen. Sie sind ein Vorbild in Sachen Vertrauen und stecken andere damit an. Allerdings ist meinen, was man sagt, nicht damit zu verwechseln,

Attention – Danger Cholerischer Chef

Solche Psychopathen hält kein Mitarbeiter auf Dauer aus

alles zu sagen, was man meint – das kann sonst einen Scherbenhaufen geben, den keine Trümmerfrau je beseitigen könnte.

Ein richtiger Vertrauenskiller hingegen ist mangelnde Aufrichtigkeit: Ein Vertrauensverhältnis geht dann den Bach runter, wenn Menschen nicht aufrichtig miteinander umgehen. Wenn unerfreuliche Dinge unter den Teppich gekehrt werden, wenn Phrasen die Wahrheit verschleiern und jemand sich so aus der Verantwortung zu stehlen versucht. Leider eine Strategie, die nur allzu gern von Politikern angewandt wird. Da werden ohne Scham und Scheu je nach Bedarf die passenden Schallplatten aus dem persönlichen Floskelrepertoire aufgelegt. Sprachliche Nebelkerzen wabern durch den Raum respektive das Fernsehstudio, halten kurz inne und verflüchtigen sich dann. Ist es ein Wunder, dass die Politikverdrossenheit immer mehr zunimmt? Es ist zu offensichtlich und beleidigt den gesunden Menschenverstand, wenn Politiker und

> **Sprachliche Nebelkerzen wabern durch den Raum, halten kurz inne und verflüchtigen sich dann**

auch Chefs die immer gleichen Worthülsen von sich geben, die so vorhersehbar sind, dass man sie nach einiger Zeit problemlos mitsprechen kann. Gern wird dann mit dem Finger auf die anderen Parteien, die schwache Konjunktur oder die böse Globalisierung gezeigt, um von der eigenen ausgelutschten Argumentation und ihrer Einfallslosigkeit abzulenken. Statt Aufrichtigkeit vorzuleben und zu fördern.

Vertrauen wird außerdem gern von schwachen Führungskräften, die eigentlich nur nicht hinschauen, handeln und führen wollen, als Etikett missbraucht. Sie verschleiern ihr passives Verhalten mit diesem angeblichen Vertrauen in die Mitarbeiter. Vertrauen heißt aber nicht Rückzug und Passivität, sondern es bedeutet, die eigenen Leute eigenständig arbeiten zu lassen und sie, wenn mal etwas schiefläuft, nicht vorzuführen, sondern zu unterstützen. Vertrauen entsteht nur durch konsistentes Verhalten, wenn Reden und Handeln im Einklang sind. Also das genaue Gegenteil von Chefs, die ihre Mitarbeiter auffordern, Neues zu versuchen und Risiken einzugehen, und sie dann ans Kreuz nageln, wenn etwas schiefgegangen ist. Oder Chefs, die Überschreitungen des Budgets billigen und dann ordentlich abstrafen, wenn die Zahlen hinter den Erwartungen zurückbleiben. Oder Chefs, die sagen, die Qualität sei von entscheidender Bedeutung, dann aber Produkte verkaufen, die nicht hundertprozentig in Ordnung sind, damit sie ihre monatliche Verkaufsquote erreichen. Das ist Heuchelei und wird auch als solche von den Mitarbeitern wahrgenommen. All das führt diese Menschen zu einer glasklaren Erkenntnis: Weder wir noch unsere Kunden können ihm trauen, unserem Boss!

Wie funktioniert also der erste Schritt in Richtung Vertrauenskultur? An der Küste sagt man: Der Fisch stinkt immer vom Kopf. Also ist zuallererst die Spitze eines Unternehmens aufgefordert, nachvollziehbar und transparent zu agieren, damit es in den Büros und Werkshallen nicht irgendwann anfängt, komisch zu riechen. Die Handlungsmaxime lautet: die Festungsmentalität aufgeben und zeigen, dass man gewillt ist, etwas zu riskieren. In anderen Worten: sich im produktiven Sinne öffnen und verwundbar machen.

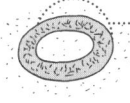

**Der Fisch stinkt immer vom Kopf**

Das funktioniert, wie bei Ritz-Carlton, durch echte Mitarbeiter-Vollmachten. Oder es funktioniert durch den bewussten Verzicht auf altbewährte Kontrollmechanismen. So hat die amerikanische Elektronikkette Best Buy, am ehesten vergleichbar mit Saturn oder Media-Markt hierzulande, ihre Zeiterfassung komplett über Bord geworfen. Zwei mutige Personalmanagerinnen starteten im Jahr 2003 das wohl

größte Experiment seit der Einführung der Stechuhr – die Abschaffung der Stechuhr. Das Experiment hatte die Dimension eines Staatsstreiches: Für die Mitarbeiter der Zentrale in Minneapolis gibt es keine vorgegebenen Arbeitszeiten mehr. Es gibt nicht mal mehr eine vorgeschriebene Stundenzahl, geschweige denn eine Anwesenheitspflicht für Mitarbeiter. Jeder kommt und geht, wann er will. Wer nachmittags mit den Kindern im Park spielt, einkaufen geht oder den vierbeinigen Freund zum Hundefriseur bringt, braucht keine Angst zu haben, ertappt zu werden. Hauptsache, er ist für Kollegen und Geschäftspartner via Mail oder Handy erreichbar und erledigt insgesamt seine Aufgaben zur Zufriedenheit. Was zählt, ist das Ergebnis.

Ihre Umstrukturierung, das ROWE-Prinzip, starteten die beiden Frauen quasi über Nacht, wie eine Untergrundbewegung. ROWE steht für „Results Orientated Work Enviroment", also „Ergebnisorientierte Arbeitsumgebung". Ihnen war klar, so etwas bringt auch Verunsicherung mit sich. Der größte Widerstand kam übrigens aus dem Management. Die Führung fürchtete einen Macht- und Kontrollverlust. Dem stand die Erkenntnis der Personalmanagerinnen gegenüber, dass Best Buy sich das Vertrauen der Mitarbeiter nicht mit nur ein bisschen Freiheit würde erkaufen können. Der Erfolg des Experiments hat ihnen Recht gegeben. Das Resultat seit Einführung von ROWE: Die Produktivität der Mitarbeiter hat sich um ein Drittel erhöht. Ermutigt von diesem Ergebnis, arbeitet man nun gerade an Schritt zwei: Die Einführung des Konzepts auf der Ebene der Best-Buy-Läden.

Radikaler sind nur noch Chefs, die nicht nur ihr Arbeitszeitsystem revolutionieren, sondern ihre eigene Person zur Wahl stellen. Bei Gore etwa räumt man Mitarbeitern immer wieder die Möglichkeit ein, ihre Teamleiter zu wählen und wieder abzuwählen. Ob jemand ein Projekt leitet, ergibt sich hier nicht aus einer Hierarchie oder der Anzahl an Dienstjahren, sondern daraus, ob die Kollegen jemanden aufgrund seiner inhaltlichen und menschlichen Kompetenz für geeignet halten. Ja, das ist das Maximum an Verwundbarkeit, das im betrieblichen Rahmen überhaupt möglich ist. Aber es ist auch das Maximum an Vertrauen.

Dieses Maximum versucht auch Ricardo Semler von Semco jeden Tag aufs Neue zu leben. Auch er lässt die Mitarbeiter ihre Chefs selbst wählen. Zum Vertrauen gehört bei Semco auch ein Höchstmaß an Transparenz. Finanzdaten sowie Informationen über sämtliche Gehälter, inklusive derer des Managements, werden den Mitarbeitern zugänglich gemacht. Darüber hinaus gilt: Alle Mitarbeiter bestimmen selbst die Höhe ihrer Gehälter. Semler beschreibt das ungewöhnliche Vorgehen so: „Ein- bis zweimal im Jahr geben wir eine Statistik der Gehälter in Auftrag und verteilen sie im Unternehmen. Wir sagen den Leuten: ‚Sehen Sie nach, wo Sie in dieser Statistik eingruppiert sind. Sie wissen, was Sie verdienen, was jeder andere im Betrieb verdient,

**Vertrauen bedeutet Geschwindigkeit**

was Ihre Freunde und Bekannten in anderen Unternehmen verdienen. Sie wissen, was Sie brauchen und was angemessen ist. Kommen Sie am Montag wieder und teilen Sie uns mit, was wir Ihnen zahlen

sollen.' Wenn Leute zu wenig verlangen, geben wir es ihnen. Nach und nach werden sie das herausfinden und mehr fordern. Wenn sie zu viel verlangen, geben wir es ihnen auch – zumindest im ersten Jahr. Wenn wir dann das Gefühl haben, sie sind ihr Geld nicht wert, setzen wir uns mit ihnen zusammen und sagen: ‚Wir müssen entweder einen anderen Arbeitsplatz für Sie finden, oder wir haben gar keine Verwendungsmöglichkeit mehr für Sie.' Abgesehen von rund einem halben Dutzend Ausnahmen haben unsere Leute jedoch stets Gehälter angegeben, mit denen wir leben konnten."

Auch bei Semco waren es nicht die Mitarbeiter, die mit dem großen Vertrauensvorschuss und klaren Ansagen Probleme hatten, sondern die Führungskräfte. Semler erzählt: „Als wir die erste große Versammlung abhielten, um Finanzberichte mit den Fabrikkomitees und den Führern der Metallgewerkschaft zu besprechen, kam als erste Frage prompt: ‚Wie viel verdienen die Bereichsleiter?' Wir sagten es ihnen. Sie schnappten nach Luft. Seitdem werden sie von den Fabrikarbeitern als ‚Maharadschas' bezeichnet. Aber was soll's? Wenn Führungskräften die Höhe ihrer Gehälter peinlich ist, bedeutet das wahrscheinlich, dass sie sie nicht verdienen. Vertrauliche Lohnlisten sind etwas für diejenigen, die sich nicht im Spiegel anschauen und mit Inbrunst sagen können: ‚Ich lebe in einer kapitalistischen Welt, die nach dem Maß geometrischer Progression Vergütungen bereithält. Ich bin jahrelang zur Schule gegangen, habe im Beruf über Jahre hinweg Erfahrungen gesammelt. Ich bin tüchtig, engagiert und intelligent. Ich verdiene das, was ich bekomme.'"

Auch hier zeigt sich wieder: Vertrauen schafft Klarheit für alle Beteiligten. Aber nur um das noch mal klarzustellen: Es geht uns hier nicht darum, Vertrauen und Kontrolle gegeneinander auszuspielen. Beide Punkte haben ihre Berechtigung und schließen sich nicht aus, sondern sie bedingen einander. Vertrauen kann nicht heißen, auf Vorsicht, Sicherung und Kontrolle vollständig zu verzichten. Zumal es immer wieder Mitarbeiter – aber auch Chefs – gibt, die man mit einem Zuviel an Verantwortung

**Alle Mitarbeiter bestimmen selbst die Höhe ihrer Gehälter**

überfordern würde. Man muss manchen Menschen erst die Chance geben, Vertrauen zu lernen. Blind und bedingungslos zu vertrauen kann durchaus gefährlich sein. Auf das Maß kommt es an. Es geht um ein moderates Mischverhältnis zwischen Vertrauen und, nein, nicht Misstrauen, sondern eher einer gesunden Distanz. Zwischen Kontrolle und dem Mut, darauf zu verzichten. Dann zieht eine auf Vertrauen aufgebaute Unternehmenskultur auch Talente an und fördert kreative und innovative Ideen.

Wenn Mitarbeiter wissen, dass sie das Vertrauen ihrer Vorgesetzten genießen und dass Fehler toleriert werden, trauen sie sich, Risiken einzugehen, die ja die Grundlage von Kreativität, Innovation und Erfolg sind. Und der Verzicht auf komplexe und umständliche Kontrollsysteme und Rechtfertigungsrituale steigert auch das Tempo von Abläufen. Vertrauen bedeutet Geschwindigkeit.

**Wenn Mitarbeiter wissen, dass sie das Vertrauen ihrer Vorgesetzten genießen, trauen sie sich, Risiken einzugehen**

Wenn Kollegen und Vorgesetzte sich gegenseitig vertrauen, spielen andere Dinge eine vergleichsweise untergeordnete Rolle. Dann ist nicht nur der einzelne Mitarbeiter,

234

sondern das ganze Unternehmen immun gegen Führungs- oder Verhaltensfehler, die jeden Tag immer wieder passieren können. Dann wurde etwas geschaffen, was man als robustes, gesundes Betriebsklima bezeichnen kann.

Übrigens: Die Sesamringe waren köstlich! Aus irgendeinem Grund können wir uns genau daran erinnern...

„Mensch, Peter, weißt du noch, als ich dich damals angerufen habe?"

„Klar weiß ich das noch. Oh, danke für den Cappuccino. Und – mmmh! – die Bagels sehen ja lecker aus!"

„Genau, da ruft dich deine Cousine an und eröffnet dir, dass sie ihren guten Job bei dieser Versicherung nach sieben Jahren kündigt, um in Zukunft Brote zu schmieren."

„Ich fand das ziemlich cool. Anja auch."

„Da wart ihr aber erst mal die Einzigen. In der Firma haben alle gedacht, ich sei plemplem!"

„Die waren nur neidisch, weil sie sich selbst nie getraut hätten, was Neues zu machen."

„Stimmt. Als ihr uns dann beim Businessplan für die ,Brunchbox' geholfen habt und alles anlief, kamen ganz viele und sagten: Das ist ja super! So ein kleiner Laden mit so frischen selbstgemachten Sachen zum Mitnehmen – das gibt es doch sonst nirgendwo."

„Und hast du jemals bereut, Brote zu belegen und zu verpacken statt Versicherungspolicen zu vermarkten?"

„Nicht eine Minute."

Susanne und Danny in ihrer Brunchbox

„Dann mach mir doch bitte gleich noch so eine leckere California Box für den Rückweg."
„Na, gerne!"

## Welchen Freiheitsgrad wir haben, unserem Nordstern zu folgen

Vor Kurzem waren wir in London und besuchten ein Seminar mit Tom Peters. Er eröffnete seine Präsentation mit einer Frage, die es in sich hatte: „Was wollen Sie eigentlich auf Ihrem Grabstein lesen?" Und dazu zeigte er uns eine Folie, auf der ein Grabstein abgebildet war. Mit folgender Inschrift:

Thomas J. Peters, 1942 – ??.
Er hätte wohl einige echt coole Dinge getan,
wenn ihn sein Chef gelassen hätte.

# selbstgemacht
## Ein Leben entwerfen und umsetzen

Wumms! Das hat gesessen. Ist es tatsächlich das, was wir als unser Vermächtnis auf unserem Grabstein lesen möchten? Was uns direkt zur nächsten Frage bringt: Welche Spuren wollen Sie hinterlassen?

Jetzt legen Sie doch bitte mal das Buch kurz zur Seite, schauen Sie aus dem Fenster oder gehen Sie vor die Tür, schauen Sie in den Himmel und fragen Sie sich: Was will ich eigentlich? Wenn Sie eine Idee haben, können Sie wieder an dieser Stelle aufschlagen und weiterlesen. Wenn Sie keine Idee haben, dann nehmen Sie das Buch bitte in die rechte Hand, neigen den Kopf leicht nach vorne und klatschen das Buch einmal kräftig gegen den Hinterkopf. Nein, keine Sorge, das ist mit dem Herstellungsleiter des Verlages abgesprochen, das Buch hält das aus.

Wir sind zutiefst davon überzeugt, dass die Was-will-ich-eigentlich-Frage eine der wichtigsten Fragen überhaupt ist. Wir vermuten, dass Sie schon öfter darüber nachgedacht haben, was Sie im Leben bewirken wollen. Die meisten – beileibe nicht alle – haben sich das schon gefragt. Okay, dann die nächste Frage: Wenn das so ist, warum hören wir immer wieder von allen möglichen Leuten die gleiche Geschichte, die in etwa so lautet wie „Ich würde ja so gern xy machen, aber es geht halt nicht" und „Ich kann ja nicht" und „ Das Risiko kann ich nicht eingehen". Immer wieder Menschen, die gefangen zu sein scheinen in dem immergleichen Trott, zu dem es, so glauben sie, keine Alternative gäbe.

Dostojewski hat einmal geschrieben, dass die beste Methode, einen Gefangenen davon abzuhalten, aus dem Gefängnis auszubrechen, darin bestehe, sicherzustellen, dass der Gefangene nicht wisse, dass er sich in einem Gefängnis befinde. Tatsache ist, dass sich viele Menschen diesen lebenslangen Freiheitsentzug selbst auferlegen, indem sie sich selbst nur in ausgewählten Bereichen die Wahrheit zugestehen und sich in anderen Belangen konsequent belügen. Warum? Weil das Leben im Gefängnis, so betäubend und leer es auch sein mag, gleichzeitig ein Gefühl von Sicherheit gibt. Mein Job macht mir keinen Spaß? Und wenn schon, irgendwie muss ich ja die Miete bezahlen. Ich würde gern eine Auszeit nehmen und danach vielleicht etwas ganz anderes machen, zum Beispiel eine Sandwichbar eröffnen? Schön wär's, aber dazu fehlen mir die nötige Ausbildung und das Startkapital. Und die Banken geben ja kein Geld. Und der Staat fördert keine Gründer. Und die Steuern. Und die Krankenversicherung. Und was wird meine Familie sagen? Und das Universum. Und der ganze Rest. Ja, ja, schon klar.

Dahinter steht immer dasselbe Muster: Menschen verweigern sich der Frage: „Was will ich eigentlich vom Leben?" Sie fürchten die Konsequenzen, die eine ehrliche Antwort auf diese Frage nach sich ziehen könnte. Was würde dann aus dem bisherigen angeblich wunschlos glücklichen Leben werden, wenn sie sich erlauben, auf ihre Wünsche zu hören? Diese Leute leben, als ob sie ihre Wünsche auf das nächste Leben verschieben könnten. Naja, vielleicht geht das ja tatsächlich. Aber wir sind da nicht so sicher.

Peters Cousine hat nicht gewartet. Sie hat auf ihre Wünsche gehört. Und als Konsequenz tut sie endlich das, was ihr Spaß macht. Nicht was andere von ihr erwarten oder was in der Gesellschaft das höchste Sozialprestige bringt, sondern was ihrem Leben Sinn verleiht. Zu viel Pathos für ein paar belegte Brote? Mitnichten! Entscheidend ist: Die „Brunchbox", ihr Laden in der Innenstadt von Saarbrücken, in dem sich Menschen auf die Schnelle frische und gesunde Sachen für die Mittagspause holen können, war ihr ganz persönliches Projekt. Niemand hat ihr gesagt: Kind, wir wünschen uns von dir, dass du Ladenbesitzerin wirst, wenn du mal groß bist. Auch hat diese Existenzgründung in keiner Weise ihre Aufnahmechancen in den örtlichen Golfclub erhöht. Aber es war – endlich, nach Jahren des Stumpfsinns – die eigene Idee, der eigene Wille, das eigene Leben.

Es geht also darum, im ersten Schritt überhaupt erst einmal herauszufinden, was man will, den eigenen Nordstern zu entdecken. Mit Nordstern meinen wir den Sinn, den sich jeder Mensch für sein Leben wünscht. Der ihn anleitet. Das Ziel, das er unbedingt erreichen will. Den eigenen Nordstern zu finden ist eines der wichtigsten Dinge überhaupt. Für ein Individuum genauso wie für ein Unternehmen. Aber verwechseln Sie den Nordstern bitte nicht mit Wischiwaschi-Werbeslogans, blassen Kundenzufriedenheitsparolen oder Shareholder-Statements. Ein Nordstern steht für echte Leidenschaft, man muss für ihn brennen.

Einige entdecken früher, was ihren ganz persönlichen Nordstern ausmacht, andere später, manche erst in ihrem allerletzten Lebensabschnitt. Auch dann ist es noch nicht zu spät! Leider gibt es immer noch viel zu viele Menschen, die sich nie trauen, ihrem Nordstern zu folgen, obwohl sie eigentlich wissen, dass sie es könnten. Ein Grund dafür ist der innere Widerstand, ein anderer der äußere. Erst mal hat jeder Angst davor, die gewohnten Gefilde zu verlassen, um seinem Nordstern in unbekannte Gebiete zu folgen. Das ist okay und völlig normal, aber kein Grund, es nicht zu wagen. Fast noch großer als der innere Schweinehund, den es zu überwinden gilt, ist allerdings die Ablehnung, die fast jedem, der sein Leben neu erfinden will, erst mal aus dem persönlichen Umfeld entgegenschlägt. Wer in seiner Bank verkündet, er habe den Job hingeschmissen, um auf eine Schauspielschule zu gehen, dürfte sich im Kollegenkreis ungefähr so fühlen wie der erste Punk auf den Straßen Londons. Das gilt natürlich ganz genauso für die Streetworkerin, die sich bei einer Bank bewirbt, weil sie irgendwann feststellt, dass sie doch nicht so anders ist als ihre Eltern.

**... einmal kräftig gegen den Hinterkopf!**

Ist aber der erste mutige Schritt hin zum eigenen Lebensentwurf einmal getan, finden sich auch schnell Verbündete. Menschen, die ähnlich denken und sich von der Energie, die jemand ausstrahlt, der seinem Nordstern folgt, inspirieren lassen. So haben wir Peters Cousine bei ihrem Geschäftskonzept geholfen, ihr Bruder hat die charakteristischen Pappboxen – die „Brunchbox" – entworfen, und der Freund ihrer Geschäftspartnerin gestaltete die Website des Ladens. Schnell zeigte sich, dass der Aufwand – auch dank der zahlreichen Unterstützer – gar nicht so groß war wie erst gedacht. Und dann wurde die Sache zum Selbstläufer: Selbsterfahrener Sinn erzeugt Enthusiasmus, der die Kunden ansteckt und von ihnen weitergetragen wird. Die begeisterten Kunden wirken wiederum ansteckend auf den Unternehmer und so weiter. Nennen wir es Positivspirale!

Wir sollten uns klar machen, dass wir die Verantwortung für unser Leben selbst in der Hand haben. Wenn du eine bessere Zukunft willst, dann back dir eine! Du hast die Wahl! Aber du musst auch Farbe bekennen – und das ewige Nörgeln sein lassen. Na klar, wenn wir etwas Neues wagen, mit beiden Füßen ins Unbekannte springen, dann ist das immer verbunden mit der Gefahr, dabei zu scheitern. Aber was ist die Alternative? Nichts zu tun? Mit einer an Masochismus grenzenden Demutshaltung das Leben so hinzunehmen, wie es gerade läuft, und nichts ändern?

Was wir denken, dürfte Ihnen durch die Lektüre dieses Buches klar geworden sein. Wir glauben nicht, dass die entmutigende Aussicht auf ein mögliches Scheitern uns von dem Versuch abhalten sollte, unser Leben so zu gestalten, dass wir Freude haben an dem, was wir tun, und so für uns einen tieferen Sinn erfahren. Optimismus bedeutet für uns, es trotzdem zu tun – auch wenn die Erfolgschancen überschaubar sind. Nicht am Spielfeldrand zu sitzen und das Leben vorüberziehen zu lassen. Sondern mitzuspielen und es einfach zu versuchen. Trotz der Aussicht auf eine mögliche Niederlage. Oder um es in den Worten des österreichischen Abwehrspielers Toni Pfeffer auszudrücken, der in der Halbzeitpause im Spiel gegen die spanische Nationalmannschaft im Jahr 1999 beim Rückstand von 0:5 den denkwürdigen Satz sprach: „Hoch gewinnen wir hier nicht mehr."

240

Mitmachen. Mitgestalten. Sich gestatten, Fehler zu machen. Und daraus lernen. Es ist immer besser, einen ersten Schritt zu machen, als gar keinen. Klar, dieser Schritt kann auch mal in die falsche Richtung führen. Aber wie will man das herausfinden, wenn man sich nie aus seiner Schockstarre befreit?

Zugegeben: **Folge deinem Nordstern** – das ist erst mal leicht gesagt. Bei manchen Leuten ist der Himmel so bedeckt, dass sie schon ewig keinen Stern mehr gesehen haben. Wie kann ich die Wolken vertreiben? Wie finde ich, was mich wirklich anzieht? Wie kann ich mein eigenes Leben entwerfen? Wohin soll meine Reise gehen? Was will ich erreichen? Wie kann ich meine Pläne umsetzen? Erst wenn wir Antworten auf diese Fragen haben, können wir die Sinn-Frage mit Leben füllen. Um die eigene Berufung zu erkennen, empfehlen Experten eine innere Bestandsaufnahme. Wichtig ist „das Denken in Leitplanken", sagt Dieter Frey, Organisationspsychologe an der Ludwigs-Maximilians-Universität in München: Was sind meine individuellen Stärken und Talente, was treibt mich an? Aber auch das andere Extrem ist wichtig: Was mag ich überhaupt nicht? Es ist okay, auf diese Fragen nicht sofort eine Antwort parat zu haben. Nicht okay ist, dass sich die meisten diese Fragen so gut wie nie stellen.

Ein guter Ausgangspunkt ist, bei den eigenen Bedürfnissen anzusetzen. So wie Peters Cousine. Die hatte ihren drögen Bürojob gründlich satt. Sicherheit war eben nicht alles. Dafür liebte sie gesundes Essen und hatte sich schon immer darüber geärgert, wie zeitaufwendig es war, sich gesund zu ernähren. Immer musste sie in drei oder vier verschiedenen Läden einkaufen, bis sie die Sachen zusammenhatte. Ließ sich daran denn gar nichts ändern? Klar! Die „Brunchbox" war geboren! Aber Achtung: Jeder hat andere Bedürfnisse. Jeder muss seinen eigenen Weg finden. Für die einen ist Sicherheit das Nonplusultra, für andere ist ein Anstellungsverhältnis die Hölle. Für wieder andere ist das Arbeitsverhältnis völlig egal, wenn sie nur nicht den ganzen Tag … Genau, da fällt jedem sofort etwas ein, was man ändern könnte.

Wenn wir uns an Peters Zeit an der Wiener Wirtschaftsuniversität erinnern, dann fällt uns sofort die existenziellste aller Fragen ein, die seinen Studenten auf den Seelen brannte: „Was soll ich bloß mit dem Rest meines Lebens anfangen, Herr Dr. Kreuz?" Antwort: Zunächst einmal sollte man akzeptieren, dass die wenigsten Karrieren mit einer großen Entscheidung beginnen. Oft nicht mal mit einem strategischen Plan. Wie die meisten Entwicklungen verläuft auch die berufliche Laufbahn schrittweise, fast nie linear, sondern meist als Zickzackkurs. Man beginnt mit einem Job, der einen irgendwie reizt, der zu den eigenen Fähigkeiten, Neigungen, Interessen und Zielen zu passen scheint. Ob das tatsächlich so ist, merkt man erst, wenn man einige Zeit dabei ist. Auch hier gilt: Man muss es ausprobieren. Grau, teurer Freund, ist alle Theorie und grün des Lebens goldner Baum! Wenn man dann feststellt, dass die Arbeit doch nicht zu 100 Prozent die richtige ist, wechselt man zur nächsten, die besser passt und die sich meistens schon schemenhaft am Horizont abgezeichnet hat.

**Einfach mal anfangen. Lernen. Entscheidungen treffen. Zuhören. Fragen stellen.**

Wenn es gut läuft, hat man irgendwann einen Job, von dem man sich wünscht, ihn schon zu Beginn der Karriere ergriffen zu haben. Was natürlich nicht möglich war, weil einen ja erst das Arbeiten und die vielen Erfahrungen auf den Weg dorthin gebracht haben. Die Devise lautet also: Einfach mal anfangen. Lernen. Entscheidungen treffen. Zuhören. Fragen stellen. Auf seinen Bauch beziehungsweise sein Herz hören. Die Initiative ergreifen. Wieder Entscheidungen treffen. Ziele definieren. Die weitere Zukunft planen. Neue Ziele definieren. Wieder Entscheidungen treffen. Und so weiter. Die schlechte Nachricht: Das hört nie auf. Die gute: Zum Glück hört das nie auf! Aber je öfter und je ehrlicher Sie sich auf diesem Weg Fragen stellen, desto schneller finden Sie Ihren Nordstern.

Eine Strategie ist immer dann einfach zu finden, wenn man sie vom Wettbewerber kopiert. Oft scheint es einfacher, sich an anderen zu orientieren, anstatt selbst nach Antworten zu suchen. Menschen, die überfordert sind, suchen sich Vorbilder. Was gar nicht schlecht ist, solange sie nur einer ersten Orientierung dienen und nicht versucht wird, jemanden eins zu eins zu kopieren und jemand zu sein, der man nicht ist. Das funktioniert nämlich nicht. Seinen Nordstern kann man nicht von irgendeiner anderen Person abschreiben oder ausborgen. Der leuchtet nur hell, wenn es unser eigener ist. Jeder muss sein eigenes Leben entwerfen, herausfinden, wer er wirklich ist, sein wahres Ich erkennen. Es geht nicht darum, einem Idol nachzulaufen, sondern das Leben zu leben, das zu einem passt. Alles andere wäre viel zu langweilig. Und würde auch nicht funktionieren.

Das zeigt die tragikomische Geschichte, die der konservative Politiker Friedrich Merz im Jahr 2000 über sich verbreitete: Er sei zu Jugendzeiten ein ganz ein Wilder gewesen! Und alles nur, um seinem Image eine kräftige Politur zu verpassen. Er stilisierte sich zum Motorradrocker aus dem Sauerland oder, wie einige Zeitungen titelten: „Easy Rider in Brilon". Merz sagte damals: „Ich habe relativ früh Probleme mit meinen Eltern bekommen, ich hatte schulterlange Haare, bin mit dem Motorrad durch die Stadt gerast, mein Stammplatz mit zwei Freunden war die Pommesbude auf dem Marktplatz bei uns um die Ecke, ich habe angefangen zu rauchen und Bier zu trinken."

Von wegen: Klein Fritzchens Jugendjahre waren alles andere als wild. Das deckte der ernüchternde Leserbrief seines Jugendgefährten Ernst Ferdinand in der „Zeit" auf: „Schulterlange Haare? Merz? Unser Kumpel hatte schon immer die Frisur, die er heutzutage trägt." Dafür hätte „der alte Merz schon gesorgt". Auch ein Motorrad habe Merz nicht besessen. „Einmal ist er wohl mit dem alten Moped von Heinz P. durch die Felder gefahren. Aber das Ding war total hin und konnte überhaupt nicht mehr rasen." Easy Rider? Zum Heulen komisch! Letzten Endes mag in beiden Varianten ein Fünkchen Wahrheit stecken. Bis zu einem gewissen Punkt ist jede Biografie Erfindung. Legitime Fiktion. Wahre Legende. Jeder erfindet sich selbst.

Wenn Sie sich schon an anderen orientieren wollen, dann lieber an Menschen, die ihrem Nordstern konsequent folgen und nicht versuchen, jemand anders zu sein. Und auch nur, um sich erste Impulse zu holen, bevor Sie dann Ihren eigenen Weg gehen. Wir haben in diesem Buch eine ganze Reihe von Menschen vorgestellt, die heute ihren Traum leben. Rüdiger Nehberg ist einer davon. Der gebürtige Bielefelder entwickelte sich vom Mitläufer und Herdentier zum Inbegriff eines Individualisten und Abenteurers, als er sich von seinem Leben als Bäcker- und Konditormeister verabschiedete, um in Dschungeln,

Wüsten und auf Ozeanen zu (über-)leben. Heute engagiert er sich dafür, Missstände aus der Welt zu schaffen.

Ein weiteres Beispiel mit Vorbildcharakter sind Martina und Klaus-Dieter John. Ihr Nordstern: ein Krankenhaus für die Nachfahren der Inkas in Südperu zu bauen – das Missionshospital „Diospi Suyana". Wie das funktionieren sollte, wussten sie anfangs selbst noch nicht. Nur dass sie beide das gleiche Ziel hatten: „Schnell den Facharzt machen und dann in die Dritte Welt und was bewegen." Eigentlich war es ein Ding der Unmöglichkeit, das Krankenhausprojekt zu realisieren. Gerade deshalb packten sie es an. Viele bürokratische Hürden galt es zu überwinden. Von den 5 Millionen US-Dollar, die nötig waren, um den Bau und die Ausstattung zu finanzieren, ganz zu schweigen. Klaus-Dieter John hielt hunderte Vorträge über das Projekt.

„Auch so Verrückte wie wir!"

Seine Begeisterung wirkte ansteckend. Medizintechnikfirmen spendeten Geräte und Material, Privatpersonen Geld, ein engagierter Freundeskreis unterstützte das Paar. Außer den Johns werden im Diospi-Suyana-Krankenhaus etwa 40 freiwillige Mitarbeiter aus Europa arbeiten. Ohne Bezahlung, nur für ihren Lebensunterhalt wird gesorgt sein. „Auch so Verrückte wie wir!", sagen Martina und Klaus-Dieter John. „Diese Menschen verkörpern die Vision!"

Aber wenn man sich so kompromisslos für Projekte oder andere Menschen einsetzt, folgt man dann eigentlich noch seinem Nordstern? Das fragen jetzt bestimmt einige von Ihnen. Der österreichische Künstler André Heller folgt seinem Nordstern, ist aber alles andere als ein Weltverbesserer und setzt sich vor allem für sich selbst ein. In einem Interview mit dem Magazin „Raumbrand" sagte er: „Ich bin kein Künstler, sondern ein Mensch, der an nichts anderem arbeitet außer an seiner persönlichen Menschwerdung. Alles, was ich tue, sind immer Versuche, mir selbst eine gute Ausbildung zu geben … Mich interessieren die Regeln der äußeren Welt nicht. Mir geht es in konzentrierter und bedingungsloser Art und Weise darum, das, was in mir selbst als Möglichkeit angelegt ist, zu heben und zu fördern, das höchste Maß an Erfahrung machen, das mir in meiner Lebenszeit möglich ist. Und das führt in hunderte verschiedene Terrains und

Übungen und hat eine Bandbreite, die sich ununterbrochen erweitert, weil ich nie versuche, irgendetwas mehr als einmal zu machen." Was für eine starke Antwort!

Auch für Unternehmen gilt: Du hast die Wahl! Es geht nicht darum, wie du dich entscheidest. Aber wenn du dich einmal entschieden hast, deinem Nordstern zu folgen, dann bleibe auch dabei! Ein Unternehmen wie die „tageszeitung" – kurz: „taz" – etwa dürfte es aus betriebswirtschaftlicher Sicht gar nicht geben. Sie ist chronisch defizitär und überlebt nicht durch Anzeigenkunden, sondern fast ausschließlich von der verkauften Auflage und dem Engagement ihrer Mitarbeiter. Die Leidenschaft, das Unmögliche zu schaffen, hat die „tazler" von Anfang an bewegt und zusammengehalten. „Wir haben keine Chance, also nutzen wir sie", hieß es in der ersten regulären täglichen Ausgabe der „taz" am 17. April 1979. Die Macher hatten 7.000 Voraus-Abonnements – 20.000 wären nötig gewesen, um halbwegs gesichert produzieren zu können. Das war nicht schön, aber auch nicht zu ändern. Denn schließlich hatte die „taz" etwas zu sagen und wollte mehr Pressevielfalt – nicht zuletzt in Berlin, wo die Tageszeitungen des Axel-Springer-Verlags marktbeherrschend waren.

„Wir machen keine großen Dinge, nur kleine Dinge mit großer Liebe."

Bis heute hat sich die Situation nicht wesentlich verändert. Der Weg der „taz" bleibe „wirtschaftlich eine Gratwanderung", trotzdem sei man zuversichtlich, so Geschäftsführer Karl-Heinz Ruch. Auf die Hingabe und Leidenschaft kommt es eben an. Und darauf, trotz allem auf dem Teppich zu bleiben und sich selbst realistisch einzuschätzen. Anders hat das Mutter Teresa übrigens auch nie gesehen. Sie sagte: „Wir machen keine großen Dinge, nur kleine Dinge mit großer Liebe."

**Peter:** „Cool", hatte er gesagt, der Chef des irischen Finanz-dienstleisters am anderen Ende der Telefonleitung. Und mich nach Dublin eingeladen. Der Mann war tatsächlich extrem gut drauf. Beim Mittagessen in seinem Lieblingspub verhielt er sich für einen Topmanager ausgesprochen unkonventionell. Er ließ einfach „anschreiben", während die Businessleute an den Nachbar-tischen nach dem Dessert brav die Kredit-karten zückten. Aber mein Gastgeber konnte es sich offensichtlich leisten, aus der Reihe zu tanzen. Seine Arbeit war genau das, was er machen wollte. Und er war verdammt erfolgreich. Während ich ihn so beobachtete, machte es bei mir „klick!".

**Anja:** Peter war nach dieser Studie über strategisch inno-vative Unternehmen wie verwandelt. Eigentlich war es ein ganz normales Forschungsprojekt gewesen, aber im Laufe seiner Recherche hatte er lauter ungewöhnliche Menschen kennengelernt. Das waren Innovatoren und Querdenker, die Konventionen in Frage gestellt und ihr Leben in die eigenen Hände genommen hatten. Alle schienen sie zu sa-gen: „Wir können die Welt verändern, wir können Spuren hinterlassen, wir können unsere Zukunft gestalten und ha-ben auch noch Spaß dabei!" Wenn ich mich selbst betrach-tete, so war ich zwar erfolgreich als Managerin bei einer der bekanntesten internationalen Beratungsfirmen – doch außer dem Hamsterrad schien ich nicht viel zu bewegen.

**Peter:** Der Funke dieser unkonventionellen Leute aus der Studie über strategische Innovatoren sprang auf uns über. Lass es uns gemeinsam wagen, sagten wir uns schließlich. Wir kündigten im Abstand eines Jahres beide unsere Jobs und machten uns in Wien selbstständig. Ergebnis im ersten Geschäftsjahr: 34.605 Schilling. Verlust. Egal.

**Anja:** Was wäre das Leben, hätten wir nicht den Mut, et-was zu riskieren? Am Anfang waren es schwierige Zeiten. Aber wir würden es heute nicht anders machen.

# Bist du bereit,
# den Unterschied zu machen?

Wer Spuren hinterlassen will, der braucht Mut. Nicht Macht. Nicht Geld. Keine Einverständniserklärung der Behörden. Nur Mut. „Mut ist die erste von allen menschlichen Qualitäten, weil er alle anderen garantiert", sagte Winston Churchill. Sehen Sie sich ein paar der Leute an, die Spuren hinterlassen haben und Veränderungen im großen gesellschaftlichen Kontext bewirkt haben: Mahatma Gandhi, Nelson Mandela, Václav Havel, Martin Luther King und viele andere mutige Reformer. Sie hatten weder Macht noch Geld. Aber sie haben die Welt verändert. Weil sie **mutig** waren und voller **Leidenschaft** für ihre Sache. Mut be-

# mutig
## Der Schlüssel zu allem

deutet, den Antrieb und die Ausdauer zu haben, außergewöhnliche Dinge in die Tat umzusetzen. Und zwar ohne Netz und doppelten Boden. Gandhi hat nicht zu seinen Landsleuten gesagt: „Ach, die Briten, die müsste mal jemand rausschmeißen! Da gibt es viel zu tun! Packen wir's an – aber bitte erst im nächsten Jahrtausend!" Auch Mutter Teresa hat nicht genörgelt: „Irgendjemand müsste was gegen die Armut tun, aber ich habe keine Macht – und

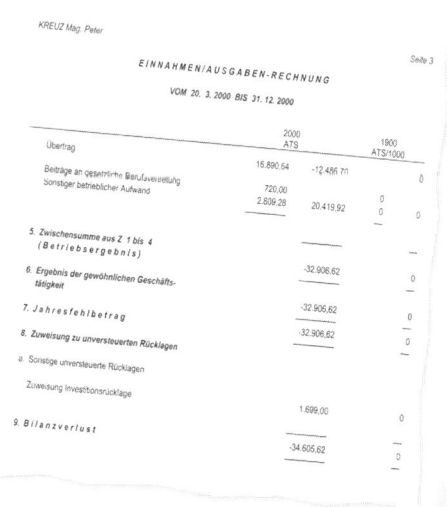

außerdem könnte ich mich ja bei irgendwem anstecken…" Mutige Menschen erfassen die Realität, sehen ihre Chancen und nutzen sie. Auch auf die Gefahr hin, dass ihr Vorhaben schiefgehen könnte. Das Risiko gehen sie ein, wenn sie meinen, dass es die Sache wert ist.

Auch wir fanden Selbstverwirklichung natürlich schon immer gut. Trotzdem haben wir jahrelang das Gegenteil erlebt und gelebt. Wir haben uns blenden lassen von Sicherheit und Mainstream. Eine Weile waren wir damit zufrieden. Wir haben unsere Erfahrungen gemacht und dazugelernt. Die Tristesse hinter vielen der so genannten Traumjobs und „sicheren" Arbeitsplätzen haben wir gerne mal verdrängt und stattdessen den Status quo zementiert wie eine

**Mutige Menschen erfassen die Realität, sehen ihre Chancen und nutzen sie**

sechsspurige Autobahn. Und klar, auch wir haben die inneren und äußeren Widerstände gespürt. Wir sagen nur Mama-Test: Ein Paar in besten Anstellungsverhältnissen erzählt den Müttern respektive Schwiegermüttern, dass beide gekündigt haben. Die Reaktionen – programmiert: Seid ihr denn total bekloppt? Kinder, macht euch nicht unglücklich. Und uns auch nicht!

Obwohl Menschen gerne darüber reden, wie es wohl wäre, einen radikalen Schnitt zu machen, ist es etwas ganz anderes, den Status quo zu verlassen, selbst wenn er einem missfällt. Viele Menschen fürchten die negativen Konsequenzen ihres mutigen Handelns und ignorieren das viel größere Risiko – nichts zu tun. Bloß: Die Gefahr zu scheitern lauert nicht nur im Neuen, sondern auch im Altbewährten. Wer ewig in der vermeintlichen Sicherheitszone verharrt, verliert Antrieb und Mut. Absolute Sicherheit bedeutet Stillstand. Und Stillstand bedeutet Rückschritt. Den Wahrheitsgehalt dieser Aussage können wir uns live und in Farbe jeden Tag in Deutschland in der Politik ansehen: Aus Angst um Karriere, Einkommen, Macht und Ansehen sind wahrhaft mutige Entscheidungen so rar wie Schnee in der Sahelzone. Es wird verharrt, abgeblockt, verhindert und hinausgezögert. Warum? Wer mutig entscheidet, kann Fehler machen. Und so werden überfällige Entscheidungen und dringend benötigte Reformen auf die lange Bank geschoben. Und das Land versinkt sehenden Auges im Mittelmaß.

Und was in der Politik gilt, gilt ebenso für die Menschen: Anstatt mutig zu entscheiden, das eigene Leben in die Hände zu nehmen und so die Chance auf eine Verbesserung zu nutzen, wird lieber das Risiko einer Verschlechterung gemieden. So siegt immer der Status quo – so unbefriedigend der auch sein mag. Aber wer nicht selbst den Mut aufbringt, etwas zu ändern, kann lange warten. Niemand erteilt uns die Erlaubnis, unser eigenes Leben zu entwerfen und auszufüllen. Wir bekommen kein Mandat von irgendwo oben. Und es kommt auch keine gute Fee. Vergessen Sie's … Und kein Mann mit Koffer, wie bei der Glücksspirale, der die offizielle Erlaubnis zum Mutigsein enthält – mit dreifacher Risikoausschlussversicherung und Prozesskostenhilfe. Wir müssen uns selbst bewegen, uns selbst entscheiden, ob wir ein Höfling oder unserer eigener Herr sein wollen, der sein Risiko selbst trägt. Ein devoter Aktentaschenträger, der seine stille Revolution in der provokativen Zusammenstellung von leberwurstfarbenem Anzug mit

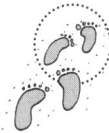

„Die Briten, die müsste mal jemand rausschmeißen!"

leuchtend gelber Krawatte und farblich passendem Einstecktuch auslebt, oder ein Rebell, der sich selbst und sein Unternehmen herausfordert, sich neu zu erfinden. Thomas Paine, einer der Gründerväter der USA, hat gesagt: „Mögen sie mich einen Rebellen nennen – nur zu, das beunruhigt mich nicht; aber ich will Höllenqualen leiden, wenn ich meine Seele je zur Hure machen sollte."

Wir haben uns dazu entschieden, unsere Leidenschaft zu unserem Lebensinhalt zu machen. Natürlich haben wir auch versucht, das Risiko einzuschätzen, bevor wir zu neuen Ufern aufbrachen. Aber wir mussten lernen, dass wir für welche Entscheidung auch immer niemals die perfekte Daten- und Entscheidungsgrundlage haben würden.

Ein guter Entscheidungsgrundsatz lautet: Wenn du dir weniger als zu 40 Prozent sicher bist, die richtige Entscheidung zu treffen, basierend auf den Informationen, die du gerade hast, solltest du deine Entscheidung vertagen. Wenn du aufgrund der Informationen zu 40 bis 70 Prozent sicher bist, entscheide nach deinem Bauchgefühl – und handle. Wenn wir hingegen darauf warten, bis wir uns zu 70 oder sogar zu 100 Prozent sicher sein können, sind wir mit 150-prozentiger

Wahrscheinlichkeit zu spät unterwegs! Dann werden schon andere für uns entschieden haben.

Mut bedeutet für uns, dass jemand alles dafür tut – und das bedeutet notfalls auch, seine Firma zu verlassen –, um seinem Nordstern zu folgen. Dass er alle Widerstände, ökonomischen Zwänge und herrschenden Meinungen überwindet, um Sinn zu finden. Das heißt auch, dass man die Courage aufbringen muss, etwas von sich selbst zurückzulassen, wenn man sich auf den Weg in unbekannte Gefilde macht. Das zieht meist eine große Verunsicherung nach sich. Aber das gehört dazu und sollte nicht damit heruntergespielt werden, dass Veränderungen nur gut seien und sich schon alles finden werde. Überstehen kann man diese Zeit nur mit Hingabe und Leidenschaft für das avisierte Ziel und in dem Wissen, dass das eigene Anliegen wirklich die Mühe wert ist. Mutig sind Menschen, die verstanden haben, dass größtmögliche Sicherheit ihren Preis hat. Und dieser Preis sind Freiheit und Individualität.

Doch die wenigsten wissen, was sie wirklich antreibt, weil sie nie gelernt haben, ihre Leidenschaft und Träume zu ergründen. Sie haben zwar gelernt, wie man in Bezug auf berufliche Projekte Ziele definiert, Prioritäten setzt und die Zukunft plant – aber in Bezug auf die eigene Person ebenso handeln? Fehlanzeige. Fragen wie: „Was

sind meine individuellen Stärken?", „Wofür brenne ich?", aber auch: „Was kann ich überhaupt nicht?" werden erst gar nicht gestellt. Schade. Sehr schade. Mut heißt auch, ehrlich mit sich selbst zu sein und solche Fragen zuzulassen. Die Entscheidung, ob wir das tun oder bei unserer Lebensplanung die Vogel-Strauß-Strategie verfolgen, liegt bei uns allein. Immerhin können diejenigen, die diese Methode anwenden, sich damit trösten, dass es sich nicht lohnt, die Augen aufzumachen, wenn der Kopf im Sand steckt.

Mut heißt auch, nein sagen zu können. Hört sich vielleicht banal an, ist es aber nicht, wie das Beispiel von Craig Newmark und Jim Buckmaster zeigt. Sie sind Gründer von Craigslist, einem Online-Marktplatz für Kleinanzeigen und einer der populärsten Internetadressen Amerikas. Die beiden sind ein interessantes Beispiel dafür, wie man seine individuelle Freiheit leben, gestalten und bewahren,

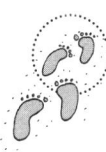

**NEIN sagen in ganz großem Stil!**

wie man nein sagen kann, wenn man nur will. Newmark und Buckmaster sind mit ihrer Craigslist, dem weltweit größten Kleinanzeigen-Portal, sehr erfolgreich. Wenn sie wollten, könnten sie den Laden ganz leicht für viel Geld verkaufen. Wenn sie wollten. So wie etwa die Videoseite Youtube, die für 1,65 Milliarden Dollar an Google veräußert wurde. Wenn sie wollten, könnten sie auch selbst richtig Kohle machen, indem sie einfach Geld für die Wohnungs-, Job-, Auto- oder Partneranzeigen verlangten. Aber sie wollen nicht. Die Anzeigen auf Craigslist sind weitestgehend kostenlos, und so soll es auch bleiben. Newmark und Buckmaster sind Idealisten, die ihren Mitmenschen das Leben ein wenig leichter machen möchten. Und sie sind selbsternannte „Computer-Nerds", die sich am liebsten hinter ihrem Computer verstecken.

„Wenn ich mehr Umsatz will, kann ich das von einem Tag auf den anderen", sagt Jim Buckmaster. Etwa mit Werbung. Internetwerbung ist ein Riesengeschäft, wie man am Erfolg von Google sieht. Buckmaster will Werbung jedoch nur zulassen, wenn seine Nutzer dies verlangen – und das tun sie nicht. Ebenso wenig kommen ein Verkauf oder ein Börsengang in Frage. Craigslist will auch keine 23.000 Mitarbeiter, keinen Glaspalast und keine Rekordumsätze. 23 Mitarbeiter, das reiche völlig, finden Newmark und Buckmaster. Die Büros sehen nach selbstkritischer Einschätzung aus „wie in einer Bruchbude." Aber die beiden meinen das eher stolz als entschuldigend. Auch ansonsten übe man freiwillige Selbstbeschränkung. Doch, doch, auch Craigslist sei ein auf Gewinn ausgerichtetes Unternehmen – nur eben mit genügsamen Zielen. „Solide oberhalb der Gewinnschwelle zu liegen", ist der Anspruch, so Buckmaster, „und das schaffen wir heute auch." Die Begründung: „Craig und ich haben nicht vor, Kasse zu machen.

Und die Wall Street kann einem das Leben zur Hölle machen." In diesem Verhalten sehen die beiden auch ihren größten Vorteil gegenüber Konkurrenten wie Google oder Ebay: „Uns kommt es in der Gemeinde zugute, dass wir nicht geldgetrieben sind. Börsennotierte Unternehmen werden sich letztlich immer dazu gezwungen fühlen, etwas zu tun, das nicht im Interesse ihrer Nutzer ist." Das nennen wir NEIN sagen in ganz großem Stil!

Dass die Mutigen, die Querdenker und Pioniere der Wirtschaft auch ganz schön was einstecken müssen, zeigt das Beispiel der beiden Galeristen Stefanie Harig und Marc Ullrich. Seit 2005 gibt es ihre Fotogalerie Lumas in den Hackeschen Höfen in Berlin-Mitte, und seitdem spüren die beiden den geballten Widerstand aus der Branche. Anfangs kostete es die zwei viel Überzeugungsarbeit, überhaupt Künstler zu finden, die sich von Lumas unter Vertrag nehmen ließen – und sich auch als Lumas-Künstler outeten. Diese riskierten damit den Bruch mit alteingesessenen Galeristen, die ihnen zum Teil die Pistole auf die Brust setzten: Entscheide dich – Lumas oder wir!

Eine weitere Schikane: Lumas wurde von Deutschlands größter Kunstmesse, der Art Cologne, ausgeladen. Warum das alles? Harig und Ullrich verkaufen großformatige Arbeiten von Fotokünstlern in

Mutige Regelbrecher: Marc Ullrich und Stefanie Harig

höherer Auflage als üblich und ignorieren damit ein ungeschriebenes Galeristen-Gesetz. Bilder, die sonst mehrere Tausend Euro kosten, sind bei Lumas für ein paar Hunderter zu haben. Die beiden Gründer machen durch die Vielzahl der verkauften Bilder trotzdem einen guten Schnitt, und auch Künstler und Kunden können zufrieden sein. Auf den Vorwurf, sie würden anderen Galeristen das Geschäft vermiesen, haben die Berliner folgende Antwort: „Wir führen neue Sammler an den Markt heran. Die kaufen die ersten Bilder bei uns und haben später genug Geld für ein Einzelstück aus einer anderen

Galerie." Ein gutes Argument, finden wir! Heute stehen übrigens die Künstler Schlange, um bei Lumas unter Vertrag genommen zu werden. Zu der ursprünglichen Galerie in den Hackeschen Höfen in Berlin sind weitere Galerien in Stuttgart, Düsseldorf, Hamburg, München, Frankfurt, Paris, Zürich, Melbourne, New York und Boston hinzugekommen.

Eine weitere mutige Unternehmerin ist Gabriele Fischer, Chefredakteurin des Wirtschaftsmagazins „brand eins". Fischer gab 1999 ihren Job beim „manager magazin" auf, um sich in das Abenteuer zu stürzen, eine eigene Zeitschrift zu gründen. Sie war davon überzeugt, dass es Zeit für ein neues Wirtschaftsmagazin war. Eines, das die Entwicklungen von der Industrie- zur Dienstleistungsgesellschaft, vom Informations- zum Wissenszeitalter aktiv begleitete. Zuvor hatte man ihr als Chefredakteurin von „Econy", einem vom „manager magazin" gegründeten Blatt, das Wasser abgedreht. Den „Spiegel"-Verlag, zu dem das „manager magazin" gehört, hatte noch im ersten Erscheinungsjahr der Mut verlassen. In Medienkonzernen werden jährlich zig Magazine entworfen. Die wenigsten kommen über die erste Entwicklungsphase hinaus. Das Vertrauen der Entscheider in „Econy" und in die Sache war also früh geschwunden. Nicht jedoch der Mut von Gabriele Fischer. Sie machte sich mit „brand eins" selbstständig und verschrieb sich mit ihrem Magazin dem Thema Veränderung.

Diese Veränderung ist im ganzen Blatt sichtbar und spürbar. In der Optik der langen Texte, des ungewöhnlichen Layouts und der Bilder. Und im Inhalt: „brand eins" porträtiert in ausführlichen Hintergrundstorys Unternehmen und stellt die sie prägenden Menschen vor, schreibt Wikipedia. Das Konzept ist aufgegangen, auch wenn das von Beginn an alles andere als klar war: „Wir wussten bei „brand eins" lange Zeit am Jahresanfang nicht, ob wir das Jahresende erleben", erzählt Fischer. Doch die bewusst in epischer Breite gehaltenen Artikel, die nicht mit Ausflügen in andere Disziplinen wie Psychologie, Kunst und Literatur sparen, sind einzigartig und verschieben die Perspektive auf Althergebrachtes.

So darf ein Redakteur auch schon mal drei Monate lang recherchieren, was es mit dem Cha-Cha-Charmin-Bär-Toilettenpapier auf sich hat, um den „brand eins"-Leser darüber zu informieren, wie Procter & Gamble es wieder mal schafft, das tausendste Klopapier „auf den ohnehin völlig verstopften Markt" zu werfen. Wenn „brand eins" etwas nicht will, dann eingefahrenes Denken, Langeweile und Saturiertheit. „Was mich ärgert? Nachhaltige und wiederholte Dummheit", sagt Fischer. Deshalb erklärt „brand eins" lieber Hintergründe, als oberflächlich über den neuesten Tratsch und Klatsch zu berichten. Es bietet Menschen Orientierung, indem es Tabus bricht, die Wahrnehmung verändert und selbst vorlebt, wozu es andere auffordert: Veränderung. „Wir sagen den Leuten nicht, wie sie sich verhalten sollen, denn es gibt immer viele Wege zu einem Ziel", so Fischer, „aber wir erzählen von Leuten, die etwas geschafft haben aufgrund bestimmter Persönlichkeitskonstellationen." Eine echte Mutmacher-Zeitschrift, sagen wir!

Wir wissen nicht, was „brand eins" über Reinhold Messner zu sagen hätte. Wir finden, er ist einer der mutigsten Menschen überhaupt. Dennoch behauptet Messner von sich, ein eher ängstlicher Typ zu sein. Und das ist wohl auch gut so, denn in extremen Situationen kann Angst überlebenswichtig sein. Angst schärft den Sinn für Gefahr. Nur wer die Gefahr kennt, kann ihr entgegenwirken. Mut ohne Angst ist Leichtsinn. Mut zeigt sich vor allem in der Überwindung von Angst. Deshalb möchten wir dieses Buch mit Reinhold Messner beschließen. Nicht, weil er ein großer Weltenveränderer wäre. Nein, Messner gilt als narzisstisch, egoistisch und verschroben. Und er selbst hat nie das Gegenteil behauptet. Doch egal, was andere über ihn sagen: Er tut, was er tun will, und geht mit seiner ganzen Persönlichkeit darin auf. Messner selbst formuliert es so: „Ich bin, was ich tue." Und mit dem, was er tut, überwindet er Grenzen – und hinterlässt Spuren. In einem Interview mit dem MDR sagte Messner auf die Frage, was er sich wünschen würde, wenn er einen Wunsch frei hätte: „Das habe ich mir schon lange abgewöhnt. Meine Wünsche realisiere ich auch. Aber es wird einem nichts geschenkt. Ich lebe lange Zeit meine Tagträume. Und Stück für Stück habe ich meine Tagträume umgesetzt."

Dafür bedarf es Mut. Mut, die inneren und äußeren Widerstände zu überwinden. Und Entschlossenheit, seine gesetzten Ziele um jeden Preis zu erreichen. Beides hat ihn zu Höchstleistungen angespornt. Dabei schien seine Entscheidung, den Mount Everest im Alleingang ohne Sauerstoffmaske zu besteigen, nicht nur 1978 aberwitzig, sie scheint es heute noch. Experten hatten ihm davon abgeraten, es auch nur zu versuchen. Er tat es trotzdem – und schrieb ein neues Kapitel in der Berggeschichte. Messner widerlegte die Behauptung, die Lunge eines Bergsteigers sei physiologisch irgendwie anders gebaut. Er hatte die gleichen Startvoraussetzungen – die gleiche Lunge wie alle anderen, die den gleichen Sauerstoff brauchten zum Überleben. Alles, was ihn von anderen unterschied, waren sein absoluter Wille, Kompromisslosigkeit und Mut.

Auf die Frage, welche die härteste Strapaze, das schönste Erlebnis gewesen sei, nachdem er durch die Antarktis gelaufen, Grönland der Länge nach, Tibet und mehrere Wüstenlandschaften durchquert habe, antwortete Messner: „Diese Sachen sind kaum miteinander zu vergleichen. Genau wie Wüste und Berge nur wenig gemeinsame Dinge besitzen. Bei den hohen Bergen wie dem K2 und dem Mount Everest fehlt der Sauerstoff. Dort sind die letzten Stunden bis zum Gipfel besonders anstrengend. Anders bei großen Überquerungen, wo die Kälte monatelang andauert und die Stürme lang anhaltend und kräftezehrend sind. Hier spielen die Leidenschaft, die Ausdauer und der Wille eine große Rolle. Bei einer Wüstendurchquerung spielt die Logistik eine entscheidende Rolle. Wo finde ich wieder Wasser? Wie lange komme ich ohne Wasser aus? Und wie steckt mein Körper im gesetzteren Alter diese Strapazen weg?"

„Meine Wünsche realisiere ich auch."

Leidenschaft, Ausdauer, Wille und absolute Ehrlichkeit gegenüber sich selbst gehören dazu. Und das Vermögen, sich selbst einzuschätzen und sich eventuell auch eingestehen zu können, wann man besser aufhören sollte. Wann das Risiko, das eigene Leben aufs Spiel zu setzen, zu groß wird. Denn auch zu scheitern gehört für Messner dazu und hat nichts mit Versagen zu tun, im Gegenteil: „Erfolg ist etwas, das wir relativ schwer messen können. Ich kann scheitern und dabei für mein Weiterkommen im Leben erfolgreich sein." Das so zu sehen, so finden wir, macht Mut. Genauso wie seine Überzeugung: „Bis zur Grenze gefordert, können wir alle mehr, als wir wollen." Will heißen: Mut ist der Schlüssel zu allem.

# Literatur

## Bücher

Bains, Gurnek: Meaning Inc., Profile Business, 2007

Beck, Martha: Enjoy your live, Campus, 2004

Dorfs, Joachim: Die Herausforderer, Hanser, 2007

Fokken, Ulrike und Laschinger, Verena: Querdenken und gewinnen, Redline Wirtschaft, 2004

Förster, Anja und Kreuz, Peter: Alles, außer gewöhnlich, Econ, 2007

Frankl, Viktor: Der Mensch vor der Frage nach dem Sinn, Piper, 2008

Frankl, Viktor: Das Leiden am sinnlosen Leben, Herder, 2003

Fuchs, Werner: Tausend und eine Macht, Orell Füssli, 2005

Gibbons, Barry: Die wunderbare Welt der Wirtschaft, Redline Wirtschaft, 2004

Gibbons, Barry: Manager, Visionäre, Wahnsinnige, Redline Wirtschaft, 2003

Goldsmith, Marshall: Was Sie hierher gebracht hat, wird Sie nicht weiter bringen, Riemann, 2007

Graf, Helmut: Die kollektiven Neurosen im Management, Linde Verlag, 2007

Hamel, Gary: Das Ende des Managements, Econ, 2008

Hamel, Gary: Das revolutionäre Unternehmen, Econ, 2000

Handy, Charles: Ich und andere Nebensächlichkeiten, Econ, 2007

Handy, Charles: Die Fortschrittsfalle, Goldmann, 2000

Handy, Charles: Ohne Gewähr, Goldmann, 1999

Harari, Oren: Break from the pack, Pearson Ptr, 2006

Henzler, Herbert A., Kirchhoff, Klaus Rainer und Ziesemer Bernd (Hg.): Jahrbuch der Unternehmenskommunikation. Bd. 1, Econ, 2007

Hoover, John: Chefs und andere Idioten, Redline Wirtschaft, 2005

Kagermann, Henning und Österle, Hubert: Geschäftsmodelle 2010, F.A.Z. Buchverlag, 2006

Maier, Corinne: Die Entdeckung der Faulheit, Goldmann, 2005

Malik, Fredmund: Gefährliche Managementwörter, Campus, 2007

o.V.: Das Patent, Felss GmbH, Eigenverlag, 2007

Pattakos, Alex: Gefangene unserer Gedanken. Viktor Frankls 7 Prinzipien, die Leben und Arbeit Sinn geben, Linde international, 2005

Peters, Tom: Re-Imagine, Dorling Kindersley, 2004

Pink, Daniel: A whole new mind, Riverhead, 2006

Reinker, Susanne: Rache am Chef, Econ, 2007

Ridderstråle, Jonas und Nordström, Kjell: Karaoke-Kapitalismus, Redline Wirtschaft, 2005

Ridderstråle, Jonas und Nordström, Kjell: Funky Business, Financial Times Prentice Hall, 2000

Rosenbluth, Hal und McFerrin Peters, Diane: The Customer Comes Second, HarperBusiness, 2002

Rosenzweig, Phil: Der Halo-Effekt, Gabal, 2008

Schönberger, Margit: Mein Chef ist ein Arschloch, Ihrer auch? Goldmann, 2001

Seligman, Martin: Learned Optimism, Vintage Books, 2006

Semler, Ricardo: Maverick! Arrow Books, 2001

Simon, Hermann: Hidden Champions des 21. Jahrhunderts, Campus, 2007

Sprenger, Reinhard: Gut aufgestellt, Campus, 2008

Sprenger, Reinhard: Vertrauen führt, Campus, 2005

Sutton, Robert I.: Der Arschloch-Faktor, Hanser Wirtschaft, 2006

Taylor, William C. und LaBarre, Polly G.: Mavericks at Work, William Morrow, 2006

Watzlawick, Paul: Anleitung zum Unglücklichsein, Piper, 16. Auflage, 2003

Weisshaupt, Bruno: SystemInnovation. Die Welt neu entwerfen, Orell Füssli, 2006

Wiedeking, Wendelin: Anders ist besser, Piper, 2006

Yunus, Muhammad: Die Armut besiegen, Hanser, 2008

## Zeitschriften

Alsever, Jennifer: „Parental Consent", Fast Company, 12/2006-01/2007

Bergmann, Jens: „Marken-Kolumne: Mann gegen Schmutz", brand eins, 1/2006

Borchardt, Alexandra: „Wer führen will, muss hören", Süddeutsche Zeitung, 11.06.2007

Böttcher, Dirk: „Lass 1000 Blumen blühen", brand eins, 5/2007

Bredow, Rafaela von: „Ich will böser Bube bleiben", Der Spiegel, 44/2007, 29.10.2007

Brors, Peter und Christoph Hardt: „Heinz-Horst Deichmann: Die Firma muss dem Menschen dienen", Handelsblatt, 01.12.2005

Brück, Mario: „Unter Dampf", Wirtschaftswoche, Nr. 28, 10.07.2006

Buchter, Heike: „Das Kaufhaus der Freiwilligen", Die Zeit, 52/2007, 29.12.2007

Buhre, Jakob: „Peter Kowalksy", Planet Interview, 13.08.2007

Bünder, Helmut: „Im Gespräch: Thomas Sattelberger", F.A.Z., 01.03.2008

Claussen, Christine: „Sir Simon Rattle. Der Sound von Simon", stern.de, 17.03.2003

Dohnke, Kai: „Mediziner mit Mission", mobil, 08/2007

Dostert, Elisabeth: „Der Chefkoch", Süddeutsche Zeitung, 23.01.2007

Endler, Diana: „Begleiter fürs Leben – Gespräch mit Anton Wolfgang Graf von Faber-Castell", raumbrand 3.2007

Endres, Helene: „Wirtschaftssprache – Jetzt mal Klartext", Karriere, 08.10.2007

Esterhazy, Yvonne und Kiani-Kress, Rüdiger: „Richard Branson. Hippie-Kapitalist Branson will auch noch Banker werden", Wirtschaftswoche, 03.02.2008

Flemming, Beate: „Herr der Gläschen", Stern, 26/2005

Friedrich, Heidi: „Ich bin zufrieden, wenn der Präsident überhaupt Hirn hat", Financial Times Deutschland, 05.01.2008

Fuhr, Eckhard: „Ein Gerät für Sisyphus", Welt Online, 08.11.2005

Funck, Astrid: „Das geht: Wahlverwandtschaften", brand eins, 9/2005

Gaide, Peter: „Die Streber", brand eins, 10/2007

Glocker, Stephan: „Der rastlose Rüdiger", 4-Seasons, 08/2004

Grauel, Ralf: „Marketing-Kolumne: Mitarbeiter verzweifelt gesucht", brand eins, 1/2007

Harari, Oren: „How Valuable is True North Authenticity?", www.harari.com, 07/2007

Hergert, Stefani: „Besser vermarkten", Wirtschaftswoche, 12.11.2007

Heuer, Steffan: „Der Schaum-Schlager", brand eins, 8/2007

Hordych, Harald: „Claus Hipp über Außenseiter", Süddeutsche Zeitung, 01.09.2007

Jardine, Anja: „Wer sind wir?", brand eins, 6/2004

Kaufmann, Matthias: „Der Waldorf-Discounter", Manager Magazin, 05.02.2004

Kaufmann, Matthias: „Familie Kärcher – Ein sauberer Clan", Manager Magazin, 23.04.2003

Kessler, Gregor: „Erco: Licht statt leuchten", Financial Times Deutschland, 11/2007

Kläsgen, Michael: „Der swingende Manager", Süddeutsche Zeitung, 19.05.2006

Kolbe, Bernd: „Authentischer Führungsstil nur was für Gutmenschen?", CiW Wirtschaftsnachrichten, 12.02.2007

Kuhn, Thomas: „Casting für Köche", Wirtschaftswoche, 16.03.2006

Lachman, Jennifer: „Pizza, Pasta – basta!", Stern, 15.07.2007

Laube, Helene: „Das Netz wird musikalisch", Financial Times Deutschland, 15.04.2008

Leonardi, Christine: „Customers aren't taken with pretty pictures and empty promises", The GIBS review, Volume 9, 9/2006

258

Lindner, Roland: „Craiglist. Der Zeitungskiller", Frankfurter Allgemeine Sonntagszeitung, 17.12.2006

Mai, Jochen, Schlesiger, Christian und Stehr, Christoph: „Wie viel Teufel steckt in Ihnen?", Wirtschaftswoche, 13.12.2007

Malik, Fredmund: „Motivation abschaffen – Sinn ermöglichen", Kolumne, www.mom.ch, 15.12.2005

Mattauch, Christine: „Die Perfektion des Banalen", brand eins, 9/2003

Müller, Jürgen: „Anstand zahlt sich aus", Textilwirtschaft, 21.05.2007

Niermeyer, Rainer: „Müssen Manager authentisch sein?", F.A.Z., 03.02.2007

o.V.: „Hybrid: Antrieb mit Doppelherz", Handelsblatt, 24.07.2006

o.V.: „Zimmer, Jobs und Katzen auf Craigslist", Focus Online, 21.10.2006

o.V.: „Arbeitsmotivation. Viele Deutsche haben innerlich gekündigt", Stern, 16.08.2005

o.V.: „DGB-Index Gute Arbeit 2007", DGB-Index Gute Arbeit GmbH (Hrsg.), 2007

o.V.: „Soziale Benachteiligung macht krank", Ärzte Woche, 16. Jahrgang Nr. 43, 2002

o.V.: „Lidl – Kurzes Bio-Intermezzo", Manager Magazin, 10.11.2007

Palmer, Hartmut und Röbel, Sven: „Easy Rider in Brilon", Der Spiegel, 52/2000, 25.12.2000

Piterek, Robert: „Über: Mut", Süddeutsche Zeitung, „Berufsziel"-Ausgabe 1/06

Prazak, Robert: „Wenn nur Resultate zählen: Die Revolution bei Best Buy", Wirtschaftsschaftsblatt Online, 07.06.2007

Preuß, Susanne: „Kärcher – Bei minus 79 Grad lässt sich jeder Kaugummi lösen", F.A.Z, 22.05.2007

Ramge, Thomas: „Ratatazong!", brand eins, 12/2007

Rees, Jürgen: „Hachez: Reinstes Schmirgelpapier", Wirtschaftswoche, 10.12.2007

Reidel, Michael: „Liqui Moly – Klein gegen groß", Markt und Mittelstand, 05/2007

Reiter, Markus: „Die Innovationsschwätzer", Manager Magazin, 23.07.2007

Rother, Franz, Pfannmüller, Matthias und Köhler, Angela: „Auto: Mit Doppelherz", Wirtschaftswoche, 18.07.2006

Sauer, Ulrike: „Ferrari: Formula Uomo", Wirtschaftswoche, 31.07.2006

Schleidt, Daniel und Seifert, Karen: „Polarisieren gehört zum Geschäft", kommunikationsmanager, 2/2006

Schlesiger, Christian „Zurück auf Los", Wirtschaftswoche, 23.07.2007

Schlesiger, Christian: „Lust und Leistung", Wirtschaftswoche, 14.05.2007

Schorr, Tobias: „Wittensteins zehn Gebote", Markt und Mittelstand, 15.10.2007

Schumacher, Harald, Salz, Jürgen und Böhmer, Reinhold: „Enfants terribles der deutschen Wirtschaft – Eigentlich Harakiri", Wirtschaftswoche, 18.06.2007

Semler, Ricardo: „Managen ohne Manager ein Paradebeispiel", Harvard Business Manager, Nr. 2, 01.04.1990

Shell, Nina: „Lehrling fürs Leben – Gespräch mit André Heller", raumbrand, 1/2007

Sommer, Christiane: „Modelle für Menschen", brand eins, 4/2003

Standard & Poor's; United Nations Environment Programme (UNEP); Sustain Ability (Hrsg.): „Tomorrow's Value", 2006

Steinkirchner, Peter, Biskamp, Stefan, Busch, Alexander et al.: „Die Macht des Guten. Moral bringt Profit", Wirtschaftswoche, 17.09.2007

Täubner, Mischa: „Up durch die Mitte", Wirtschaftswoche, 11.06.2007

Thiede, Meite: „Lebenslang Logistik", Süddeutsche Zeitung, 09.02.2007

Tönnesmann, Jens: „Eine fruchtbare Verbindung", brand eins, 8/2007

Underwood, Ryan: „Jones Soda's Secret", Fast Company, 3/2005

Veiel, Andres: Der Unbeugsame, brand eins, 7/2004

Waldermann, Anselm: „Lidl sagt Sorry für Stasi-Methoden", Spiegel Online, 26.03.2008

Waldherr, Gerhard: „Es gibt Schlechtere", brand eins, 6/2007

Weisenburger, Roland: „Krimi statt Prozesslawine", Badische Neueste Nachrichten, 18.09.2007

Welp, Cornelius: „Zutrauen veredelt – Interview mit Götz Werner", Wirtschaftswoche, 02.10.2006

Werle, Klaus: „Talente: Süße Aussichten", Manager Magazin, 9/2007

Werle, Klaus: „Procter & Gamble: Gut gepampert", Manager Magazin, 11/2006

Wilhelm, Sybille: „Der Patron von Burladingen", Frankfurter Allgemeine Sonntagszeitung, 18.08.2002

Winkler, Lars: „Das Disneyland der Datenkrake", Welt am Sonntag, 16.03.2008

Worthmann, Merten: „38-Gänge-Menü: Intensiv wie ein Drogenerlebnis", Süddeutsche Zeitung, 17.07.2007

Wüst, Christian: „Wettlauf ums Doppelherz", Der Spiegel, 12.09.2005

Zwirner, Heiko: „Von der Amöbe lernen", brand eins, McK Wissen 08

Literatur

# Bildnachweis

S. 14: Peter Kreuz
S. 21: ndboy, www.flickr.com/
photos/ndboy/2200479259/
S. 22: iStockphoto
S. 26: iStockphoto
S. 31: Peter Kreuz
S. 35: iStockphoto
S. 37: Peter Kreuz
S. 39: iStockphoto
S. 41: iStockphoto
S. 43: iStockphoto
S. 45: Peter Kreuz
S. 47: iStockphoto
S. 52: iStockphoto
S. 55: iStockphoto
S. 56: Loewe AG
S. 60: Anja Förster
S. 61: iStockphoto
S. 64: iStockphoto
S. 68: Peter Kreuz
S. 72: iStockphoto
S. 73: iStockphoto
S. 77: Peter Kreuz
S. 78: jbvkoos, www.flickr.com/
photos/jbvkoos/520570864/
S. 79: Peter Kreuz
S. 84: Anja Förster & Peter Kreuz
S. 87: Peter Kreuz
S. 88: Fells GmbH
S. 88: unten: Peter Kreuz
S. 91: Peter Kreuz
S. 92: iStockphoto
S. 93: Schindlerhof Klaus Kobjoll
GmbH
S. 99: Peter Kreuz
S. 103: Anja Förster
S. 105: iStockphoto

S. 109: Peter Kreuz
S. 114: Karin Kreuz
S. 117: Peter Kreuz
S. 123: iStockphoto
S. 127: Peter Kreuz
S. 130: iStockphoto
S. 136: iStockphoto
S. 139: iStockphoto
S. 141: iStockphoto
S. 142: OWENthatsmyname, www.
flickr.com/photos/owenthats-
myname/2416983551/
S. 145: iStockphoto
S. 147: Anja Förster
S. 152: iStockphoto
s. 157: iStockphoto
S. 159: Peter Kreuz
S. 163: iStockphoto
S. 165: iStockphoto
S. 170: iStockphoto
S. 173: iStockphoto
S. 174: Phil McKinney,
www.philmckinney.com
S. 182: iStockphoto
S. 187: iStockphoto
S. 191: Peter Kreuz
S. 192: iStockphoto
S. 195: iStockphoto
S. 199: acidcookie, www.flickr.com/
photos/acidcookie/
2407409283/
S. 204: Claus Böbel
S. 205: EdSchipul,
http://commons.wikimedia.
org/wiki/Image:Muhammad_
Yunus_in_Houston.jpg
S. 206: iStockphoto

S. 207: bdorfman, www.flickr.com/
photos/bdorfman/2261538583/

S. 209: Peter Kreuz

S. 216: iStockphoto

S. 219: iStockphoto

S. 220: iStockphoto

S. 225: Anja Förster

S. 227: iStockphoto

S. 228: Peter Kreuz

S. 229: iStockphoto

S. 231: iStockphoto

S. 232: imuttoo, www.flickr.com/
photos/imuttoo/1435471427/

S. 235: iStockphoto

S. 236: Danny Ettgen

S. 240: iStockphoto

S. 241: iStockphoto

S. 247: Peter Kreuz

S. 250: Peter Kreuz

S. 252: Stefanie Harig und Marc
Ullrich, Avenso AG

S. 255: en:Benutzer:Fantasy,
http://commons.wikimedia.
org/wiki/Image:Reinhold_
Messner.jpg

Bildnachweis

# Register

## Sachbegriffe

264

# Personen

## Firmen

| Buch und Regie | ANJA FÖRSTER |
| | PETER KREUZ |
| Regieassistenz | OLIVER GORUS |
| | CATHARINA OERKE |
| | ACHIM ZOLL |
| Executive Producer | JÜRGEN DIESSL |
| | SILVIE HORCH |
| Editor | KATRIN MACKOWIAK |
| | CHRISTIAN KOTH |
| Bild-Recherche | MORITZ JÄGER |
| Management | PETRA STEURER |
| Titelfoto | ANNA MCMASTER |
| Grafik Design | TIFF.ANY GMBH, BERLIN |
| Dank an | DHIRUBHAI H. AMBANI, |
| | CLAUS BÖBEL, RICHARD BRANSON, |
| | SERGEY BRIN, JIM BUCKMASTER, |
| | DANNY CRANE, KLAUS DARBO, |
| | DANIELA ETTGEN, GÜNTHER |
| | FIELMANN, GABRIELE FISCHER, |
| | VIKTOR FRANKL, GARY HAMEL, |
| | CHARLES HANDY, JANE HARPER, |
| | ANDRÉ HELLER, CLAUS HIPP, |
| | GERHARD HUBER, STEVE JOBS, |
| | NICOLE KOBJOLL, ARMIN KÖNIG, |
| | JOHN MACKEY, PHIL MCKINNEY, |
| | REINHOLD MESSNER, RÜDIGER |
| | NEHBERG, CRAIG NEWMARK, |
| | LARRY PAGE, TOM PETERS, DANIEL |
| | PINK, SUSANNE SCHEIDHAUER, |
| | RICARDO SEMLER, JOHN SULLIVAN, |
| | BRUNO WEISSHAUPT, MANFRED |
| | WITTENSTEIN, REINHOLD WÜRTH, |
| | MOHAMMED YUNUS |

Eine FÖRSTER & KREUZ PRODUKTION
IN ZUSAMMENARBEIT MIT
ECON

Bei der Erstellung dieses Buches kamen keine Tiere zu Schaden.
Auf den Einsatz von Konservierungsstoffen und künstlichen
Geschmacksverstärkern wurde verzichtet.

# »Ein ebenso kluges wie wunderbar geschriebenes Buch«

Prof. Dr. Gertrud Höhler

Charles Handy · **Ich und andere Nebensächlichkeiten**
297 Seiten (mit 8-seitigem Bildteil) · gebunden mit Schutzumschlag
€ [D] 22,00 · € [A] 22,70 · sFr 38,00
ISBN 978-3-430-20020-2

Charles Handy zu lesen, ist wie am Sonntagnachmittag in einem schattigen Garten
mit ihm zu plaudern. In seiner Autobiographie sinniert der bedeutende
Managementdenker über Werte und ein erfülltes Leben. Er erzählt, wie aus dem
irischen Pfarrerssohn ein Philosophie-Student wurde, der seine Karriere als
Shell-Mitarbeiter in den Dschungeln von Borneo begann und später die berühmte
*London Business School* gründete. Mit leisem Witz und viel Charme lädt
Charles Handy ein, über sich »und andere Nebensächlichkeiten« zu schmunzeln
und zu staunen.

# Ein rasanter Crashkurs
# für Business- Querdenker

Anja Förster/ Peter Kreuz · **Alles, außer gewöhnlich**
Produktive Ideen für Manager, Märkte, Mitarbeiter
288 Seiten (mit s/w-Abbildungen), gebunden mit Schutzumschlag
€ [D] 22,00 · € [A] 22,70 · sFr 39,90
ISBN 978-3-430-20016-5

Jeden Tag ein bisschen besser zu werden, reicht heute gerade mal für einen Stehplatz beim Spiel um den globalen Wettbewerb. Wir müssen einzigartig sein – eben alles, außer gewöhnlich! Denn wer sich ständig mit anderen vergleicht, wird vor allem eines: gleicher. Dieses Buch nimmt Sie mit auf eine Reise. An vielen spannenden Beispielen zeigen die Business-Querdenker Anja Förster & Peter Kreuz, dass es auch anders geht in Wirtschaft, Gesellschaft und Management.

»Unbedingt lesenswert «
*BILD am Sonntag*

Wirtschaftsbuchpreis 2007

Förster & Kreuz gehören zu den profiliertesten Wirtschafts-vordenkern im deutschsprachigen Raum und sind gefragte Referenten. Ob Sie eine Konferenz planen, Ihren Kunden etwas Besonderes bieten wollen oder für eine Strategiesitzung Ihre Ärmel und Köpfe hochkrempeln: Förster & Kreuz kitzeln am Kopf, fordern heraus, begeistern und laden Ihre Motivationsbatterien auf.

**Mehr Infos:**
**www.foerster-kreuz.com**